超级思维

人类和计算机一起思考的惊人力量

[美] 托马斯·W. 马隆（Thomas W. Malone）______著　任烨______译

SUPERMINDS

The Surprising Power of People and Computers Thinking Together

中信出版集团 | 北京

图书在版编目（CIP）数据

超级思维/（美）托马斯·W.马隆著；任烨译. --
北京：中信出版社，2019.10
书名原文：Superminds: The Surprising Power of
People and Computers Thinking Together
ISBN 978-7-5217-0920-9

I. ①超…　II. ①托…　②任…　III. ①人工智能
IV. ①TP18

中国版本图书馆CIP数据核字（2019）第174561号

超级思维

著　　者：[美] 托马斯·W.马隆
译　　者：任　烨
出版发行：中信出版集团股份有限公司
（北京市朝阳区惠新东街甲4号富盛大厦2座　邮编　100029）
承 印 者：中国电影出版社印刷厂

开　　本：787mm×1092mm　1/16　　印　　张：21　　字　　数：350千字
版　　次：2019年10月第1版　　印　　次：2019年10月第1次印刷
京权图字：01–2019–2012　　广告经营许可证：京朝工商广字第8087号
书　　号：ISBN 978-7-5217-0920-9
定　　价：69.00元

服务热线：400-600-8099
投稿邮箱：author@citicpub.com

献给我的父母

欧内斯特·马隆（Ernest Malone）

和

维吉尼亚·马隆（Virginia Malone）

/ 目 录

第三部分

超级思维如何做出更明智的决策？ | 063

第四部分

超级思维如何更智能地创造？ | 141

第五部分

还有其他办法能让超级思维更智能地思考吗？ | 175

第六部分

超级思维如何帮助我们解决问题？ | 209

/ 前 言

在英语中，“supermind”（超级思维）这个词的意思是“多种个体思维形成的强大组合”。[1]本书要讲述的正是超级思维在我们这个星球上的发展历程。我们会看到人类的历史在很大程度上就是人类超级思维的历史，也就是以群体（比如层级制、社群、市场和民主制）为单位的人，如何完成了仅凭一己之力绝不可能做到的事情。

更重要的是，我们还会看到计算机将对人类超级思维的未来发展产生多么关键的影响。在很长一段时间里，计算机最重要的贡献不是人工智能，而是“超级连接”（hyperconnectivity），即以全新的方式和空前的规模将人类的思维彼此连接起来。不过随着时间的推移，计算机也会完成越来越多如今只有人类才能胜任的复杂思考。

本书探讨的主要内容并不是计算机将如何完成人类过去常做的事情，而是人类和计算机将如何共同完成以前绝不可能做到的事情，人机超级思维又将如何成为我们这个世界有史以来智能水平最高的工具，以及我们将如何利用这些新型的集体智能来解决企业、政府和其他社会领域中的一些最重要的问题。

/ 引　言

2009年1月，蒂姆·高尔斯（Tim Gowers）发布了一则创造历史的博客。高尔斯是剑桥大学的数学教授，证明数学定理就是他谋生的方式。如果你像大多数人一样，那么你可能一辈子都没有证明过一条定理；或者至少在上完高中的几何课之后，再也没有证明过一条定理。然而，数学证明展现出来的严谨的逻辑思维，正是人类的很多最重要的科技成就得以实现的关键。

通常，证明定理需要独立工作好几个小时，才能想出如何完成一个复杂证明的某个部分的一个片段。2009年，高尔斯决定尝试用一种不同的方式来做这件事，他想看看互联网上的大量用户能否一起证明一条定理。[1]

在一篇题为《大规模协作的数学运算有可能实现吗？》的博客文章中，高尔斯向互联网上所有对协作证明定理感兴趣的人发出了邀请。[2]他推测这种大规模的协作可能会有用，原因至少有以下三点。第一，在各种解决问题（包括数学证明）的过程中，运气往往很重要。让很多人来解决一个问题，可以增加有人走运并想到好主意的概率。

第二，不同的人了解的知识不同。所以，即使所有人都只提出对他们来说显而易见的观点，整个群体能获取的知识也比一两个人能获取的知识多得多。

第三，不同的人有不同的思维方式。有些人善于提出可供尝试的新点子，有些人善于在别人的想法中寻找漏洞，还有些人则善于将大量的碎片整合成条理连贯的新观点。正如高尔斯在博客中概括的那样，“……如果一大群数学家的头脑能有效地连接起来，或许他们能更高效地解决问题”。

接着，高尔斯又提出了几条能让协作变得更加简单的基本规则，比如讨论时保持礼貌，发言简洁精练。在随后的一篇博客文章中，他发布了证明黑尔斯–朱厄特（Hales-Jewett）定理的任务，该定理是应用于计算机科学及其他领域的一个只有少数人了解的数学分支的一部分。

很快，其他数学家就接受了高尔斯的挑战。在高尔斯发布这篇博客文章后不到7个小时，加拿大不列颠哥伦比亚大学的数学家约瑟夫·索利摩斯（Jozsef Solymosi）就发表了第一条评论。15分钟后，美国亚利桑那州的一位高中数学教师詹森·戴尔（Jason Dyer）发表了第二条评论。又过了3分钟，加州大学洛杉矶分校的陶哲轩（Terence Tao，他和高尔斯都获得过相当于数学界的诺贝尔奖的菲尔兹奖）也发表了评论。

到2009年3月中旬，参与者已经解决了这个问题的核心部分。到5月底，在1 500多条评论中，有39人的发言具有实质性意义。10月，该团队发表了描述他们研究成果的第一篇论文，而且他们所有论文的署名都是“D. H. J. Polymath”，这是为整个团队起的一个笔名。[3]

由于有多位著名的数学家参与其中，所以你可能会怀疑这到底是不是一个团队项目，或者说关键工作是不是由少数最具名望的参与者完成的。事实上，尽管团队中的一些成员做出的贡献的确比其他人大，但在对项目的所有工作记录进行详细分析后，我们发现39位主要参与者中的几乎每个人都贡献了有影响力的观点。[4]

换句话说，博学项目（Polymath Project）创造了历史，因为这是由几十位互联网用户组成的松散团队，在数学领域做出真正贡献的第一个案例，他们中的很多人在项目开始之前互不相识。

古老的思想渊源

博学项目的成功得益于利用了新的信息技术，以过去完全不可能的方式把人联系在一起。在本书中，我们将会看到很多这样的例子：庞大的在线群体创作出一部“百科全书”（维基百科），解决科学难题（蛋白质折叠电子游戏Foldit），彼此闲聊（脸书），以及对像飓风这样的人道主义灾难做出响应（非营利性危机预警平台Ushahidi）。

但在某种意义上，这些数字时代的成就都只印证了人类文明史中的一个最古老的故事。这个故事是这样的：“出现一个问题，不同的人负责处理这个问题的不同部分。总的来说，比起个人的单打独斗，群体能更好地解决问题。”

事实上，毫不夸张地说，我们的几乎所有重要的问题都是由群体解决的，而不是仅凭一己之力完成。比如，人们也许常说史蒂夫·乔布斯发明了iPhone（苹果手机），但实际上iPhone无疑是由世界各地的几千人设计和制造出来的，而他们依靠的也是前人留下的诸多技术发明。哪怕只是制作我今天午餐要吃的火鸡三明治，也需要几百人来种植、运输和准备肉类、面包、生菜、芥末和其他原料。

与这些“简单”的问题相比，像如何应对气候变化、犯罪、战争和贫困，以及如何改善医疗保健和教育之类的社会问题复杂得多，需要的人力也多得多。

在有助于有效解决问题的能力中，有一种叫作智能，而且我们通常认为智能是个体拥有的一种能力。但我们从前文的所有例子中可以明显看出，从解决问题的意义上说，智能也可以是群体拥有的一种能力。

我们把群体的智能称为集体智能，本书要讨论的就是这种无处不在却常常被忽视的智能。我们将会看到，最先将人类的祖先和它们的动物近亲区别开来的东西正是人类的集体智能，而不是人类的个体智能。我们将会看到，人类的进步主要是由群体而不是个体完成的。我们将会看到，随着时间的推移，信息技术（比如书写和印刷）使得群体规模显著增大，智能水平也大幅提高。

最重要的是，我们将会看到，人类目前正处于集体智能的另一次巨变的早期阶段，触发这次变革的是电子信息技术。不过，在想象集体智能的未来发展之前，我们有必要先简要地回顾一下它的过去。

集体智能简史

我们做一个思想实验：想象你搭乘着时间机器来到公元前45 000年非洲的一片热带雨林。尽管你的知识水平和现在一样，但你却是孤身一人。天气炎热、潮湿，四周还传来很多奇怪的声响。如果你走运，或许能依靠水果、坚果和其他食肉动物留下的猎物尸体，以及你偶尔抓到的鱼或者蚱蜢活下来。不过，你终将成为食物链的一环，一直活在对比你强大的捕食者的恐惧中。[5]例如，如果你偶然碰到一头饥饿的狮子，那么你很可能会成为它的午餐，而不是你吃掉它。

我们人类的远祖也曾面临这样的境况，但主要的区别在于，远古人类并不是孤身一人，而是过着群居生活。事实上，他们的大脑天生就有建立相互联系的能力。相较于与人类体型相似的动物的大脑，人类的大脑是目前动物界中最大的。而且，在多出来的脑容量中，有很大一部分似乎就是服务于社交智能的。[6]

如果你检视包括猴、猿和人类在内的所有灵长类动物，就会发现新皮质区域越大的物种，形成的社会群体也越大。[7]有效融入更大的社会群体的能力，是人类大脑的最重要的进化优势之一。

这背后最主要的原因或许是，群体比个体能更有效地保护他们免受捕食者的伤害。[8]群体中的少数人可以在其他人吃杧果的时候，密切注意狮子的动向。狮子也不太可能攻击一大群人，因为它知道即便能轻易地制服一个人，也很可能在与十几个人的战斗中失败。当人类成为捕食者时，庞大的群体变得更加有效。比如，由几十个人组成的群体可以把一整群野马团团围住，然后将它们赶进峡谷，一网打尽。[9]

除了卓越的社交智能外，早期人类还发展出比其他动物更丰富的沟通方式。这些人类语言不仅可用于协作狩猎，还可用来分享创意，例如，怎样控制火，怎样制作弓箭，以及怎样造船。

即使那些会取火的“阿尔伯特·爱因斯坦”——不管他们是谁——如果无法将他们掌握的技术传播给别人，也不会给这个世界带来多大的改变。他们的创新之所以有影响力，只是因为他们的创意为很多人和群体共享，后者可以进一步应用和发展它们。

在30 000~70 000年前，我们人类的祖先已经拥有了与现代人类别无二致的身体和大脑，[10]并凭借他们的能力在世界上占据越来越高的地位。例如，人类在大约45 000年前到达澳大利亚海岸。之后在几千年的时间里，这片大陆上其他24种体型最大的动物中有23种已经灭绝了。[11]

虽然我们没有任何关于人类屠杀动物的目击报告，但以狩猎采集为生的人类祖先最终还是以某种方式到达了食物链顶端。而且，成为顶级捕食者的是人类群体，而不是个体。

农业

类似的故事也发生在人类的另外两个主要发展阶段：农业革命和工业革命。在大约12 000年前，人类开始系统地培育小麦、玉米、奶牛和其他很多动植物。这使得全球人口从大约200万增长到1700年的6亿，进一步巩固了人类对大自然的其他部分的统治。[12]

但是，农业比狩猎和采集需要更多和更大规模的群体协作。农民种植粮食，但他们通常不会自己盖房子，盖房子的木匠又需要从农民那里获取粮食。于是，人们就在市场上用他们拥有的东西来交换他们需要的东西。随着农业社会的发展，庄稼和房屋也需要保护，免受侵略者和窃贼的破坏。在这个问题上，人们通常会依赖于由国王和皇帝统治的政府。

上述成就全都依赖于人类的集体智能和技术，仅凭一己之力根本不可能做到。像书写这样的信息技术尤为重要，因为它们让原本不可能实现的跨越时空的沟通成为现实。

工业

从18世纪开始，随着人类开办工厂、发明机器，工业时代的大幕被缓缓拉开，劳动分工和各种各样更复杂的协作得到了进一步发展。与新的分工方式相结合的新技术使生产率得到大幅提升。比如，经济学家亚当·斯密就曾以著名的大头针工厂的例子来说明劳动分工的重要性。在这家工厂里，原先一位制针工人要完成的任务被分解成切断金属丝、打磨针尖等18项单独的任务，而且每一项任务都由不同的专业工人来完成。在更大规模的群体当中，这样的分工方式可以大大地提高生产率。

在工业时代，除了规模更大的市场和政府，还出现了规模更大的社群，比如世界科学界，让新的互动方式成为可能。这些变化都依赖于信息技术的进一步发展，包括印刷术和我们今天知道的各种电子通信技术。所有这些进步的结果是，世界人口再次增长，仅在过去的300年里就从6亿增加到70多亿。人类对地球的统治如此成功，以至于现在人类自身也许才是地球未来的最大风险。

同样地，这些发展也不只是人类个体智能的结果。大概没有一个人会说："我希望人口能够尽可能地增加，这样一来，人类就可以统治大自然了。"事实上，这些结果无论好坏，都是人类的集体智能和技术共同造就的。

集体智能到底是什么?

把由人和计算机组成的群体视为一种超个体，也许看起来就像一个富有诗意的隐喻。但我们将会看到，这个观点从很多方面来说都是相当准确的。事实证明，人类群体和人类个体一样，都有可进行科学测量的属性。我们将会看到，研究表明，心理学家用来测量个体智能的统计方法也可用于测量群体智能的衡量。在这个过程中，我们将会看到有些群体确实比其他群体睿智，我们也将更准确地理解其中的原因。

我们也将看到，我和我的一位同事在研究中采用神经科学家开发的一种用于测量意识的方法，去分析人机群体中的交互模式。我们发现，最高效的群体也是交互模式与有意识的人脑最相像的群体。这是不是意味着那些群体真的“有意识”呢？尽管答案是否定的，但我们将会看到，有很多原因表明这种想法可能并不是痴人说梦。

我们还将看到，一个群体自身的意愿往往与群体中个体的意愿不一致。比如，即使在对员工没有任何益处的情况下，公司也常会做对其自身利润有益的事情，这毫不奇怪。民主政府常会做出公民不喜欢的选择；市场会无情地将食物、房屋和其他各种资源分配给出钱最多的人，即使这样做会让其他人几乎一无所有。

所以，从某种重要的意义上说，这些具有集体智能的“生物”确实拥有超越个体的“生命”。我们把这种生物称为超级思维。在这里，“超级”并不一定意味着“更好”，而只意味着“更具包容性”。换句话说，正如超个体（比如，一个蚁群）包含其他生物（比如，个体蚂蚁）一样，超级思维（比如，一家公司）也包含其他思维（比如，公司员工的想法）。

和动植物个体一样，超级思维也可以被分成多个“物种”。我们将详细了解以下4个重要的类别：

层级制：当权者做出决策，其他人必须服从。存在于企业、非营利组织和政府的运营部门中。

民主制：通过投票做出决策。存在于政府、俱乐部、企业和很多其他群体中。

市场：根据贸易伙伴间的双方协议做出决策。存在于人们进行金钱、商品和服务交易的任何地方。

社群：通过非正式的共识或共享的规范做出决策。存在于人类生活的方方面面，从本地社区到职业群体再到国家文化。

所有这些不同类型的超级思维一直在相互作用：有时协作，有时竞争，有时则彼此毁灭。当你从这个角度看待世界时，你可能会发现今天的新闻大多都与这些不同类型的超级思维的冒险活动有关。

这里有几个例子：一是以苹果与三星为代表的层级制公司，争夺全球智能手机市场的主导地位。二是美国民主制度下的自由派与保守派就医疗保健问题到底应该通过自由市场、政府层级制度还是二者的某种组合才能得到更好解决的议题展开争论。三是美国最高法院（层级制政府中的一个带有些许民主色彩的部门）就“联合公民诉联邦选举委员会案”做出裁决，认定大型层级制企业用金钱影响民主选举的行为是违法的。四是地方社区对层级制政府试图规定跨性别者可使用的洗手间的法令表示反对。

所有这些事件都发生在最后一种能涵盖其他所有超级思维的背景之下：

生态系统：依据谁拥有最大的权力和最强的生存繁衍能力做出决策。存在于缺乏总体合作框架的任何地方，比如我们在上文中看到的各种不同类型的超级思维之间的冲突。

和自然界中的生态系统一样，生态系统超级思维也是按照“弱肉强食，适者生存”的法则运行的，只有行之有效的超级思维才能获得回报。

这就意味着，不管我们喜欢与否，在任意特定时间存在于某个生态系统的个体和超级思维，在过去都是强大和成功到足以生存或繁衍的。这种对生存的渴望，或许就是超级思维有独立于其成员的自我意愿的最重要原因。不过，令人吃惊的是，对超级思维有利的东西往往也对个体有利。

作为个体，我们通常不得不依靠各种各样的超级思维，解决这个世界面对的大问题。但是，我们有时也能影响既有的超级思维，或者创造出新的超级思维来处理对我们而言很重要的问题。在这个过程中，我们应该把赌注押在最适合手边问题的超级思维上。为了帮助你做出恰当的选择，我们会对不同类型超级思维的一些关键的优势和劣势进行分析。

信息技术如何让超级思维变得更智能?

为了弄清楚信息技术将如何改变世界，我们需要理解目前驱动世界运转的超级思维。不过，我们也需要了解新一代电子信息技术将如何从根本上改变这些超级思维。

现在，许多人认为最重要的新型信息技术是人工智能（AI），因为它能让机器人和其他软件程序去做以前只有人类才能做到的事情。当然，像亚马逊公司的Alexa（人工智能语音助手）和谷歌公司的自动驾驶汽车这样的产品确实越来越智能了。而且，在未来的某一天，我们有可能会拥有像人类一样聪明和适应性广的人工智能机器。

但大多数专家都估计，至少在几十年或者更长的时间内它不可能成为现实。在此期间，我们对人工智能的利用也离不开人类的参与，因为后者能提供机器本身尚不具备的各种技能和一般智力。

在可预见的未来，信息技术的另一种用途甚至比单纯地创造更好的人工智能更重要，那就是建立人机群体，并展现出比以往任何时候都强得多的集体智能。

我们常常高估人工智能在这方面的潜力，又常常低估存在于地球上大约70亿个信息处理能力惊人的人类大脑间的超级连接的潜力，更不用说其他几百万台不包含人工智能的计算机了。

我们很容易高估人工智能的潜力，因为我们很容易想当然地认为计算机像人一样聪明。我们已经知道人类是什么样子，而且科幻电影和小说中的很多故事都与智能计算机有关，比如《星球大战》中的R2–D2（宇航技工机器人）和邪恶的终结者生化电子人，它们的行为表现就像我们已经了解的好人和坏人一样。不过，要创造出这样的机器可比想象它们难多了。

另外，我们之所以会低估超级连接的潜力，或许是因为创造出庞大的人机群体连接网络比想象它们到底能做什么更容易。事实上，到目前为止，我们使用计算机主要是为了与他人联系。在电子邮件、移动应用、网络和像脸书、谷歌、维基百科、网飞、YouTube视频和推特等这类网站的帮助下，我们已经创造出世界上前所未有的规模最庞大的人机群体。

但对我们来说，要理解这些群体当下的作用仍然很难，而要想象它们在未来将如何变化则难上加难。本书的目标之一就是帮你想象各种可能性，以及它们将如何帮助我们解决最重要的问题。

比如，我们将会看到，信息技术如何帮助我们创建规模更大的群体、更具多样性的群体、拥有全新组织方式的群体，以及结合了人类智能与机器智能的群体，从而做到过去绝不可能做到的事情。换句话说，我们要探究的是集体智能的核心问题之一：

> 人与计算机如何才能连接起来，并达到任何个人、群体或者计算机都从未达到的智能水平呢？

超级思维如何帮助我们解决问题？

超级思维要想具备实用性，就必须解决我们关心的问题。为了说明其中的某些可能性，我们将会看到几个在企业战略规划、应对气候变化和管理人工智能风险的过程中，如何利用超级思维解决问题的例子。

我们也将看到，在地球上集体智能的发展显然是有终点的，它就是“全球思维”，即地球上所有人、计算机和其他类型的智能的组合。[13]我们将会看到，在某种程度上，全球思维已经存在，而且其智能化水平一直在提高。最后，本书将针对我们应该如何利用全球思维做出既聪明又明智的选择进行一些思考。

第一部分

什么是超级思维？

第 1 章
如果你在街上看到它，你能认出超级思维吗？

1776年，亚当·斯密在《国富论》中写道，在市场中谋取自身利益最大化的买方和卖方，往往也会由市场中的“一只看不见的手”引领，去谋取社会利益的最大化。例如，你有一辆冰激凌车，假如卖芥末味的冰激凌比卖摩卡味冰激凌能让你获取更多的利润，那么你的生意也会为社会贡献更多的经济价值。[1]

当然，在某些情况下，谋求个人利益最大化并不意味着社会利益的最大化。不过，亚当·斯密深刻地意识到，市场中的人际互动常能带来任何个体都无法实现的良好的总体结果。即使你卖芥末味的冰激凌只是为了赚更多钱，但你也在不经意间通过使用整个社会的牛奶、食糖、劳动力和其他资源而让更多人感到快乐。亚当·斯密把市场的这种近乎神秘的属性称作“看不见的手”。

然而，市场不仅有看不见的手，还有看不见的思维。事实上，市场就是超级思维。尽管超级思维无时无刻不在我们身边，但要看到它们，你必须知道如何看。一些超级思维，比如公司，通常很容易看出来，而其他超级思维，比如生态系统，则很难看出来。

我有时会跟自己玩一个小游戏，那就是当我走在街上的时候，数数我能看到多少超级思维。当我走出麻省理工学院的办公楼，然后左转走向肯德尔广场时，我可能会看到一个施工队、一家银行、多个商店和餐馆，以及一条虽然拥挤但行人不会撞到彼此的人行道。

尽管这些都是超级思维，但为了看到它们，我们需要以一种非常特别的方式去看。为了做到这一点，我们需要了解超级思维的定义。下面这个定义将贯穿全书：

超级思维——以看似智能的方式共同行事的一群个体。

我们也可以把集体智能定义为任何超级思维都具有的一种属性：[2]

集体智能——以看似智能的方式共同行事的群体取得的结果。

由于超级思维定义中的每个词都很关键，所以让我们来逐个剖析一下。

一群……

要看到超级思维，我们先得发现一个群体，这通常很容易做到。例如，正在对我办公室附近的一幢大楼进行改造的施工队，显然是一群人。我有时会去买火鸡三明治的那家餐馆的店员，也是一群人。

然而，有些群体就不这么显而易见了。例如，走在人行道上的人们并不是一个你平常会多加留意的群体，但当他们为了避免撞到彼此而（大多）无意识地闪躲时，在这一刻他们就成了一种超级思维。

个体……

尽管定义说超级思维是由“个体”组成的，但并没有明确说明是哪种个体。这意味着超级思维中的个体可能很小，也可能很大，而且，他们不仅包含思维，还有受思维控制的实体和其他资源。

例如，我们可以说我所在社区中的星巴克咖啡店是一个超级思维，它包括店里的所有员工，还有桌子、椅子、咖啡机和咖啡豆。或者，我们可以说整间咖啡店本身是一种规模更大的超级思维——包含我所在社区中的所有咖啡商户的市场——中的个体。或者在较低层面上，我们可以说星巴克的一位咖啡师是一种超级思维，其个体包括咖啡师大脑中的所有神经元，没错儿，每个人的思维本身就是一种超级思维。

共同行事……

那么，所有群体都是超级思维吗？不一定。只在其个体采取某种行动时，群体才是超级思维。例如，你应该不会认为放在地上的咖啡杯组（4 件套）是超级思维。

但只采取某种行动的群体也不一定是超级思维，个体还必须共同行事。换句话说，他们的活动必须是有关联的。两个不同城市的两个不相干的人，即使在同一天的早晨各自昏昏沉沉地煮着咖啡，也不可能是超级思维。不过，在一家星巴克咖啡店里为了满足顾客的所有需要而一起工作的两位咖啡师，则是超级思维。

这里有一点很重要：尽管个体的行动需要有关联，但一个超级思维中的个体无须彼此合作或者目标一致。比如，一个名叫创新中心（InnoCentive）的网站，科学家和技术专家可以在这里比拼破解像如何合成某种特定化合物这样的难题。虽然解决问题者是相互竞争（没有合作）的关系，但他们的行动也是相关联的，因为他们都在解决相同的问题。

以看似智能的方式……

最后，只有一群行动有关联的个体仍然不够。要成为超级思维，群体还必须做看似智能的事情。在定义中，“看似”这个词可能会让你觉得惊讶，因为它听起来有点儿优柔寡断。但它确实必不可少，因为从某种重要的意义上说，超级思维和美一样，都是“情人眼里出西施”。

事实上，超级思维的所有元素（即智能、个体、群体、行动和关联）都必须由观察者来识别。[3]而且，不同的观察者会用不同的方式来分析相同的情形。例如，你认为每一家星巴克咖啡店本身就是一个超级思维，而我认为每家店只是一个更大的超级思维的一部分，尽管我们都是对的，但却会对形势产生不同的洞见。

观察者的作用在评判智能方面尤为重要，因为在某种程度上，这往往是一种主观判断。例如，你评判某个实体是不是智能的，主要取决于你对这个实体试图实现的目标的看法。当学生做多项选择的智力测验时，我们会假定他们正试图给出出题人认为正确的答案。但我一下子就想起了我高中时代的一个女同学，她非常聪明但也非常叛逆，她在做这类测验的时候，很可能会在选择题答题卡的圆圈里画上好看的花朵图案。如果她真的这样做了，那么通常的测试评分法根本无法测量她的高智商！

总之，为了评估一个实体的智能水平，观察者必须对这个实体的目标做出假设。当评估一个群体的智能水平时，将对观察者而言重要的群体目标考虑在内往往是有帮助的，即使群体中没有个体持有这样的目标。

例如，一座城市中的每辆冰激凌车车主都有各自不同的目标：他们中的大多数人可能都想赚尽可能多的钱，同时希望拿到经营许可的竞争者少一点儿。如果你在这座城市的公园管理部门工作，在决定该为多少辆冰激凌车颁发公园经营许可证时，你可能想对游客进行调查，了解他们是否认为自己能买到足够物美价廉的冰激凌。对由公园里的所有冰激凌车组成的超级思维来说，这些调查是评估其总体智能水平的一种方法。

最后，需要注意的是，如果我们观察到某个群体试图做智能的事情，即便没有成功，我们也可以把这个群体视为超级思维。例如，有一家初创软件公司，即使整个团队竭尽所能，它的产品还是失败了，公司因此倒闭，你也可以把它看作超级思维。

什么是智能?

那么，我们在前文中提到的智能究竟是什么意思呢？这个术语可以说是出了名地难把握，不同的人以不同的方式来定义它。[4]例如，《不列颠百科全书》（*Encydopaedia Britannica*）给它的定义是："有效适应环境的能力。"认知心理学家霍华德·加德纳（Howard Gardner）把它定义为"解决问题或者创造产品的能力，而且这些问题和产品在一种或多种文化背景下都受到重视"。此外，一个由52位知名心理学家组成的团队将该领域内的主流观点总结如下：

> 智能是一种非常普遍的心理能力，除了其他因素之外，还包括推理、规划、解决问题、抽象思考、理解复杂观点、快速学习和汲取经验的能力。它不只是表现书本学习、狭义的学术技能和智能测试。更确切地说，智能反映了我们对周遭环境的一种更广泛与深层次的理解能力，即对事物的"认知"、"了解"，或者"明白"自己该做什么。[5]

根据本书的主旨，我们将给出两种关于智能的定义，它们各自适用的情况也是不同的。第一种是专业智能：

专业智能——在给定环境中有效地实现特定目标的能力。

这个定义与上文中提到的《不列颠百科全书》及霍华德·加德纳给出的定义是等价的。总的来说，它的意思是一个智能实体会根据自己知道的一切，去做任何最有可能帮助其实现目标的事情。说得更直白一点儿，专业智能就是实现特定目标的“效能”。从这个意义上说，专业的集体智能就是“团队效能”，超级思维就是一个有效能的团队。

我们要介绍的第二种智能的应用更广泛，往往也更有趣：

通用智能——在不同的环境中有效实现各种不同目标的能力。

这个定义与前文中提到的52位心理学家给出的定义相似，而且智力测验衡量的就是这种智能，而不只是评估你有效完成一些特定任务的能力。事实上，测验中的这些任务都是精心挑选的，以便对你完成测验之外的很多其他任务的能力进行预测。

比如，在智力测验中得分高的人通常比其他人更擅长阅读、写作、算术和解决许多其他类型的问题。当然，一个长期从事某项特定工作——比如修理本田汽车——的人，很可能要比一个更聪明却从未打开本田汽车引擎盖的人更擅长修车。但是，更聪明的人往往也更善于快速学习新事物和适应新环境。

在下一章中，我们将会看到更多有关这个定义的内容，但这里有一个关键点，那就是通用智能的定义要求智能行为体不仅擅长完成某项特定任务，还善于学习如何完成各项不同的任务。简单地说，这个定义与“多样性”或者“适应性”的意思大致相同。那么从这个角度说，一般的集体智能就是“团队多样性”或者“团队适应性”。

专业智能与通用智能之间的差异，有助于我们辨别现在的计算机与人在能力方面的差异。在专业智能方面，目前的一些人工智能计算机比人要聪明得多。比如，在执行像下棋或玩Jeopardy（危险边缘）益智问答游戏这样的具体任务时，计算机就比人的表现好。但是，不管它们多么擅长完成这些特定的任务，目前计算机的通用智能水平都远不及任何一个5岁的正常人。比如，现在没有一台计算机能像一个普通的5岁孩子那样顺畅地谈论问题，更不用说这个孩子还会走路、捡起奇形怪状的物体，以及看出别人是否开心、难过或生气。

所以，当我走在办公室附近的街道上（或者其他任何地方）时，会看到很多超级思维。要想识别它们，我需要确认4个要素：第一，一群个体；第二，这些个体正在采取某些行为；第三，这些行为之间存在的某种相互联系；第四，我们评估这些行为时的参照目标。

每当我看到这4个要素组合在一起时，我就能找到一个超级思维。不过有一点很重要，那就是识别超级思维的过程有时很有用，有时则不然。比如，我可能会说办公桌的4条腿构成了一个群体，共同防止桌面掉落到地上。就其本身而言，这句话并没有错，而且从这个角度看，我的桌子就是一种极其简单的超级思维。但是，把超级思维的概念以这种方式应用于我的桌子或许效用很小，因为我们并不能从中获得一点儿有关如何使用桌子或做其他任何事情的新见解。

正如物理学家需要学习如何巧妙地运用像力、质量和能这样的概念，去有效地认识真实的物理情景一样，我们也需要学习如何巧妙地运用超级思维和集体智能的概念，去真正理解现实世界。

第 2 章
群体也能做智力测验吗?

或许自有人类以来，有些人看起来就要比其他人更聪明，他们能更迅速地解决问题，知道的更多，学东西也更快。然而，在20世纪初，心理学家开发出一种旨在客观衡量与我们所谓的智能类似的某种特质的方法，从而让我们对这种现象有了突破性认识。

面对群体，我们可以采取同样的方法吗？我们能客观地衡量一个群体（或超级思维）有多聪明吗？如果可以，那么我们能客观地说某些群体比其他群体更聪明吗？有没有什么科学依据能帮助我们判断一个群体是否“智能”呢？根据我和我的同事最近做的研究，我们现在已经知道上述所有问题的答案都是肯定的。但为了理解其背后的原因，我们先要对个体智能及其测验方式有更多的了解。

测量个体智能

让智力测验成为可能的最关键进展，就是发现了一个有关人类能力的惊人事实。假设你知道约翰擅长数学，而苏擅长阅读，那么你会怎样猜测他们另一科目的表现呢？如果你和多数人一样，那么你可能会认为约翰的阅读水平是中等或中等偏下，而苏的数学课业的表现亦如此。根据我们的日常经验，这样的推测似乎常常是正确的。

然而，现在我们从数百项科学研究中了解到的惊人事实是：在通常情况下，擅长某种脑力任务的人也擅长其他大多数脑力任务。[1]那些擅长阅读的人在数学方面的表现往往也是中上等的，反之亦然。除了很多其他特点之外，那些擅长数学和阅读的人的记忆力通常也很好，知道更多有关这个世界的常识，而且更善于逻辑推理。[2]当然，不排除有些人会在某些领域比其他人更充分地提升自身技能，而有些人则在通用智能（即完成各项不同的脑力任务的能力）方面比其他人更胜一筹。

一种更科学的表述方式是：如果你让很多人去执行很多项不同的脑力任务，并用统计学方法分析结果，就会发现他们在每项任务上的得分与他们在其他大多数任务上的得分存在正相关关系。

有了这个数据集，你就可以利用一种叫作因子分析的统计方法，确定不同分数相关性的基础结构。例如，如果你想通过这种方法来分析人们的政治态度，你可以问他们关于很多问题（比如，堕胎、税收、同性恋婚姻和全民医疗保险等）的看法。分析结果会告诉你，受访者给出的大多数答案是源于单一基础维度（比如，自由派与保守派），还是多个维度（比如，关于社会和经济问题的看法）。

当心理学家用这种方法分析人们在不同脑力任务上的得分时，他们通常会发现人们的各项任务表现是不同的，并且通过一个单一的统计因子就能预测出其中30%~60%的差异。除此之外，没有一个因子的预测结果能超过上述范围的1/2。[3]这种统计方法基于该因子为每个个体算出一个分数，得分高的人在大多数任务方面的表现都比得分低的人好。这个统计因子与我们直觉上所谓的智能相对应，而且现代的所有智力测验在设计时都会包含用于衡量这一因子的任务。

重要的是，我们必须意识到这个结果不是预先决定的。对于人的其他特征，比如个性，并不存在能够预测其他表现的单一因子。例如，即使你知道一个人很内向，也无法据此预测他是一个一丝不苟还是讨人喜欢的人。[4]但事实表明，不同的人在完成脑力任务方面的通用智能水平存在差异，这是一个公认的科学事实。

当然，这个结果不仅在科学研究方面引人注目，也有显著的实用价值。通过任何一项标准的智力测验，你都可以预测出一个人在很多其他任务方面的表现如何，而无须花几个月或几年的时间去逐一观察。例如，如果你想预测一个人的学习成绩，或者他的各项工作表现，仅通过一个简短的纸笔智力测验的结果，你就能得出相当准确的结论。[5]甚至从统计学上讲，更聪明的人寿命也更长。以某项客观的衡量为基础对人生的这些重要结果进行预测，能产生很多非常重要的实用结论，其中就包括价值数十亿美元的教育考试行业的发展，其用到的测试与智力测验十分相似。

不过请务必记住一点：在预测一个人未来的一切时，这些智力测验远非灵丹妙药。有很多其他的重要能力是无法通过标准的智力测验来测量的。例如，霍华德·加德纳就将音乐能力、身体能力和人际交往能力归为不同种类的智能。[6]除了智能以外，影响你的学校和生活表现的因素还有很多，包括（这里不一一列举）你的努力程度，你从家人和朋友那里得到的帮助，（当然）还有你的运气。

有些人已经对我们过度依赖标准智力测验和其他测试的现象提出了批评，这是对的。美国学术能力评估测试（SAT）和其他类似的教育考试尽管不是被有意设计为智力测验，但其结果却与那些智力测验的结果高度相关。不过，问题并不在于考试没有价值，而在于我们有时会对它们期望过高。我们对考试预测作用的预期往往超出了实际情况，而且过分强调考试对素质的衡量作用，致使我们对其他重要的方面不够重视。

但是，我们也不应该忽略一个事实，那就是在预测人们是否擅长做我们认为重要的事情时，智力测验通常是唯一的最佳方式。例如，在一项十分全面的研究中，智力测验对人们能否求职成功的预测是最准确的，其准确度甚至超过了实习经历、背景调查、面试表现和学业成绩。[7]所以，尽管智力测验并不是预测所有人生结果的最佳方式，但个体智力测验的发展可以说是20世纪心理学领域的最重要成果之一。

群体智力测验

那么，所有这些关于个体智能的结果对集体智能来说，又意味着什么呢？群体能像个体一样智能吗？有没有什么能判断某些群体比其他群体更聪明的客观方法？换句话说，对一个群体而言，有没有一个单一的统计因子就像个体智力测验那样，可以对群体在很多项不同任务上的表现进行预测？

就我和我的同事已知的情况而言，从未有人问过这个显而易见的问题，于是，我们决定寻找它的答案。我的同事安妮塔·伍利（Anita Woolley）在整项研究工作中发挥了关键作用，并且是我们报告原始结果的那篇论文的第一作者。[8]克里斯托弗·查布里斯（Christopher Chabris）等人也参与了其中的部分工作。

要想创造出一项针对群体的智力测验，我们需要做的第一件事就是挑选出一组适合群体完成的任务。我们原本可以直接要求群体一起回答标准的个体智力测验的相关问题，然而，其中虽然包含各种各样的脑力任务，但不一定有很多需要群体合作才能完成的任务。所以，我们利用社会心理学家约瑟夫·麦格拉斯（Joseph McGrath）为对团队任务进行分类而创立的一个著名的框架，[9]并从该框架的主要类别——提出、选择、协商和执行——中分别挑选任务。

例如，对于提出新想法的任务，我们要求各个小组就一块砖的用途开展头脑风暴。对于在指定选项中进行选择的任务，我们要求各个小组解决来自一项名为“雷文标准推理测验”的图形谜题。对于协商的任务，我们让小组成员假装他们都生活在同一屋檐下，并规划一次购物之旅，相关限制因素包括出行时间、费用和他们需要购买商品的易腐烂性。最后，对于执行的任务，我们要求他们把一个长文本段落输入共享的在线文本编辑系统。我们还要求他们执行单词补全、空间谜题和估计问题等任务。总的来说，这些任务代表了群体在现实生活中可能要完成的各项任务。

接下来，我们需要做的就是招募接受测验的小组。邀请在校大学生参与是比较容易的，由于我们的研究是在麻省理工学院和卡内基–梅隆大学进行的，完全可以找身边的大学生来帮忙。但我们认为，如果所有的测试对象都是高智商、成绩优异的大学生，得到的测试结果或许会有偏差，对一项集体智能研究来说尤其如此。所以，为了使参与测验的小组能代表社会的各个阶层，我们通过多种渠道（包括公共网站）在多个城市的普通公众中招募测试对象。在对他们进行了简短的个体智力测验后，我们发现他们的智力分布与美国人口的总体智商分布情况非常相似。

在我们最初的两项研究中，699位测试对象被分成192个小组，每个小组有2~5个人。与企业和其他组织中的大多数团队不同，我们的小组中没有指定的领导者，选人也不以任何专长为依据。但不管在什么情况下，各个小组都要作为整体而非个体去共同完成所给的任务。

这样的测验有用吗？

我们给了各个小组一次完成所有任务的机会，然后分析他们之间的相关性。在我们的研究中，这是悬念最大的关键时刻。会不会像在个体智力测验中那样，存在某个能解释群体的各项任务表现的单一因子呢？或者是否存在某个更复杂的因子结构，例如，一些群体擅长数学任务，而另一些擅长文字任务？

答案是：群体就像个体一样。事实上，的确存在一个针对群体的单一统计因子，而且它可以预测出这个群体在多项任务上的表现如何。我们在上文中已经提到，针对个体的统计因子能预测出个体在不同任务上的表现的30%~60%的差异。在我们的研究中，对于群体，这个比例大致处于上述范围的中间，即45%。由于该因子在个体智力测验中被称为智能，所以我们把与群体对应的新因子称为集体智能。

也就是说，我们发现群体和个体一样，具有某种形式的通用智能。这意味着我们或许可以像利用个体智能那样，利用集体智能更多地了解是什么让群体有效完成了各种各样的任务。

开启这个过程之前，我们针对最初研究进行了一次检验，目的是看看我们测量的集体智能因子能否预测出群体在其他任务上的表现。为此，我们也给各个小组布置了一些需要综合运用各种能力的更复杂的任务。例如，在一项研究中，小组和计算机进行了一场跳棋比赛。在另一项研究中，他们用积木搭建了一系列符合规则要求的结构。

我们发现，集体智能测试分数确实可以对群体在这些更复杂任务上的表现进行显著有效的预测。事实上，在这些更复杂任务的表现预测方面，一个群体的集体智能分数的效果比群体成员的个体智能分数的平均值或最大值都好。

什么能让群体变聪明?

在做研究之前，我们认为要寻找的与群体对应的单一集体智能因子，很可能要通过群体成员的平均个体智能进行预测，也就是说，成员越聪明，群体就越聪明。然而，我们的研究发现要有趣得多。

尽管我们的确找到了群体成员的平均及最大智能与群体的集体智能

之间的相关性，但它只是中等强度。换句话说，只是把一群聪明人聚集起来，并不能保证你会拥有一个聪明的团队。或许你已经从自身经验中猜到这一点了，毕竟我们中的大多数人都见过由聪明人组成的团队最后却一事无成的例子。但是，如果拥有一群聪明人都不足以让该团队变聪明，什么才能做到这一点呢？

我们对前人研究中提到的有可能对团队有效性做出预测的多种因素进行了检验，比如，成员对所在团队的满意程度，他们帮助团队取得优异表现的积极程度，以及他们在团队中的舒适感。结果发现，这些因素中没有一个与团队的集体智能水平显著相关。

不过，我们确实找到了三个显著因素。第一个是群体成员的平均社会洞察力。我们运用“眼神读心”测试对这个因素进行测量，在测试过程中，人们通过看其他人的眼睛照片，试着猜测照片中的人的心理状态（见下图）。[10]这个测试最初是用来测量孤独症的（患有孤独症及相关病症的人的测试表现非常糟糕），但事实证明，即使在“正常”的成人当中，不同的人在完成这项任务的能力上也存在显著的差异。

你可能会说这个测试是对一个人的社会智能的测量，而且我们发现，如果这些群体中有很多成员在这方面的表现突出，那么它们的集体智能水平通常要比其他群体高。

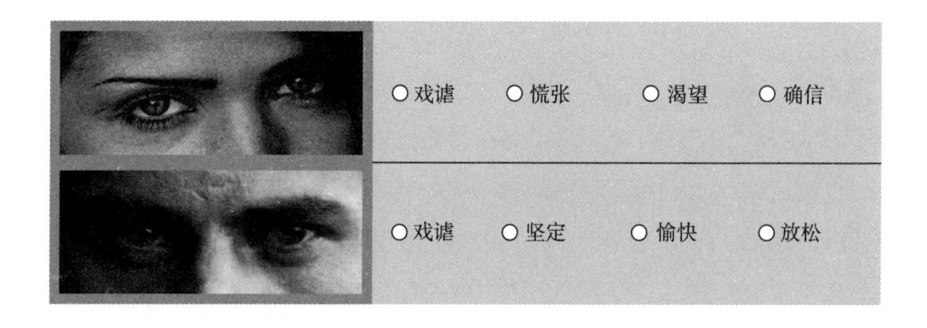

我们发现的第二个重要因素是，群体成员能够大致平等地参与对话

的程度。当对话被一两个人主导时，平均而言，群体的智能水平要比参与度分布更均匀的时候低。

最后，我们发现群体的集体智能与其女性成员的比例显著相关。女性占比更高的群体也更聪明，这个结果基本上可以通过社会洞察力的测量并从统计学的角度来解释。

在着手进行集体智能研究之前，我们就已经知道，女性的社会洞察力测试平均分比男性要高。所以，关于我们的发现的一种可能的解释是，一个群体的集体智能与其成员的社会洞察力有关，而非他们的性别。换句话说，如果一个群体中社会洞察力强的人足够多，那么不管这些人是男是女，都足以让这个群体变聪明。但如果你要挑选团队成员，而且只知道候选者的性别，而对其他情况一无所知，那么你在女性身上发现社会洞察力的概率可能略高于男性。

有趣的是，我们的研究结果与人们关于群体多样性的典型设想并不相符。大多数人都会认为，男女比例差不多各占一半的群体应当是最聪明的。但在我们的数据中，男女人数相等的小组位于智能水平最低的行列。如下图所示，我们的数据表明群体的集体智能也许会随着女性比例的增加

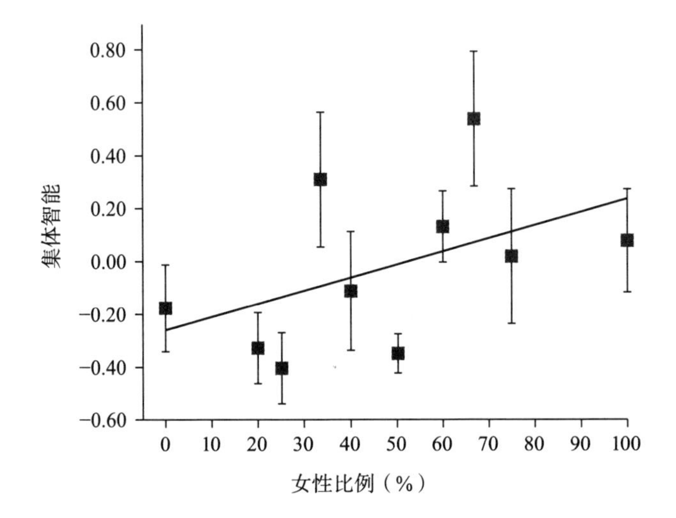

而不断提高。[11]

还有一点很重要，就是意识到由于图中的点并不是线性分布的，所以在数据中可能存在有相当数量的“噪声”（例如，从数据点延伸出去的垂直线表示的是统计学家所谓的标准误差）。我们期待未来的研究能进一步阐明噪声背后的复杂原因。不过，我们的研究结果至少已经给出了一些关于群体中男性与女性在集体智能上可能起到的决定性作用的有趣看法。

社会智能是集体智能的关键因素

在探究群体表现差异的过程中，我们从一个事实中获得了重要线索，那就是当试图同时利用上述三个因素（即社会洞察力、发言机会的分配和女性成员比例）对集体智能进行预测时，我们发现真正具有统计显著性的因素只有社会洞察力。这并不意味着其他两个因素不重要，而只是表明在它们之下发挥作用的基本机制可能就是社会洞察力。例如，我们在上文中提到，社会洞察力有可能产生了性别效应，而且社会洞察力强的人或许更有可能得到发言机会。

后来，我们对在线小组进行的一项研究，充分证明了社会洞察力因素的强大力量。在该研究中，我们随机地把测试对象分成两组。[12]面对面小组围坐在一张桌子旁，一边相互交谈，一边在笔记本电脑上完成某个版本的集体智能测验。尽管在线小组接受的是相同的测验，但他们完全看不到彼此，只能通过输入文字信息进行相互交流。我们发现在这两个小组中，成员的社会洞察力对集体智能水平的预测效果同样好。换句话说，善于从其他人的眼睛中读取情绪的人也善于团队合作，甚至是在线沟通，而且根本看不到彼此眼睛的情况下！

这表明社会洞察力肯定与更广泛的人际交往能力相关，而且这些能力对在线交流和面对面交流同样有效。例如，让你读懂他人脸上情绪的那种社会智能或许也能帮助你根据他人输入的文字猜出他们的感受，并帮助你预测他们会对你可能回复的各种内容做何反应。

也就是说，在面对面的世界里至关重要的社交能力和社会智能，在未来日益增强的网络世界中同样重要甚至更重要。

认知多样性也很重要

在另一项研究中，[13]我们关注的是认知方式的多样性，即人们对世界的习惯性看法的差异。根据前人对这个问题的研究，我们重点考虑三种不同认知风格的人：言语型认知者、对象表象型认知者和空间表象型认知者。[14]言语型认知者善于用文字进行推理，对象表象型认知者善于掌握图像（比如油画）的整体特征，空间表象型认知者则善于对图像的各个部分逐一进行分析（就像对建筑蓝图那样）。大致来说，这三种认知风格分别对应于人文、视觉艺术和工程学专业的学生。

当用这些认知风格的各种组合来分析群体的集体智能时，我们发现集体智能水平最高的群体拥有中等水平的认知多样性。换句话说，成员间认知风格差异很大的群体，其智能水平并不高，这可能是因为他们彼此无法有效地交流。所有成员的认知风格完全一致的群体，其智能水平也不高，这可能是因为他们不具备完成不同任务所需的各项技能。最佳组合似乎是拥有中等水平多样性的群体，这可能是因为其既有足以保证有效沟通的共性，又有足以解决一系列不同问题的多样性。

集体智能水平高的群体学习速度更快吗?

个体智能最重要的特征之一是，它不仅能预测人们可以做到的事情，还能预测他们学习新事物的速度。集体智能也是这样吗？一个群体的集体智能水平可以预测这个群体的学习速度吗？

回答这个问题的第一步是，我们在最初的研究中给一些完成了集体智能测验的小组布置了另一项任务。我们要求他们玩一个被开发者称为“最小努力隐性协调博弈”的游戏。[15]在这个游戏的每一轮，每位玩家都必须从5个数字中选择一个，他赢得的点数取决于他自己选择的数字和其他小组成员选择的数字。为了帮助他们做出选择，玩家每次都可以查看“支付矩阵”（见下表），根据他们自己选择的数字和其他小组成员选择的最小数字，计算赢得的点数。[16]

最小努力隐性协调博弈和著名的囚徒困境博弈有点儿像，都要求玩家同时且独立地完成每一轮。他们不能把自己选择的数字告诉别人，唯一可能的协调方式就是观察小组的其他成员在前几轮的选择。不过，与囚徒困境不同的是，这个游戏会让合作的玩家而非竞争的玩家获得丰厚的回报。如果在全部10轮游戏当中，所有玩家都做出了同样的选择（即数字40），那么他们每个人的收益都能实现最大化。但这个选择是有风险的，因为如果你选择了40，而小组中的其他人选择了0，你就会失分。如果你选择了除40以外的任何数字，那么不管其他小组成员如何选择，你都不会失分。

所有小组成员选择的最小数字

个体选择的数字	0	10	20	30	40
0	2 400				
10	2 200	2 800			
20	1 600	2 600	3 200		
30	600	2 000	3 000	3 600	
40	−800	1 000	2 400	3 400	4 000

大多数小组在玩这个游戏的时候，前几轮的表现都不太好，但我们发现在全部10轮游戏中，集体智能水平高的团队能更快地学会如何根据

他们在前几轮的表现，暗中相互配合，他们的总分也因此显著高于其他团队。至少从这个角度看，正如我们期望的那样，集体智能水平更高的群体，学习速度也更快。

集体智能还能预测什么?

在另外几项研究中，我们把集体智能测验题翻译成德语和日语，并对在美国、德国和日本以各自的母语接受测验的小组进行了研究。我们的发现进一步证实了我们最初的结论，那就是在这三个国家的各种群体交流模式（面对面、语音、视频和文本）中，都出现了与我们最初的研究相同种类的集体智能因素。

我们还发现，集体智能测验的分数能预测学生团队在某个课题项目上的表现，以及实验室团队在“假设你们迫降在沙漠中，请挑选出最重要的生存物品”这项任务中的表现。[17]

一个更加重要的问题可能是对于那些结果与现实世界密切相关的任务，集体智能能否预测群体在其中的表现如何，而不只局限于实验室或者教室。作为解决这个问题的第一步，我们在电子游戏世界里发现了一些非常有趣的结果。我们对全世界最受欢迎的在线电子游戏之一——《英雄联盟》中的团队进行了研究。在这个游戏中，玩家通常会5个人组成一个团队，相互协作去攻占对手团队的基地，杀死怪物，同时迎接沿途遇到的其他挑战。尽管这是一个虚拟的作战环境，但团队成员必须紧密合作，就像身处真实的战斗场景中一样。

这些团队中有很多都是由长时间在一起玩的玩家组成的，游戏会根据这些团队的比赛表现给他们排名，类似于国际象棋选手排行榜。

在这款游戏的开发商拳头公司的配合下，有超过200个团队接受了我们的在线集体智能测验。我们发现，正如我们期望的那样，团队的集体智能得分对他们在游戏中的表现有着显著的预测作用，而且相当持久，不仅体现在他们接受测验的时候，还体现在6个月以后。[18]所以，就像个体智能可以预测个体在现实世界中的各种表现一样，集体智能也可以对群体在现实世界中的表现做出预测。

测量集体智能

在继续下面的讨论之前，我们有必要暂停一下，对已经了解的情况进行回顾。上述所有研究结果为以下结论奠定了坚实的基础：

1. 人类群体拥有一种集体智能，集体智能与通过个体智力测验来测量的个体智能相似。

2. 这种集体智能就是我们在第 1 章中谈到的通用智能，即在多种不同的任务中都有出色表现的能力。

3. 这种集体智能会受到下列因素的影响：

- 群体成员的个体智能；
- 群体成员与他人良好协作的能力（通过他们的社会洞察力来测量）；
- 群体成员的认知多样性。

4. 我和我的同事为了测量这种集体智能而开发的测验，能够预测群体在下列方面的表现：

- 执行实验室、课堂和在线游戏中的各项任务；
- 利用面对面和在线沟通方式；
- 跨语言和文化交流。

这些结论引出了一些关于如何应用集体智能测验的有趣问题。我们能不能通过让某个销售团队参与一次简短的测验（就像我们在研究中用到的那种），预测他们在今后几个月内的工作表现呢？通过高层管理团队或者董事会的测验得分，可以预测出他们在面对挑战时会有怎样的表现吗？尽管我们还不能确定这些问题的答案，但我们希望答案是肯定的。

另一个有可能被提出的有趣问题与提高某个群体的集体智能，并使之成为一个智能水平更高的超级思维有关。我们知道个体智能在一个人年轻的时候就基本定型了，但提升一个群体的智能水平似乎是大有可能的，比如通过替换足够多的成员。在本书后面的章节中，我们还会看到其他提升群体智能水平的方法。

我们还能用什么方法测量集体智能？

虽然我和我的同事为了系统衡量一个群体的智能水平而设计的方法，带来了令人满意的结果，但这种方法也有其局限性。比如，这项测验针对的是较小的群体。在我写作本书的时候，我们正在利用某个版本的测验对多达40人的群体进行研究，而且我们很想知道这种方法至多能对多大规模的群体进行测试。不过我们认为，当群体规模足够大的时候，就有必要使用其他一些方法了。

从更基本的层面上说，为了利用我们设计的测试方法，我们必须干预一个群体，并让其成员做一件他们原本不会做的事情，即接受测试。对现实生活中的很多群体（比如大型企业、市场）来说，要说服群体的每个成员花时间去完成一项哪怕只需要几分钟的特殊测验，也非常困难。如果我们可以仅通过观察某个群体在一般情况下的做事方法，并利用观察结果来准确估计群体的智能水平，就再好不过了。

幸运的是，不管是干预还是观察，都有很多种测量群体的集体智能的方法，而且其原理都是我们在第1章提到的智能的两种定义中的一种。

你能通过观察了解很多东西

有一种衡量群体专业智能的方法是选择一个目标，然后观察某个群体实现这一目标的情况。比如，你可以用像利润、生产率和投资回报率这样的指标，衡量一家企业的财务目标实现状况。或者你可以用过去5年内新产品的营收占比（产品创新度的衡量标准）、创造的就业机会、员工对工作场所的满意程度，以及其他企业的高管向它表示钦佩的频次等指标，来评估一家企业在其他方面的表现。

你可以通过像国内生产总值（GDP）这样的经济指标，或者像犯罪率、识字率和生活质量概况这样的社会指标来衡量整个社会的表现。如果想衡量市场的表现，你可以利用市场流动性、不稳定程度和根据新信息调整价格的速度等指标。

在某些情况下，你还可以通过观察对某个群体的集体通用智能进行了解。要做到这一点，你需要在足够多的不同场合下观察群体的行为，从而评估群体的灵活性或者适应性。

例如，尽管我们通常认为发明家托马斯·爱迪生是一位天才，但从某种重要的意义上说，他参与创立的通用电气公司作为一个组织似乎更具有天才的特质。在1896年入选道·琼斯工业平均指数的原始成分股中，通用电气是唯一一家至今①仍被留在指数中的企业。[19]一个多世纪以来，为了在许多不同的行业和多种经济环境下生存发展，通用电气必须具备极强的灵活性和适应性。当然，这也很可能得益于好运气和其他因素，但我们完全有理由认为通用电气拥有高水平的集体通用智能。

近年来，苹果公司至少彻底改变了三大行业：个人计算机、音乐和移动电话。很多人都会把苹果公司取得的大部分成就归功于一个人——史蒂夫·乔布斯，但从乔布斯去世到现在，苹果公司仍在持续发展。公正地

① 截至作者写作本书的时间。而自2018年6月26日起，通用电气已被踢出道·琼斯工业平均指数。

说，不管苹果公司在这些行业中取得成功的原因是什么，我都认为它表现出卓越的集体通用智能。

经济学家已经发现，在通常情况下，公司的业绩大多会表现出惊人的持久性，也就是说，业绩表现好的公司往往能保持住成功，而业绩表现差的公司则往往只会在底部徘徊。[20]例如，一项针对美国制造工厂的研究发现，在1972年生产率排行前50名的工厂中，5年和10年后仍保持在前50名行列的工厂占比分别为61%和42%。而在生产率垫底的工厂中，10年后仍保持在后50名的工厂占比为38%。[21]所有涉及管理和经济的领域都在试图探索造成这些差异的原因，但业绩随时间推移表现出的这种稳定性表明，在这些工厂中某种集体智能的水平是参差不齐的。

除了在很长一段时间内衡量同一个变量之外，我们还可以通过同时观察多个不同变量来评估通用智能。例如，不丹非常关注所谓的国民幸福指数，这是综合考虑各种指标（健康状况、生活标准、教育水平和内心幸福感）后对社会福利水平的一种衡量。如果一个社会在所有这些方面都做得很好，我们就可以说这个社会比只在一两个方面表现突出的社会的集体通用智能水平更高。

有时你必须做些什么

要想通过干预的方式衡量群体的集体智能，你需要先选出群体表现的几个方面，再利用测试看看群体对你的行为做出的反应。在面对大型群体的时候，这种方式往往很难实现，因为你要么需要说服群体的每个成员参与其中，要么需要足够的资源去改变群体环境。

如果你有充足的资源，就可以通过将某个组织置于各种各样的情境中，对这个组织的环境进行干预，比如，你可以建立一个与研究对象呈竞争之势的组织，或者对研究对象需要的某些原材料开出非常优惠的价格。通过观察该组织在应对这些极端情况时的表现，你肯定能了解到有关其智能水平的一些有趣信息。不过，像这样的大规模实验当然是有限制条件的。

事实上，小规模干预也是有用的。例如，很多公司利用“神秘顾客”对在零售商店、餐馆和电话客服中心直接面向公众的员工表现进行评估。神秘顾客会和其他顾客一样，使用某个组织的服务，比如吃一个汉堡包、买衣服或者拨打电话求助热线。被组织评估的员工会以为神秘顾客就是普通顾客，所以很可能像对待其他任何顾客一样对待神秘顾客。不过，与普通顾客不同的是，这些神秘顾客会仔细留意并报告他们接受服务的具体情况，并为此获得报酬。

当评估一个组织在实现目标（比如，及时问候和礼貌地服务顾客）方面的专业智能时，神秘顾客通常是一种好办法。如果与神秘顾客的互动过程要求员工完成很多不同种类的任务，这就有可能成为衡量该组织的集体通用智能的部分方法。

例如，你可以招募形形色色的神秘顾客，无论男女老少、是否受过良好的教育、暴躁易怒还是彬彬有礼，并让他们拨打智能手机供应商的客服热线，咨询各种各样的问题，比如硬件故障、软件故障和不了解产品等。如果有些公司的表现始终很好，那么你可以说它们的客服业务表现出很高的集体智能水平；如果有些公司的表现很差，那么你可以说它们欠缺集体智能。

关于这些结果的统计分析能否帮我们找到一个单一因子，当群体面对所有类型的问题时，该因子能对群体表现的巨大差异做出预测（类似于我们在小型工作团队中的发现），这将是一个有趣的问题。即使真的找到了，我也不会对此感到惊讶。

所以，这一切意味着什么呢？我们现在知道，将智能的概念应用于群体并不只是一种诗性隐喻。对于通用智能——在实现各种不同目标方面的良好表现——我们已经看到，在统计学上，群体和个体都表现出智能的特质。专业智能——在完成某个特定目标方面的良好表现——则提供了一种有效方法，可用于对很多不同团队在实现单一目标方面的表现进行比较。

我们还获得了关于“是什么让某些群体比其他群体更聪明”这个问题的一些振奋人心的线索，那就是只拥有聪明的个体是不够的。个体还需要进行有效合作。

第二部分

计算机如何能让超级思维更聪明？

第3章
人类将如何与计算机一起工作？

许多人认为计算机科学的未来就是人工智能。那么，根据你给人工智能下的定义，谷歌公司的在线搜索引擎几乎肯定是当今世界上人工智能得到最广泛应用的案例了。全世界每秒钟有超过230万人往谷歌搜索栏中输入关键词，然后看到与这次搜索相关的网页列表。事实上，世界上每7个人中有不止一个人使用谷歌搜索引擎的频率达到每月一次，他们平均每天使用三次谷歌搜索引擎。[1]

但是，谷歌搜索引擎并不像《星球大战》中的机器人R2–D2、C–3PO和终结者，或者我们在科幻小说中看到的其他大多数人工智能机器人。相反，

- 与其说它是同伴，不如说它是一种工具或者一位助手；
- 它的外形和行为都不像人类；
- 它通常不通过对话式语句与人类交流。

我认为，在未来几十年甚至更长的时间里，人们使用计算机的最主

要方式可能更像谷歌，而不是畅销小说中的虚构机器人。在这一章中，我们将会看到为什么每一种大众印象都有可能是错误的，以及未来更有可能是什么样子的。

相较于人类，计算机将会扮演什么角色？

关于计算机在这个世界上的真实用途，首先要注意的一点是，人类总以某种方式参与其中。即使计算机可以从头到尾独立完成一项任务，人们也总要先进行软件开发，随着时间推移通常还要对其进行修改。人类要决定在不同情况下使用不同程序的时机，以及当出现问题时应该做什么。而且，在很多情况下，对于机器无法完成的那部分工作，人类自始至终都要参与其中。

在探讨人类与计算机将如何一起工作的问题时，一种有效的方法是思考相较于人类，计算机可以扮演什么角色。当机器仅扮演工具的角色时，人类拥有的控制权是最大的，而随着机器的角色扩展为助手、同伴和最终的管理者，它的控制权也越来越大。

工具

像锤子或者割草机这样的实物工具，尽管能做一些人类个体做不到的事情，但作为使用者，人类每次都要对实物工具进行直接控制，引导它们的行动并监控其进度。信息工具亦如此，当你使用字词处理器、电子表格或者在线日历时，机器做的都是你让它做的事情（即使这并不总是你真正想让它做的事情）。

在许多情况下，自动化工具可以大幅提高人类使用者的专业智能。例如，一位使用电子表格的财务分析师会比试图做心算的人更快、更准确地完成更多计算，使用计算机辅助设计工具的建筑师会比只用纸笔的人更快更准确地对设计进行创作、修改和测量。

然而，未来自动化工具的很多最重要的用途将不是增加个人用户的专业智能，而是通过帮助人类更有效地相互沟通来提高团队的集体智能。事实上，我们在第1章中已经看到，目前计算机的最主要用途都是帮助人类相互交流：电子邮件、文字处理、短信，以及大部分网络或者手机应用程序，比如维基百科、脸书、推特和YouTube视频等。在所有这些情况下，计算机并没有做多少“智能化”的处理，主要是将人类创建的信息传递出去。

我认为，如果你观察一下我们现在使用计算机的实际方式，就会发现这一点显而易见，但大多数人仍然认为计算机主要是用于计算的机器。这有可能是因为计算机最初的用途确实是计算；这也有可能只是出于词源学方面的原因，毕竟“computer”（计算机）是由动词“compute”（计算）派生而来的；这还有可能是因为我们长期以来都把计算机视为“电脑”。

不管导致这种错误认知的原因是什么，有一点很清楚，那就是到目前为止计算机主要用于帮助人类沟通。而且我认为，计算机的这种使用方式短期内不会发生改变。至少在未来10年、20年甚至更长的时间内，计算机最常见的用途仍然是帮助人类相互交流的精密工具。

助手

与工具不同的是，人类助手可以在无须你直接关注的情况下工作，并且通常会在试图实现你设定的总体目标方面表现得更积极主动。尽管自动化助手的表现与之类似，但工具和助手之间的界限并不总是那么清晰。例如，尽管短信平台通常属于工具范畴，但它们有时会在你没有提出要求的情况下自动纠正拼写（偶尔还会给出令人捧腹的结果[2]）。

谷歌搜索引擎也是一种工具：在你输入关键词后，它会显示出包含这些关键词的网站。不过，为了瞬时完成这项工作，谷歌的算法一直在后台运行着，不断更新基本上囊括所有网页的庞大索引。而且，谷歌的搜索算法会在搜索结果的显示顺序上行使相当大的决定权。由于它们在完成所有这些任务时并未得到你的任何关注，所以它们实际上是工具和助手的某种结合体。

随着机器控制权的不断增大，以谷歌智能助理和亚马逊语音助手Alexa为代表的自动化系统致力于成为用户的助手，而不只是工具，特别是当它们做一些像主动向你提供你未查询的信息这样的事情时，比如为了让你赶上飞机，提醒你必须现在出发去机场。同样地，全自动驾驶汽车显然也将成为助手，它会类似出租车的人类驾驶员一样，自主导航穿过车流，把你送到指定目的地。

自动化助手的另一个案例是在线服装零售商Stitch Fix公司使用的软件，它能帮助人类时装设计师向顾客推荐产品。[3] Stitch Fix公司的顾客先要填写有关他们的穿衣风格、尺码和价格偏好的详细问卷，然后，所有这些信息都会被机器学习算法消化掉，并据此挑选出有可能让顾客中意的服装产品，供时装设计师考虑。不过，最终决定将每批衣服中的哪5件寄送给顾客的是时装设计师。顾客只需为他们想要的产品付款，并将其他产品退回。

在这种合作关系中的算法助手，能比人类时装设计师考虑到更多的信息。例如，尽管大多数人都觉得通常很难买到时尚又合身的牛仔裤，但裤管内缝的长度其实是一个判断牛仔裤是否合身的良好指标，而且算法能为每位顾客挑选出与他的裤子内缝长度相同的其他顾客决定购买的各种牛仔裤。

然而，人类时装设计师也能考虑到机器考虑不到的信息，比如，顾客想要的是参加准妈妈派对的服装，还是出席商务会议的服装。当然，与机器相比，人类时装设计师能以更个性化的方式满足人类顾客的需要。因此，人类与计算机的组合能够提供比其中任何一方更好的服务。

在另一个迥然不同的行业中，由IBM（国际商业机器公司）与克利夫兰医学中心[4]合作开发的WatsonPaths软件也是一种自动化助手。它与击败智力竞赛类电视节目《危险边缘》的人类冠军的超级电脑"沃森"（Watson），都构建在同样的基础技术之上。WatsonPaths利用它从医学文献中收集到的知识，给出符合患者症状和病史的多种可能的诊断。

然后，和Stitch Fix软件一样，Watson Paths会向医生展示多种合理的诊断和它利用的推理链，以及这些不同诊断的置信度。尽管人类医生对如何治疗患者拥有最终决策权，但自动化医疗助手能帮助他们考虑海量的医学文献，并提出他们可能从未考虑过的诊断。

同伴

计算机最有趣的一些用途与它扮演的某种角色有关，那就是它作为人类的同伴，而不是助手或工具，即使是在并未用到太多真实的人工智能的情况下。

这在很多情况下都会发生，因为一个程序对一个人来说是助手，对另一个人来说则是同伴。例如，如果你乘坐一辆自动驾驶汽车出行，我也驾车行驶在同一条路上，你的驾驶助手就是我的驾驶同伴。如果你是一名股票交易员，那么你可能会在不知情的情况下，与别人的自动交易系统进行交易。如果你正在易贝（eBay）拍卖网站上竞价，那么你的竞争对手可能会利用自动秒杀软件，在拍卖结束前的最后几秒钟开出高于你的价格。

有时，自动化同伴并不会代表某个人的利益，而旨在提升整个团队的利益。例如，你的工作是为Lemonade保险公司处理理赔业务，而且你有一个名为"AI吉姆"的自动化同伴。[5] AI吉姆是一个在线"机器人"，当客户提出理赔申请时，会通过与AI吉姆互发文本信息的方式完成。如果他们的理赔申请符合某些参数，机器人几乎马上就会自动支付理赔款。否则，这项理赔申请就会被提交给某位职员，后者会做所需的任何额外处理工作。

维基百科也有许多能自动进行某些编辑，并把其他可能需要编辑的部分告知人类的机器人。[6]例如，一个机器人会利用机器学习算法自动撤销对文章进行的那些很可能只是故意破坏的修改（比如添加污言秽语）；而另一个机器人则会自动检查新页面，看它们是否包含了大量出现在网络上其他地方的文本。如果确实如此，机器人就会将其标记为需要人类注意的潜在侵权问题。

换句话说，维基百科的人类编辑和机器人就像同事一样，都在编辑相同的文章。由于机器人全部是由人类管理的，所以在某种意义上，它们只是其人类主人的助手。但如果你是一个试图损害维基百科网页的人类破坏者，撤销恶意更改的机器人执行的任务就和其人类同伴的任务完全相同。而且，这对维基百科内容的总体效果几乎肯定比没有计算机作为人类同伴的情况要好。

管理者

人类管理者会委派任务、提供指导、评估工作，并协调其他人的行动。机器也能做到这些事情，而且当它们这样做的时候，就会成为自动化的管理人员。尽管有些人觉得让机器来做管理者的这一想法风险很大，但我们每天都在和这样的机器打交道。例如，交通信号灯替代了人类警察，在十字路口起到指挥交通的作用。再例如，电话呼叫中心的机器会自动为客服人员转接电话，而这原本是一项由人类管理者负责的任务。不过，大多数人都不认为这两种情况会导致什么风险或者问题。

我认为，将来机器扮演管理者角色的情况可能会更多。例如，由我的朋友阿尼基特·基图尔（Aniket Kittur）、罗伯特·克劳特（Robert Kraut）及他们在卡内基–梅隆大学的同事开发的CrowdForge众包工作流系统，可用于组织在线工作者撰写像百科全书文章一样的文档。[7]我们把这些在线工作者称为“土耳其人”（Turkers），因为他们都是通过亚马逊公司的一个名为“土耳其机器人”（Mechanical Turk）的服务平台招募来的，我们稍后会详细介绍这个网站。

一开始，CrowdForge系统会要求“土耳其人”为某篇文档（比如，一篇关于纽约市的百科全书文章）拟定一个大纲，它可能会包括风景名胜和简史等（见下图）。[8]然后，针对大纲中的每个部分，系统会要求其他“土耳其人”找到可能与该部分相关的资料。接下来，系统会收集与各个部分相关的资料，并把它们发送给另外一些“土耳其人”，他们将根据收到的资料为这一部分写一个段落。最后，系统会把所有段落放在一起，形成一篇完整的百科全书文章。以这种方式创作的文章，平均每篇需要有36个不同的人完成36项独立的子任务，而且成本只有3.26美元。

当研究人员让其他“土耳其人”评价这些文章时，他们都认为这些文章比一个人花同样多的钱写出来的类似文章要好得多，而且它们的质量与简明英语版维基百科中的文章大致相当。[9]

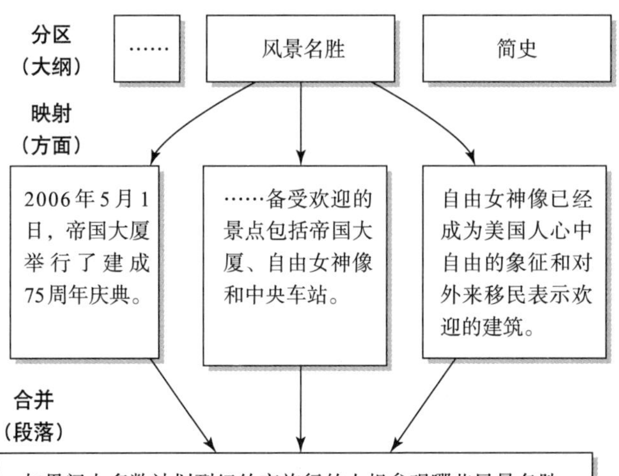

换句话说，在这个过程中，研究人员为自己创造了一位自动化助手。这位助手通过将任务委派给一个“土耳其人”团队，并协调任务之间的相互关系来帮助研究人员管理这些在线工作者。尽管对“土耳其人”来说，这与完成人类管理者委派给他们的任务并无不同，但自动化系统可以让这个过程覆盖庞大的撰稿人群体。

我认为，这种可称为“产业化写作”的形式未来会变得更普遍。例如，在当今世界，我们使用的几乎所有家具和服装都是在工厂里生产出来的，而且在每件产品的生产过程中，都有很多人（通常还有很多机器）参与其中。虽然我们偶尔也会买一些像毛衣或椅子这样的手工制品，但这些肯定是例外，而不是常规。同样地，我猜测在不远的将来，我们看到的许多书面材料可能都是在像CrowdForge系统这样的产业化写作过程中产生的。而且，在后面的章节中我们将会看到，越来越多的实际写作任务可能都是由机器而不是人完成的。尽管我们并非再也看不到某个人写作的长篇文本了，但它们总有一天可能会变得像今天的手工编织毛衣一样稀有。

人工智能机器看起来像什么？

哲学家马歇尔·麦克卢汉（Marshall McLuhan）指出，我们对新技术最初的认识通常都来自与旧技术的对比。[10]例如，最早的汽车被称为无马马车，其外观也与这个名称相符。它们看起来就像传统的马车一样，有包括踏脚板在内的所有部分，除了前面没有马。当然，随着时间的推移，新技术独特的必备条件和可能性也在汽车设计中得到了体现。例如，由于汽车的行驶速度比马车快得多，所以它们就有了光滑的流线型外观和将乘客车厢密封起来的车窗。

同样地，许多人想象人工智能机器的外观和行为会或多或少地类似于人类。除了少数像R2–D2一样可爱的机器人外，大多数的虚构机器人都有两条胳膊、两条腿，以及一张长着一双眼睛、一个鼻子和一张嘴的脸。不过，在我们今天使用的真实人工智能产品跟科幻小说中的机器人几乎完全不一样。谷歌搜索引擎、亚马逊语音助手Alexa，以及银行使用的几百种信用审批算法看起来什么也不像。对与它们互动的人类来说，它们只是存在于网络空间或者“云”的模糊世界中的无实体智能。

即使是做体力工作的机器人，通常看起来也不像可能从事过这类工作的人类。例如，在亚马逊公司的仓库里搬运货物的机器人看起来就和搬箱子的人类不一样。这些机器人是一些大约8英寸[①]高的橙色小盒子，面积约一平方英尺[②]，底部有几乎完全隐藏起来的小轮子。它们会在仓库里转来转去，钻到一个货架单位下方，把它（以及上面的所有东西）抬起来，并搬到另一个地方。

谷歌公司最新的无人驾驶汽车看起来也不像由机器人驾驶的传统汽车，而是彻底移除了方向盘、制动踏板和加速器。所有的人工智能连同发动机和汽车的其他机械零件一起，都被隐藏在乘客看不到的地方。

当你阅读这些文字的时候，我刚才举的例子可能听起来已经过时了，但我认为我们未来使用的大多数人工智能产品，很可能会演变成与目标任务的实际要求相匹配的独特形式，而非拥有与科幻小说中的机器人一样的类人形态。形式各异的人工智能将以不同的方式嵌入不同的社会过程。

例如，用于生产和交付实体产品的供应链将包括各种负责制造、组装和运输实物的机器，但其中每台机器都将拥有与其用途相匹配的独特外形。负责控制它们的智能有时在机器内部，有时则在地球的另一边。在你生病时负责诊疗的机器，让你的家保持清洁舒适的机器，以及为所有这类活动提供能量的机器，全都是如此。

---

① 1英寸≈0.254米。——编者注

② 1平方英尺≈0.093平方米。——编者注

什么时候我们会需要类人机器人？

在对这种几乎看不见的智能做一般性预测时，要考虑到两种重要的例外情况。第一，一些体力工作需要在为人类设计的物理环境中完成，为了在人类环境中自如行动，机器人可能就需要有类人外形。例如，如果你想让一个机器人为你做饭、整理床铺，并且帮你搬运家里的其他东西，你就需要它能穿过你家的门道和爬楼梯。这样的机器人可能看起来很像人类。

第二，我们可以仅为了满足人类与类人生物交流的愿望而创造出看起来像人类的机器人。例如，Baxter智能协作机器人是美国的一家机器人公司Rethink Robotics制造的一款工业机器人，其设计目的是在工厂中完成工人目前所做的体力工作。Baxter有像人类一样的双臂，在它两臂间的躯体上部，也就是相当于人类头部的位置，还有一张类似人类的脸，这可能并非偶然。尽管这里需要有一张脸或一个头不是出于技术原因，但Baxter的设计师可能认为，如果工厂里的工人与看起来像人类的机器人一起工作，会感觉更舒服。

如果人工智能的未来与其他信息技术的历史有相似之处，那么我们几乎可以肯定的是，它也会被用于色情目的。CD（光盘）、DVD（数字光盘）和互联网的一些早期用途就与色情作品有关，而且将来似乎很有可能出现基于人工智能的性爱机器人。

我们如何与计算机交流？

在几十万年的生物与文化进化历程中，人类已经开发出多种相互交流的方式。其中最重要的方式可能是，利用英语、汉语或斯瓦希里语等语言中的词汇进行交谈。而且，发明这些语言的书面版本的重要性，怎么强调都不为过。不过，人类也会用其他许多方式进行交流，比如面部表情和手势，相互触摸，给彼此唱歌或者进行艺术创作。

因为许多年来人类一直在利用所有这些交流方式，所以我们早已对它们习以为常，自然而然地，我们也想以同样的方式与机器进行交流。例如，亚马逊公司的智能语音助理Alexa和苹果公司的智能语音助理Siri等系统已经能够有限地使用英语等人类的日常语言，而且随着时间的推移，机器使用人类语言与我们交流的能力会越来越强。这意味着将会有更多的计算机系统利用语音或文本与我们就特定任务进行沟通。但我们将在下一章中看到，要想让机器像人类一样全面灵活地使用和理解人类的日常语言，可能还需要数十年艰难的技术攻关。

即使能在技术上实现这一目标，我们也不会总想用与他人沟通的那些方式来与机器交流，这背后有一个非常重要的原因：至少就某些目的而言，机器的交流能力远远优于人类。其中最突出能力就是机器可以立即生成极其丰富的视觉图像，而人类仅靠自身永远无法做到这一点。

例如，如果一个没有其他工具的人要为想去城市另一边的一家商店的你指路，他最多只能给你一连串包含地标和转向的口头指引。但即便是今天的计算机也可以比这个人做得更好，因为它们会立即为你提供一张显示出完整路线的详细的可视化地图。

想象一下，如果你想编辑一封信，而且要通过电话告诉某个人需要做哪些修改。那么，你不得不说出这样的话："找到第二段的第三句，把'苏珊'一词替换成'约翰玛丽'，然后在这两个名字中间加上'和'字。"想想看，如果你能像今天使用计算机那样定位、点击鼠标和打字，这件事做起来该有多么容易。

我在麻省理工学院媒体实验室的同事石井裕（Hiroshi Ishii）利用"可触比特"（tangible bits）和"自由基原子"（radical atoms）的概念，将这种与计算机进行非语言交互的想法进行了深入扩展。许多年前，我曾和石井裕合作开展了一个研究项目。在这个项目中，我们让人们通过在一张特殊的桌子上移动小物体，对公司供应链的不同布局做实验，这张桌子能够感知物体的位置。[11]例如，有些物体代表工厂，有些物体代表仓库。通过移动和旋转这些物体，人们能看到，如果他们移除一间仓库或者增加一间工厂的生产量，供应链的产能和订货交付时间会发生什么变化。换句话说，人们不是通过语言告诉计算机他们想要评估的布局，而是通过直接操控实体对象来实现。

最近，石井裕和他的同事一直在对更加前沿的人机交互方式进行实验。在这些实验中，他们使用了人与计算机都能操控的三维材料。例如，在一个名为SoundFORMS的研究项目中，用户能够利用一个可变形的显示组件来作曲，而且该组件能够展现出作曲过程中的声波（见下图）。用户可以用手触摸显示组件，并改变声波的实际形状。[12]

或者我们想想工业机器人Baxter。目前，大多数的机器人在处理新任务前，都需要进行非常详细的程序设计，但你只要按照自己想要的方式去移动Baxter的手臂，就能安排它做一些新事情。[13]

从长远来看，人类与机器交互的终极方式可能将会是一种心灵上的融合，也就是机器与人类大脑中不同神经元之间的直接神经连接。当然，我们在短期内无法做到这一点，不过一些早期实验的结果表明其前景光明。例如，最近由加州理工学院的理查德·安德森（Richard Andersen）领导的一个研究团队，将一只机械臂与被植入一名男性大脑中的硅片连接起来，这名男性13年来一直处于颈部以下瘫痪的状态。[14]经过练习，他只需要通过思考它就能移动机械臂，除了做其他事情以外，他还成功地自己举杯喝了瓶啤酒。

尽管我们并不确定这项技术会以多快的速度发展，但我的态度非常乐观，甚至还和朋友开玩笑说我想成为第一位接受神经植入的90岁老人。按照目前的发展速度，在我们拥有像人类一样能充分使用和理解人类日常语言（比如英语）的机器之前，很有可能先实现功能强大的神经接口。

我们在上一章中看到，一个人类团队要想变聪明，其成员必须善于合作。同样地，当人类团队中加入计算机时，也需要人与计算机能良好地相互合作。尽管有时最好的方法是让人类学会如何更好地与计算机合作，但在大多数情况下，最好的方法应该是设计出能与人类有效协作的计算机。我们在这一章中已经看到，在实现这一目标的过程中，有很多前景光明的可能性。当我们考虑这些可能性时，会遇到一个关键问题：计算机未来的智能水平——尤其是通用智能水平——将会如何？

第4章
计算机将能达到什么样的通用智能水平？

与许多重要的概念一样，人工智能这个术语很难定义。[1]有些人用它来指代“像人类一样能够思考或行动的机器”。例如，著名的图灵测试[2]认为，如果向计算机提问的人无法判断答案是来自人类还是机器，这台计算机就可以被视为“智能”的。人工智能的另一个定义是“能理性行动的机器”，哪怕它们的做事方式与人类不同甚至有可能比人类更佳。例如，尽管谷歌搜索算法几乎不可能以人类记忆事情的方式来“记住”网页，但在找到谷歌用户正在寻找的网页方面，它表现得非常好。

或许，人工智能最简单的定义是“由机器展现出的智能”。[3]然后，根据第1章中我们对智能的定义，可以说人工智能就像人类智能一样有专业和通用之分。

关于今天的人工智能，大多数人都没有意识到的最重要的事情之一，就是它们都非常专业化。[4]尽管谷歌搜索引擎十分擅长检索有关棒球比赛的新闻报道，但它并不能独立写出关于你儿子所在的少年棒球联赛的文章。尽管IBM公司的超级电脑“沃森”[5]比最优秀的人类更擅长玩《危险边缘》智力问答游戏，但它的程序版本却不会玩井字棋，更不用说国际象棋了。特斯拉公司的自动驾驶汽车十分擅长在标示清晰的车道上行驶，但它们不能从仓库货架上取下一个盒子，并把它送到打包站。

当然，也有能做到其他事情的计算机系统。但关键问题在于，它们全都是不同的专业化程序，而不是能在每种特定情境中知道该做什么的通用人工智能。在每种情况下，人类都必须利用他们的通用智能编写包含解决不同的具体问题所需规则的程序，还要决定在特定情况下应该运行哪些程序。

如果有可能，机器什么时候将真正拥有通用智能?

如果目前这种状况会发生改变的话，最快将是什么时候呢？有些人认为，机器永远无法胜任人类做的那些精妙和智慧的事情。换句话说，他们认为机器永远不会拥有通用智能。[6]

在某些情况下，这种观点的哲学依据是，即使机器能做到人类做的所有事情，它仍然算不上真正拥有了智能，因为只有人类才拥有智能。[7]我承认，我完全无法接受这个观点。对我来说，这就好比问计算机科学家艾兹格·迪科斯彻（Edsger Dijkstra）问过的那个问题："潜艇会游泳吗？"[8]由于鱼和潜艇都是靠自身力量在水中移动的，你用哪个词来描述这种现象，是一个纯粹的语义学问题。在英语中，将"swim"（游泳）与潜艇搭配在一起听起来有些奇怪，但在俄语中听起来则非常自然。[9]换句话说，这场争论的焦点并不是事实，而只是我们想如何定义用于描述这些事实的词语。

同样地，机器能否拥有智能的哲学问题，实际上只是关于我们想如何定义"智能"这个词的争论。在我看来，正如我们在第1章中所做的，以一种可以将机器包括在内的方式定义人工智能是完全合理的。

还有人认为，机器永远无法拥有通用智能，因为实现这一目标所需解决的实际问题太难了，我们根本解决不了；或者即使我们能解决它们，需要花费的时间也将远远超出现在活着的所有人的寿命。这种说法明显是站不住脚的。我以前的学生、现在的同事埃里克·布莱恩约弗森（Erik Brynjolfsson）和他的合著者安德鲁·麦卡菲（Andrew McAfee）认为，计算机硬件的不断进步和人工智能的惊人发展速度，可能很快就会使机器拥有通用智能。[10]而人工智能专家罗德尼·布鲁克斯（Rodney Brooks）则认为，这可能需要几百年的时间。[11]

事实上，从20世纪50年代，也就是人工智能发展早期开始，这一领域的进展就一直是出了名的难以预测。例如，研究人员斯图尔特·阿姆斯特朗（Stuart Armstrong）和卡伊·索塔拉（Kaj Sotala）对1950~2012年的95个关于通用人工智能将在何时实现的预测进行了分析。[12]他们发现，不管预测是在什么时候做出的，专家和非专家都倾向于认为通用人工智能将在未来的15~25年内实现！换句话说，在过去的60年里，通用人工智能似乎一直距离我们"20年"之遥。

新近的调查和访谈结果与这种长期模式也是一致的：人们仍然预测通用人工智能将在未来的15~25年内实现。[13]所以，尽管我们并不知道确切答案，但至少有良好的理由对通用人工智能将在"未来几十年"内出现的自信预测表示怀疑。我个人的观点是，如果不发生一些重大社会灾难，通用人工智能很有可能会在未来的某一天出现，不过也许是在好几十年之后。

计算机编程难在哪里？

要理解通用人工智能为什么如此难以实现，你需要先了解计算机编程难在哪里。如果你从事过任何重要的计算机编程工作，那么你已经直接经历过相关挑战了。但如果你没有这方面的经历，我会尽力让你对它有一个快速的基本认识。

基本问题在于，所有现代数字计算机的核心都是“处理器”，从某种意义上说，处理器是非常愚蠢的。我在给读MBA（工商管理学硕士）的学生上基础信息技术课时，用到了我在麻省理工学院的同事斯图尔特·马德尼克（Stuart Madnick）提出的一个类比，来帮助人们理解这些处理器能做什么。马德尼克描绘了一台虚构的计算机，叫作“小矮人计算机”。[14]这台虚构计算机包含一位在一个小房间中工作的小矮人（见下图）。但是，这个小矮人很愚笨，他只能做大约10件非常简单的事情。这个小房间的墙上有一个收信箱和一个发信箱，他可以通过它们和每张写着一个三位数的纸条与外界交流。房间里还有一块黑板，上面包括100个用编号标记的位置，他可以在这里读取和写入三位数。他还有一个计算器，用于对这些三位数进行加减运算。

每当这个小矮人做完一件事时，就会看看他之前写在黑板的某个位置上的数字，然后把这个数字解读为他要执行的“指令”，从而决定接下

来做什么。例如，如果指令是“901”，他就知道这个代码意味着他应该在计算器中输入收件箱中的数字。如果指令以1开头，他就知道这意味着要“做加法运算”。例如，如果指令是145，就意味着他应该把黑板上的45号位置对应的数字与计算器里的数字相加。

他有大约10条这样的指令，每条指令都有不同的代码，分别代表着输入和输出数字、加减运算，以及增减黑板上的数字等任务。通常，他会按照指令在黑板上的先后顺序来做事。但是，有时他也必须决定下一步该做什么。所以，他还有两个附加指令，即依据计算器中的数字是0还是大于0，决定应该在哪个位置寻找他的下一条指令。

为了弄清楚“小矮人计算机”的工作原理，我们假设这个小矮人需要把10个数字加起来。要完成这项任务，他不仅需要把这些数字加在一起，还需要记录他加过的数字个数。他可能会在黑板的某个位置上记录已经加过的所有数字的和，并在另一个位置上记录他已经加过的数字个数。每当把一个新数字加到总和当中时，他也会在数字的总个数上加1。然后，为了判断是否加完了所有10个数字，他可以用10减去数字的总个数。如果结果大于0，就意味着他还没有加完所有10个数字，因此他会继续执行加上一个新数字的指令。但如果结果是0，他就会到黑板的另一个位置上去寻找一组指令，比如，让他把运算结果放入发件箱。

这就是小矮人能做的所有事情。他只是遵照10条左右简单指令的不同组合做事。在他的黑板上，一部分内容是告诉他该做什么的指令，这些指令构成了小矮人的运行“程序”；另一部分内容就是他处理的“数据”。如果没有程序告诉他该做什么，他就什么都做不了。而且，他使用的程序必须把他要做的每件事情分解成一个个小步骤。

其神奇之处就在于，无论一台现代计算机在做什么——不管是将你最新的自拍照发送给你在脸书网上的所有好友，还是决定何时让你的自助驾驶汽车减速——实际上它都在执行大量非常简单的指令，这些指令的内容和小矮人能做的事情基本上没有什么区别！当然，现代计算机可以访问“黑板”（存储器）的几百万个位置，在数量上远超小矮人计算机。这些位置存储着二进制数字（1和0），而不是我们通常使用的十进制数字。而且，现代计算机每秒钟可以执行好几百万条指令，比任何人都要快得多。尽管如此，它们做的所有事情实际上都只是简单指令的复杂组合。

难点在于，不管一个人想让计算机做什么，都必须为它编写一套指令。弄明白如何让计算机通过执行它能真正理解的简单指令来完成复杂任务，是极其困难的一件事。

这就是软件开发人员一天到晚都在做的事情，而且为了提高计算机的工作质量和效率，他们已经开发出各种各样的技术。例如，几十年前，软件开发人员想出了利用“高级编程语言”（像今天的Java和C语言）来编写程序，然后让其他程序（编译器）把这些程序翻译成计算机真正需要的特定（机器语言）指令的方法，从而把人从辛苦烦琐的编译工作中解放出来。

但是，即使有了这些强大的技术，编写计算机完成任务所需的详细指令（也被称为程序、代码、算法或规则），对人类程序员来说也是一项繁重的工作。就算对像会计系统这样相对简单的程序来说也是一样，更不用说复杂的人工智能程序了。有一个事实会让你对这些程序的复杂程度有一个大致的了解：谷歌公司估计，它的所有服务使用的高级语言版本的软件包含大约20亿行代码。[15]

通向通用人工智能的可能路径

那么，通用人工智能有望实现吗？当然有。尽管编写计算机程序很难，但我们已经在研发具备各种能力（包括多种专业人工智能）的计算机方面取得了长足进步。而且，我们已经掌握了许多其他类型的编程技术和计算机体系结构，这可能会让我们离实现通用人工智能的目标更进一步。让我们来看看其中几个可能的路径。

常识

想一想，要理解下面这一小段对话，你需要知道些什么：

人物A：我头痛。

人物B：街角的药店下午6点关门。

当然，你需要知道A和B对话使用的这些字词的意思。不过，你还需要知道其他一些关于这个世界的事实，包括但不仅限于：

- 头痛是一种疾病；
- 患病的人通常会感到不舒服；
- 人们通常会尽量避免令人不舒服的事情；
- 服用药物是避免疾病带来的不适感的一种方法；
- 一种获得药物的方法是去药店购买；
- 只有在药店的营业时间，你才能买到药。

因此，对一台要像人类一样“理解”这一小段对话的计算机来说，它必须了解所有这些事实。现在，把这几项具体事实以一种能让计算机对它们做一些推理的格式进行编码和编程，并不太难做到。但是，哪怕只是朝通用智能的目标前进一小步，这几项事实在需要掌握的数百万条关于这个世界的事实中只不过是沧海一粟。当然，人类在孩童时期就学过这些东西，而且由于我们了解它们，所以在我们看来它们是显而易见的。我们只把它们当作常识。

但是，计算机必须以某种方式获取上百万条这样的事实。要想实现这一点，最明显的方法就是让人类程序员编写出能对这些知识以机器可以利用的格式进行编码的程序。

在这个方面最具雄心的尝试可能来自计算机科学家道格·莱纳特（Doug Lenat），他于1984年发起并领导开展了Cyc项目。[16]从那时起，道格及其同事花了很多时间，煞费苦心地将几百万条事实（关于疾病、天气和政治等主题）编入了一个供计算机使用的大型常识数据库。

尽管这个路径将在多大程度上推动通用人工智能的实现还是未知数，但与此同时，它已经被应用于一些项目，例如，帮助克利夫兰医学中心的医生找到临床研究所需的患者，这些患者具有某些临床表现，比如有“心包开窗术后发生细菌感染”的病史。[17]

大数据

近年来，在开发有效的人工智能方面取得的显著进展，有时得益于我们能以比过去更便捷的方式获取大量的可用数据。

例如，人类语言（比如英语和西班牙语）的机器翻译，一直是人工智能研究领域的“圣杯”之一。几十年来，研究人员对实现这一目标的进展之缓慢备感失望。但最近语言翻译程序取得了很大进步，部分原因在于大量翻译文档的可用性。例如，谷歌翻译利用联合国的文件（通常由联合国的译员翻译成至少6种语言），计算一种语言中的某个短语对应于其他语言中的不同短语的频率。例如，西班牙语中的短语“darse cuenta”通常被翻译成英语中的“realize”（认识到），而不是直译为“give account”（支出账户），这样一来，谷歌翻译就学会了该如何翻译它。这个路径的关键之处在于，它不要求人类程序员掌握语言的所有复杂规则和习惯用法，而只需要有能用一套较为简单的规则进行分析的大量可用文本。[18]

机器学习

让计算机更智能的一个相关路径是，聚焦于开发计算机学习的方法。这样一来，人类程序员就无须编写非常详细的规则，告诉计算机如何完成它们需要做的每件小事，而只需编写能告诉计算机应该如何学习的一般规则，然后让计算机根据它们自己的经验来决定如何做其他事情。这种前景光明的路径叫作机器学习，其灵感来源于人类的学习方式。人类天生就拥有深植于大脑的学习能力，而且在习得专项能力时，不像今天的计算机那样需要有人为他们详细“编程”。

当然，没有人确切地知道人类是如何做到这一点的，而且通过编程让机器像人类那样学习比听起来要困难得多，不过研究人员已经在这个方向取得了重要进展。在某些情况下，他们会利用所谓的监督学习，也就是程序通过被告知对错来学习。例如，如果你想训练一个程序去识别图片中是否有人脸，那么你可以给它看几千张图片，并告诉它哪些图片中有人脸，而哪些没有。随着时间的推移，这个程序可以调整它的统计参数，从而越来越擅长根据它赋予不同底层特征组合（比如，圆圈和线在图片中的位置）的权重，预测哪些图片中有人脸。

如何进行所谓的无监督学习，这是一个难度更大的问题。这个概念是指你给了计算机很多例子，但不告诉它你想让它从这些例子中学什么。如果你思考一下，就会发现这正是我们人类了解这个世界的主要方式。例如，大多数婴儿都是在没有任何人给他们明确解释引力的情况下，就习得了它的作用机制。

在最近有关计算机无监督学习的研究中，令人印象最深刻的一个是，一个由斯坦福大学和谷歌公司的研究人员组成的团队，把来自 YouTube 视频的 1 000 万幅数字图像提供给一个计算机系统，并让它寻找其中的规律。在研究人员没有告诉系统寻找什么的情况下，它学会了识别包括人脸、人体和猫脸在内的两万种对象。[19]这个系统利用一个被称为深度学习的路径实现了机器学习，该路径大致模拟了人脑中不同层次的神经元之间的相互连接方式，具有特别光明的发展前景。

神经形态计算

要想创造出更智能的计算机，还有一个有趣的路径是研发出更接近人脑结构的新型计算机硬件。“小矮人计算机”代表的是一次只执行一条指令的数字计算机，而且我们使用的几乎所有计算机都是以这种方式设计的。然而在最近几年，配备了多核处理器的计算机越来越多，这相当于有几个小矮人在同一台计算机内并行工作。

不过，人类大脑拥有与计算机截然不同的结构。人脑中并非只有一个甚至是几个处理器在并行工作，而是有800亿~1 000亿个被称为神经元的处理器。[20]神经元以非常复杂的方式相互连接，而且从某种意义上说，所有神经元都在并行工作。尽管在一台传统的数字计算机上对这种复杂性进行模拟原则上是可能的，但在实践中创造出真正拥有数十亿个处理器在并行工作的计算机，可能才是更加可行的途径。这样一来，通过编程让这些更像人脑的计算机以更接近人脑的方式运行，也许就会容易得多。要做到这一点，我们需要使用一种与以前截然不同的计算机硬件的设计方法，这是包括IBM、休斯研究实验室（HRL）等很多研究小组正在追求的目标。[21]

通用人工智能会成为集体智能的一种形式吗?

上面提到的最后一个路径催生了一个有趣的可能性。我们知道人类大脑本身就是集体智能的一种形式，它由几十亿个独立神经元构成，当作为一个整体运转时，这些神经元的行为方式看起来很智能。

因此，真正创造出通用人工智能的最佳方法之一可能是，在单个系统内部将许多种不同的人工智能（比如我们刚刚提到的那些）结合起来，从而创造出一种集体智能。事实上，人工智能之父马文·明斯基（Marvin Minsky）在他的著作《心智社会》中也提到了这一点。在明斯基看来，一个心智社会是由许多较小的“智能体”间的相互作用形成的，尽管这些智能体作为个体而言智能水平并不高，但他们会共同创造出一个整体智能系统。[22]

IBM公司的超级电脑“沃森”可以让我们对这个想法有一些直观的认识。“沃森”在玩《危险边缘》智力问答游戏时，系统会利用几千个较小的智能体，其中许多智能体都在不同的处理器上并行工作。[23]尽管它们当中的每一个都比单个的人类神经元更复杂，但没有一个智能体聪明到足以单独成为有竞争力的游戏玩家。

人工智能如何使团队更聪明？

从长远来看，我认为不管真正的通用人工智能何时会实现，都很有可能包含类似于明斯基的“心智社会”的东西：由多种不同的专业化推理和智能形式一起构成的组合体，才会更聪明。

但与此同时，我们能做些什么呢？下面这个观点极其重要，只是许多人还未真正意识到，即在实现通用人工智能之前的很长一段时间里，我们可以通过构建包括人类和机器智能体在内的心智社会，创造出越来越多的集体智能系统。换句话说，与其让像沃森这样的计算机智能体独自解决整个问题，不如创造出让人类和机器智能体合作解决一个问题的计算机–人系统。在某些情况下，人类智能体可能并不知道，也不关心与他们互动的到底是一个人还是一台机器。

通过这种方式，人类可以提供机器不具备的通用智能和其他专业技能，机器则可以提供人类不具备的知识和其他专业能力。而且，人机群体能够比以往的任何人、团队或者计算机更智能地完成任务。

这与今天人们对人工智能的看法有多大的不同呢？许多人认为，计算机最终将会独立完成大部分工作，而且我们应该把“人机回圈”置于真正需要它的地方。[24]但我认为，我们现在的大多数事情都是由人类群体完成的，我们应该在有帮助的情况下，把计算机放入这些群体。换句话说，我们应该从考虑让人类进入人机回圈改为考虑把计算机放入人类群体。

但是，我们如何才能实现这一点呢？这正是本书其余章节的主要关注点。

第 5 章
人类与计算机群体如何更智能地思考？

如果你想创造出一台更聪明的计算机，那么你很有可能会通过观察人类的行为来寻找灵感。这就是人工智能领域自20世纪50年代创立以来一直在做的事情，即努力让计算机变得像人类一样聪明。

但是，如果你想构建一个更聪明的包括人和计算机的群体，可能就不太清楚该去哪里寻找灵感了。一个真正聪明的群体已经比其中的任何一个人或者任何一台计算机都聪明了，那么你能在哪里找到更多的灵感呢？

这里有一个简单的可选方案：你可以想象一个拥有完美智能的团队。当然，现实中没有一个团队的智能水平能始终保持这样的状态。但是，如果你想让你的公司（或者非营利组织、政府及任何其他类型的团队）拥有更高的智能水平，那么你可以先想象一下拥有完美智能的团队在相同的情况下会做什么，然后在行动上尽量与其接近。

完美集体智能

完美智能并不意味着总能得到完全正确的答案，因为在现实世界的很多情况下，都没有智能可以做到这一点。相反，在信息和其他资源可用的情况下，完美智能有可能把工作做到最好。这里所说的最好不仅指人类的表现或者机器的表现，还体现在逻辑方面。

针对像玩井字棋这样的简单问题，我们已经可以创造出能够应对它们的完美智能了。一个计算机程序，或者哪怕是一个了解简单规则的人，都能在这个游戏中有完美的表现。现代计算机还能完美地记住海量信息，并且完美地计算出许多复杂的逻辑和数学问题的答案。

然而，大多数的实际问题并没有完美的答案。例如，我们应该推出哪种新产品？我应该怎样治疗这个患者？我们应该如何应对气候变化？我应该和谁结婚？

没有人或者计算机总能完美地回答这类问题，人机群体也做不到。但是，当他们以恰当的方式连接起来时，人机群体的智能水平往往会比其中任何一方都更接近于完美智能。

为了设想出一个拥有完美智能的超级思维可能会如何处理现实世界中的问题，我们可以想象一个人机群体（有时也被称为计算机–人系统），考虑到它拥有的资源，这个群体已经拥有了完美智能。为了明确起见，我们想象这个系统是一家生产和销售T恤衫的公司。为了纪念天才阿尔伯特·爱因斯坦，我们把这家公司命名为阿尔伯茨公司。

一家拥有完美智能的公司

阿尔伯茨公司并非无所不知或无所不能，它只知道基于它能获取的信息的事情。尽管如此，它的知识量仍然很大。例如，它知道所有员工头脑中的与工作相关的知识，计算机中的所有信息，世界上所有书籍、杂志和公共网站中的所有可公开获取的知识，以及其他人在被问及时会告诉阿尔伯茨公司的所有非公开信息。

现在的重点是，阿尔伯茨公司不仅知道所有这些事情，还能以绝顶聪明的方式去利用所有这些知识。它从不会忘记任何事情，而且它会利用它知道的一切做出每一个新决定。

例如，当阿尔伯茨公司的人机群体要就他们的新款T恤衫应具备什么特色做出决策时，他们会考虑每一位顾客向他们提出的意见。他们也会考虑在世界上的任何地方能够买到的各种T恤衫，包括它们的特色和可获得的销售记录。而且，为了掌握可能在生产T恤衫上有用的新技术，他们还会考虑所有与之相关的科学文献。

不过，阿尔伯茨公司并未就此止步。它也从已获得的知识中发现了许多其他的可知事物。当然，阿尔伯茨公司有能力发现无限多的可知事物，但考虑到它有限的推理能力，它会尽可能地只找出那些最有用的东西。[1]

例如，假设意大利的一位材料科学教授研制出一种新型的低成本发光纤维。阿尔伯茨公司中的某个人机群体可能在网上看到了这项研究成果，并很快意识到这种材料可被用于实现T恤衫上的交互设计。

他们可能会对基于这项技术的新产品的利润空间做一个大致的预测，并认定这是一项值得探索的技术。最后，他们可能从网络上的公共信息中了解到，阿尔伯茨公司的某一个竞争对手最近聘请了这位意大利教授以前的一名研究生，而他的另一位即将毕业的学生则有望被阿尔伯茨公司收入麾下。

阿尔伯茨公司也会对其他几百种新技术做类似的分析，并且在所有这些可能性中找出接下来要实施的最有前景的举措。为了把这个故事讲下去，我们假设发光T恤衫在这个过程中脱颖而出，成为前景最好的潜在新产品，于是，阿尔伯茨这个超级思维不遗余力地推出该款新产品，最终大获成功。

当然，没有一家真实的公司能像阿尔伯茨公司这样聪明，但通过考虑这类极端的可能性，往往有助于我们想出一些或许真的可以变成现实的创意。

例如，我曾建议一家大型会计咨询公司的一位合伙人想象一个拥有完美智能的计算机–人“生物”，后者能胜任她的公司目前做的所有事情，然后我让她考虑她还想让这个“生物”做些什么。她立即开始思考她还能为公司客户做哪些更有价值的事情。例如，她很快想到如果公司纳税申报表的编制工作已经完成，该如何提供与合资企业的新法律形式有关的更具创造性的建议，或者帮助她的客户在征税单金额最小化的同时找到与其供应商合作的其他方式。而且，这些都是她目前重点关注的事情。

在本书的其余章节中，我们将会看到超级思维如何利用新技术远远超越现有群体的诸多可能性（其中一些会比较极端）。例如，我们将会看到民主制度如何比现在更准确地反映选民意愿，人机群体如何比现在更准确地预测未来事件，以及来自世界各地的专家如何改进他们创造新事物（比如公司战略、新闻报道和应对全球气候变化的计划）的方式。

但在此之前，我们需要先充分了解任何一个系统——不管是人类大脑，还是公司中的人机群体——智能化运转的机制。要做到这一点，最好的方法之一就是对心理学家所谓的基本认知过程进行研究，因为该过程与智能行为密切相关。

一个智能系统需要什么样的认知过程？

尽管我不算一名棒球运动员，但我小时候参加过少年棒球联赛。而且，我从中学到的一件事是：要想打棒球，你必须能接球、投球、用球棒击球，还必须会跑垒。如果你在这4件事上连最低的能力要求都达不到，就不是真会打棒球。优秀的棒球运动员在这4个方面都很出色，最出色的球员至少能在其中的一两个方面达到极高的水平。

在某种程度上，智能与打棒球类似。要想实现智能化运转，你需要做到以下5件基本的事。从行动开始倒推，它们分别是（见下图）：

在行动之前，你必须决定采取什么行动，即使这种决策是你下意识做出的。

在你决定采取某项行动之前，你需要制订一种或者多种可能的行动方案。但是，好的行动方案不是凭空产生的。为了发现和选择好的行动方案，你几乎总需要了解与你所在的世界相关的信息。为了获取这些信息，你可以：

• 感知周围的世界；

• 记住过去发生的事情。

最后，智能的核心就是你从经验中学习，在环境中观察并找到规律，以及随时间流逝改善自己行动的能力。

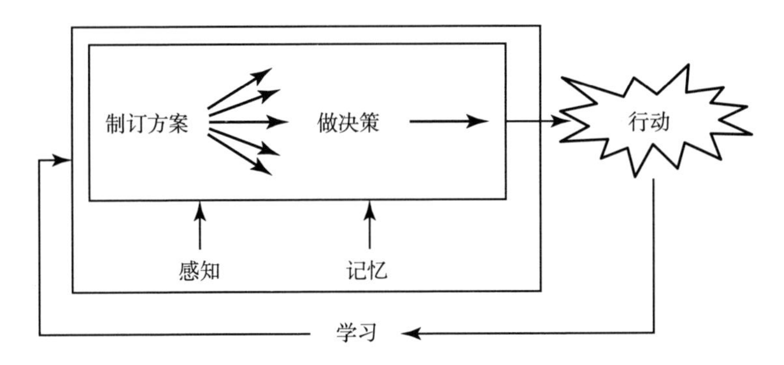

认知过程的这5个步骤，就是个体或群体智能行为的基本要素。一些专业智能系统仅能勉强做到其中的一两个，但任何一个通用智能系统都必须全部做到。而且，如果一个通用智能系统在其中几个方面做得非常好，这个系统就会更聪明。

在本书接下来的三个部分中，我们将会看到人类群体是如何做到这些事情，以及信息技术如何帮助他们做得更好。

第三部分

超级思维如何做出更明智的决策？

第6章
更智能的层级制

对要做出决策的群体来说，或许最显而易见的方法就是利用我们所说的“层级制”超级思维。在现代世界，层级制组织无处不在。不管是苹果公司、埃克森美孚公司，还是你们当地的干洗店和杂货店，几乎所有的商业组织都以层级制为核心。大多数非营利组织也是一样，比如红十字会和美国全国步枪协会等，美国国家税务局之类的政府职能机构大多也是层级制组织。

单纯从形式上看，我们把层级制定义为“一种要求下属服从当权者所做决策的超级思维”。当然，层级制之间在很多方面都存在差异，比如，当权者可以做出的决定类别、命令传达和执行的方式，等等。我们将会看到，尽管许多层级制也结合了其他类型的超级思维，但层级制的本质始终都是下级服从上级的决定。

许多动物物种都会利用基本形式的层级制来决定食物、领地和交配机会的分配，从鸡群中的啄食顺序到狒狒群中的等级序列。[1]但是，人类发展出的层级制形式已经远远超越了动物王国的其他层级制形式。几千年来，我们创建了包括来自不同层级和子群体的数千人在内的大型层级制，在很多情况下还建立了严格的官僚制度，对不同层级的人可以做出的决策种类予以规定。人类的层级制是我们相较于地球上的其他生命形式具有的显著优势的关键所在。[2]

在所有类型的超级思维中，层级制是最容易识别的。人类层级制的最顶层通常只有一个人，而且这个人可以代表整个群体发言。[3]当苹果公司的蒂姆·库克公开发表某些言论时，他是以一种在其他任何形式的超级思维中都不可能见到的方式代表整个组织讲话。在层级制中，由于对整个超级思维来说最重要的决策通常是由少数人做出的，所以他们的个人情感、价值观和局限性对这种超级思维的影响力会比对其他类型的超级思维更大。

事实上，你可以把层级制视为一个调动大量个体去实现当权者的目标的超级思维。在某些情况下，掌控整个层级制组织的可能是一个人，比如只归一人所有的企业。而在其他情况下，层级制组织可能是由其他超级思维掌控的。例如，至少从理论上说，选民掌控着民主政府，股东掌控着上市公司。但是政府中的政客、公司中的管理者或者是在这两种官僚机构工作的员工，有时都能得到他们想要的很多东西，甚至是在与选民或股东的真实意愿相悖的情况下。

信息技术如何让层级制更智能？

在传统的层级制组织（比如，生产制造企业中的那些）里，尽管一部分工作是自动化的（比如，由装配线上的机器完成），但人类仍要全程参与对机器的管理，并完成机器做不到的事情（比如，在高速公路上驾车）。不过，如果机器能够完成公司销售产品所需的几乎全部的生产工作，会怎么样呢？

几乎完全自动化的层级制

以谷歌搜索引擎为例。当你在谷歌搜索栏中输入一个问题时，几乎立即就可以看到搜索结果。没有人直接参与为你查询的问题提供答案的过程，一切都是由机器完成的。相反，人类起到的作用是管理机器。最重要的是，人类要编写机器运行的软件。你可以把它视为与员工培训类似的过程。人类还要确保机器确实在运行，并处理软件漏洞和其他类型的异常情况。

我以前的博士后研究员戴维·恩格尔（David Engel）目前在谷歌公司从事网站可靠性工程方面的工作，他的职责是在机器不能按照人类期望的方式运转时解决相关问题。例如，如果一个程序由于计算机可用内存不足而无法运行，那么他需要弄清楚为什么这个程序会耗尽内存，以及如何防止这种情况再次发生。

他曾这样向我解释他的工作："如果有一件事情你必须不止一次地做，那么为什么不写一个（程序）来做这件事呢？"换句话说，他的工作不仅是解决异常问题，还要对这些自动化的"员工"进行再培训，让那些问题不再发生。

因此从这个角度看，谷歌公司就是一个高度自动化的层级制组织，庞大的谷歌"服务器群"就像一座座大型工厂，其中的几千台机器在少数人的管理下全天不间断地快速生产搜索结果。

值得注意的是，谷歌公司并没有实现完全自动化。尽管它的底层全部被机器占据，但顶层却全都由人构成。人们会先运用他们的通用智能决定机器应该做什么，并应对机器无法处理的情况。例如，尽管其他公司可以通过一项名为谷歌AdWords（关键字广告）的服务，直接从谷歌的自动销售智能体那里购买广告空间，但谷歌在世界各地的分部都有一整个部门的人负责维护谷歌与其主要的企业广告客户之间的关系。

随着自动化的任务越来越多，层级制将会变成什么样子呢？尽管随着时间的推移，人类做的事情与机器做的事情之间的界限将不断变化，但在任何特定的时间，人类都会做机器做不到的事情。例如，在这些层级制的最顶层，通常至少有几个人在运用他们的通用智能制定组织的总体战略和处理特殊情况。

在其他地方，也有人在做基于各种原因机器做不到的事，比如以一种非常个性化的方式与他人打交道。在某些情况下，层级较低的人可能至少会部分处于软件系统的“管理”之下，比如自动调度程序和工作流程管理器，它们都是层级较高的人类管理者的助手。

许多人担心这意味着人类的工作将会消失。不管机器的人工智能水平提升得多快（或者多慢），这样的情况都几乎肯定会发生。机器已经做到了过去一直由人来做的很多事情，未来它们会做得更多。目前，唯一不确定的就是这种变化将在哪里发生，以及什么时候发生。不过，我们将会看到，当机器在做过去由人来完成的常规工作时，人类往往会做一些以前没有做过的新事情。

分散化

技术除了能实现工作的自动化之外，它显然还可以用作一种帮助人类群体及人类与机器之间交流的工具。这意味着新技术有助于对以前可能由较低层级决定的一些事情进行集中决策。我们从巴拉克·奥巴马和他的高级顾问的那张著名的合照中就可以看出这种趋势，他们当时正一起在白宫里观看巴基斯坦突袭行动的视频直播，奥萨马·本·拉登在这次行动中被击毙。据我们所知，奥巴马在观看突袭行动时没有下达任何新命令，但原则上，这样详尽的信息无论来自世界的哪个角落，都有可能使美国总统及其他大型组织的高级主管对他们所在组织中的较低层级的决策实施前所未有的精细控制。换句话说，他们现在能以过去不可能的方式干预较低层级的决策。

但是，正如我在2004年出版的《工作的未来》（*The Future of Work*）

一书中指出的那样，在经济领域的许多部门，通过廉价的沟通手段帮助做出分散决策的情况可能会变得更加普遍。[4]这是因为新型信息技术使沟通成本变得更低，更低的沟通成本又使更多的人拥有比过去更多的信息。当更多的人能够获得足够的信息时，就能做出他们认为明智的决策，而不只是按照他们上级的命令行事。而且，自主做决策的人往往比那些一味服从命令的人更积极，更具创造力，也更灵活。

分散决策的这些益处并不是在任何地方都很重要。但是，在越来越依靠知识和创新驱动的经济领域，企业成功的关键因素通常正是分散决策的优势，即积极性、创造力和灵活性。这就是为什么我认为在未来的几十年里，我们可能会看到越来越多的分散决策。

在《工作的未来》出版之后的几年里，它预测的很多事情都变得越来越普遍：像维基百科和开源软件这样的高度分散化在线群体的表现尤为引人注目，以出租车服务（打车应用）"来福车"和酒店服务（比如租房网站爱彼迎）为代表的分散化市场已经引起了美国人的普遍关注。即使在最大型的公司（比如IBM、谷歌和通用汽车）中，过去常见的僵化而集中的层级制（类似于三件套西装）也越来越少，而以前只存在于经济领域的少数几个前沿行业中的宽松而分散的组织结构（类似于牛仔裤和T恤衫）则越来越多。

事实上，这种分散化的组织方式可能尤其适合高度自动化的机构。如果机器完成了大部分的常规工作，人类员工就会做一些非常规的工作，创造力、前瞻性和灵活性往往是完成这类工作的关键因素。

此外，集中化的层级制通常不是组织非常规工作的最佳方式。相反，从咨询公司和研究机构的情况看，组建很多随着新问题和新项目的出现而不断变化的临时项目团队往往效果更好。大部分决策都需要由这些真正参与工作的团队中的人做出，而非较高级别的管理者。这些松散而灵活的层级制组织有一个合适的名字，即灵活组织机构。[5]

案例：维尔福软件公司

通过电子游戏开发商维尔福（Valve）公司的案例，我们可以对分散型组织的未来做一个引人入胜的展望。维尔福公司做得最不寻常的事，就是它给了软件开发人员、动画设计师及电子游戏的其他创作者很大的自由。看看下面这段从他们的新员工手册中摘录的文字：[6]

> ……任何人都不需要向他人“汇报”。我们确实有一位创始人/总裁，但即使他也算不上你的管理者。这家公司是你的，你要引领它走向机遇，并远离风险。你有批准项目的权力，也有把产品推向市场的权力。

为了说明这一点，手册中还包含该公司天马行空的组织结构图（如下）。在示意图1中，除了“加布”，即公司创始人兼总裁加布·纽维尔（Gabe Newell）以外，公司里的其他所有人都处于同一层级。在示意图2中，除了一个叫“切特”的人以外，其他所有人都处于同一层级。虽然我

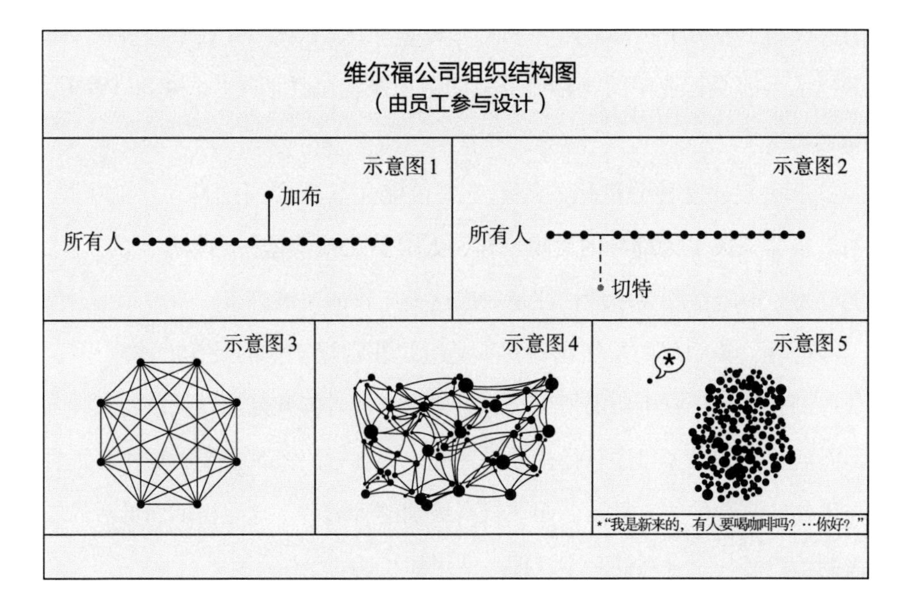

不知道切特是谁，但我很高兴自己没有处在他的位置上。其他示意图也都表明，所有人几乎都处于同一层级，这里根本不存在传统的层级制结构。

以下例子展现了这种组织结构对维尔福公司的运转方式产生的影响：

- 任何一个员工团队都可以在未经管理者批准的情况下，编写并推出软件产品。如果他们认为产品已具备上市条件，就可以把它推向市场。
- 任何一个员工团队都可以自行招聘新员工和面试应聘者。在面试和广泛讨论之后，如果有想要雇用的候选人，而且也没有人反对，这位候选人就会被雇用。
- 候选人被雇用后，他们的工资通常只占他们的薪酬的一小部分。依赖于其同伴的意见，他们还有可能获得5~10倍于其工资的奖金。

当然，并非所有人都喜欢这种结构。例如，这家公司的一位前员工说它“很像一所中学”，受欢迎的孩子拥有很多的非正式权力。[7]在某种意义上，她认为维尔福公司给人的感觉更像一个社群，这里的人们拥有源自其声誉的非正式权力，而不像在层级制中拥有源自地位的正式权力。也许在未来高度自动化的组织中，我们会经常看到这样的局面。

简言之，新技术可能会给层级制决策带来两个重要改变。第一，更多的任务将会由作为人类的工具或助手的自动化系统完成。第二，人类将以更灵活的分散化方式组织在一起，做更多的非常规工作。如果一切顺利，这些改变将会使我们今天的很多层级制组织变得更灵活和更智能。

第7章
更智能的民主制

我们要说的下一种超级思维是民主制。今天，民主制最显眼的例子在政府中。不管是挪威还是韩国，在世界各地的民主国家中，都是由公民投票选举出委员，再由后者投票来制定法律。这些由民主制组织建立的法律，接下来会由政府其他部门中的层级制组织负责解释和实施。

许多人惊讶地发现，民主制在商业领域也很重要。例如，在任何一家上市公司中，董事会成员都是由股东投票选举产生的，他们会就重大决策进行投票表决，通过后相关决策才能在公司中实施。民主制在非营利组织中也很重要，不管是你们当地的扶轮分社还是美国教师联合会，都是由成员投票选出领导者或做出其他重要决策。

单纯从形式上看，我们把民主制定义为“一种通过成员投票做出群体决策的超级思维”。当然，民主制之间也存在很多差异，比如，谁有投票资格，决策是通过多数票、相对多数票还是其他方式做出的，群体成员是通过直接投票还是通过其选出的代表来表达他们的意愿，等等。不过，民主制的关键方面是，最终决策权来自群体的所有成员，而不只是它的领导者。与层级制相比，这种超级思维为大型群体的人们协作实现广泛的共同目标提供了更多的可能性。

在今天的民主国家，尽管我们并不总是认同民主投票的结果，但却常常持有一种模糊而含蓄的假设，即投票会神奇地带来好的结果。不过，这种假设即使从理论上来说也是不对的！

1785年，法国政治学家孔多塞从数学角度揭示了通过投票进行决策的局限性之一：如果普通选民更有可能为了一个好的结果（假设我们知道它是什么）而投票，那么选民越多，这次选举就越有可能得到好的结果。但是，如果普通选民更有可能为一个不好的结果投票，那么选民越多，这次选举就越有可能得到不好的结果。[1]

换句话说，只有当普通选民同时拥有进行明智投票所需的知识和动机时，选举才会得到好的结果。虽然有时选民具备这样的条件，但无法保证他们总能达到要求。而且，即使所有的选民都把票投给他们想选的一方，他们中的许多人也很可能并不知道采取什么行动（或者哪一位候选人）最有可能实现他们期望的结果。

尽管民主制有其局限性，但它仍然是我们已知的能让很多个体的意见和愿望得以集中表达的最佳方式之一。与层级制组织的成员不同，民主制组织中的投票者不会受到他们完全没有决策权的限制。因此，当一个群体中的所有人都需要遵守一个特定的决策时，民主制通常会提供一种能够反映各方观点的好的决策方式，即使持异议的群体成员通常也会视其为合理方式。

但是，正因为民主制并不总能反映任何个体的观点，所以它不太可能展现出我们常常希望从人类个体身上看到的那种一致性智能。例如，民主制通常不能像层级制那样对未来的行动做出承诺，它们会在没有任何解释的情况下突然改变主意，当然也会做出看起来愚蠢或者不一致的决策。

信息技术将如何让民主制更智能?

新技术有助于使民主制在许多方面变得更智能。通过降低沟通成本，信息技术的进步可以帮助选民更好地了解情况，从而更明智地投票。事实上，我在《工作的未来》中提出，促使民主政府从18世纪后期开始在世界上蔓延的一个关键因素是，你眼中的可能是最古老的信息技术之一——印刷术在过去两个世纪里的传播。如果没有消息足够灵通的选民投出明智的选票，民主制的意义就会大打折扣，印刷术（和报纸）使信息传播的规模比以往任何时候都要大得多。

当然，仅有让选民获得足够信息的可能性，并不能保证他们真能做到消息灵通。例如，今天的社交媒体赋予骗局、谣言和虚假新闻前所未有的影响力，利用这些技术阻断选民获得准确信息的路径，从而使民主制变得愚蠢和不再智能，这种情况是很有可能发生的。

从某种意义上说，随着世界进入社交媒体时代，我们就像第一次来到大城市的小镇居民一样。面对所有这些新朋友，我们一开始很难知道该相信谁。但随着时间的推移，生活在大城市里的人们通常都很好地习得了如何判断谁值得信赖，而谁不值得信赖。我认为（并且希望），随着社交媒体不断渗透并影响人类社会，我们也能开发出帮助人们在线明辨是非的技术和文化方法。

在民主制组织中，新技术也会让计票变得更快、更简单。不管是在政府还是在公司和其他组织中，这都可以使更多的决策通过民主制做出。例如，全食连锁超市允许员工投票决定是否雇用他们团队的新成员，西班牙蒙德拉贡合作社允许工人就公司的重大决策进行投票表决，包括选举相当于董事会的机构成员。[2]

投票是一种表达投票者意愿的方式

在考虑到所有选民利益的前提下，利用民主制来做决策的传统方式有两种。第一，在直接民主制中，每个人就所有决策直接投票。这种民主制曾出现于古雅典，今天可见于瑞士各州、合伙企业、许多公民组织和非正式团体。它有一个明显的优点，就是所有投票者都能非常直接地代表自己的利益。但是，它也有一个缺点：对大型群体中的所有决策进行投票可能会非常耗时，以至于对大多数投票者来说完全不切实际。

第二，代议民主制更常见，它通过让投票者选择能代表他们做决策的人，解决了没有足够时间就所有事情进行投票的问题。代议民主制常见于今天的许多政府，包括美国国会和英国议会。尽管投票者需要投入的时间大大减少，但它不能像直接民主制那样准确代表他们的利益。

流动式民主、海盗党和投票代理人

幸运的是，今天的新型信息技术有可能创造出兼具直接民主制和代议民主制优点的民主制形式，而且如果没有新技术，这些形式就无法大规模推行。人们给民主制的新形式起了委任式民主、代理民主和智能民主之类的名字，而我最喜欢的名字是流动式民主。所有这些形式都涉及让人们使用在线系统委托投票权的方式，它能比传统的代议民主制更细致地代表投票者的意愿。[3]

这些系统通常会允许你在任何时候进行直接投票，当你不想自己投票的时候，系统会把你的投票权委托给别人。例如，你可以委托一个人代表你就外交政策投票，委托另一个人代表你就财务决策投票。你委托代表你投票的这些人，还可以把投票权再委托给别人。例如，受你委托代表你就财务决策进行投票的人，可能会进一步将税收决策的相关投票权委托给一个人，而将预算决策相关的投票权委托给另一个人。这样一来，你的利益就可以由那些拥有足够的专业知识和时间去审慎考虑决策的人代表了。如果你不认同这些人代表你做出的决定，那么你随时可以将你的投票权转交给其他人，或者自己直接投票。

尽管这种方法不需要作为投票者的你花费太多时间，但却为你提供了一种充分表达你自身利益的非常有效的方式。这种方法可被应用于政府、企业或任何其他类型的组织。事实上，在大型企业中已经存在了几十年的股东代理投票制，就是这种方法的简单（离线）版本。

流动式民主也出现在欧洲和美国的几个新兴政党中，其候选人同意在各自的议会中，根据选民的网络投票结果进行投票。[4]例如，2012年，在德国海盗党成立初期，一位名叫马丁·哈泽（Martin Haase）的语言学教授是该党派最有影响力的成员之一。这并不是因为他参与过竞选或者发表过强硬的演说，而是因为与其他任何一位海盗党成员相比，有更多的人将他们的投票权委托给他，他控制的选票往往足以改变一个决策。

从那时起，海盗党的其他松散的附属组织在多个欧洲国家的地区性竞选中获胜，在欧洲议会中赢得了几个席位，并在冰岛议会中获得了10个席位。事实上，在2015年的连续几个月里，民意调查显示冰岛海盗党已经成为该国最受欢迎的政党。

这些系统有一个有趣的特点，即不需要修改宪法便可采用，这使得它们在任何代议民主制的推行过程可能比你想象的更容易。选民只需要选出他们的代表，后者将依据选民的决定进行投票。

在政治世界之外，谷歌公司已经对用流动式民主来做商业决策进行了探索性实验，比如，谷歌的内部项目应该使用什么标识，遍布谷歌办公室的“微型厨房”应该提供哪些食品。[5]虽然这些对流动式民主的利用还没有产生广泛的影响力，但我猜测我们以后会把它们看作一种征兆，预示着这种方法在未来的多种类型的组织中会变得越来越普遍。

从长远来看，还有一个改变会让流动式民主变得更有吸引力：如果你不是把投票权委托给其他人，而是委托给计算机化的代理程序，会怎么样呢？其中一些代理程序可能只会宣传其政策立场，并让你（或你委托的代表你投票的人）决定是否投票支持它们。而其他代理程序可能会根据你的各种详细信息，试图猜测你希望它们如何投票。当然，一些投票代理程序的开发者可能会耍花招，骗你相信他们的代理程序能反映你的利益，而事实恰恰相反。但是，即使像这样的系统似乎也不太可能比我们今天的代议民主制糟糕，而且我们很容易想象情况可能会好得多。

投票是一种发现真相的方式

民主制除了集中反映人们的价值观和偏好之外，还可以作为一种集中表达人们关于真相的看法的有效方式。例如，当许多非专业人士对一个问题的可能答案进行投票时，他们选出的答案往往和专家给出的答案一样好。例如，在"星系动物园"项目中，几十万的在线志愿者帮助天文学家对遥远宇宙中的100万个星系按照形状和其他特征进行分类，这些星系都是天文学家通过望远镜观测到的。[6]即使一位志愿者有可能对一个天体进行了错误的分类，当很多志愿者观看同一个天体并投票决定如何对它进行分类时，该群体的投票结果也会极其准确，这使得分类工作的进展比只由少数几位专家来做要快得多。

Eyewire项目是由我在麻省理工学院的前同事承现峻（Sebastian Seung，现在普林斯顿大学工作）发起的，该项目的在线志愿者使用一种类似于投票的方式，帮助神经科学家脑神经连接的详细图像。[7]有趣的是，人类志愿者与人工智能算法一起工作，指出算法遗漏的神经连接，并让算法标记人类发现的新连接。与所有的绘制工作都必须由专业科学家和他们的有偿助手完成相比，这种方法有可能以更快的速度绘制出大脑中更多区域的神经连接图像。

良好判断力计划

计票是一种相当简单的汇集民意的方法，但有一些非常有趣的例子涉及的不只是投票，而是会依靠更巧妙的方式来汇总各方意见。例如，由宾夕法尼亚大学的菲利普·泰特洛克（Philip Tetlock）牵头的良好判断力计划[8]，就是美国情报高级研究计划局组织的竞赛中的一部分。来自不同大学的团队竞相开发新方法，预测与地缘政治事件相关的一系列问题的答案，比如：[9]

- 塞尔维亚是否会在2011年12月31日前正式获得欧盟候选国资格？
- 朝鲜半岛六方会谈是否会在2014年1月1日之前恢复？
- 2011年9月30日的伦敦黄金市场定盘价会超过每盎司①1 850美元吗？

对于每个问题，这些团队都没有简单地做出“是”或“否”的预测。相反，他们估算了这些事件的发生概率。新问题的截止时间往往是在几个月之后，在此之前各个团队每天都可以对他们的预测进行修正。

良好判断力团队毫不费力地成了这次竞赛的获胜者，他们的成功给了我们很多启示。例如，良好判断力团队并没有将世界上的知名地缘政治专家聚集起来，而是鼓励所有对这类问题感兴趣的人加入到由几千位在线志愿者构成的项目群体中。

接着，他们发现有些群体成员在做出准确预测方面明显比其他人好得多。在某种程度上，研究人员可以通过检验诸如智力水平、思维开放程度和修正预测的频率等特征，来判断谁是最佳预测者。在掌握了足够多关于志愿者的实际预测准确度的数据之后，研究人员发现，反映志愿者未来

① 1盎司≈28.35克。——编者注

准确度的最佳指标是这位志愿者过去的准确度。

良好判断力团队还发现，对预测技术稍加训练就能提升人们的预测准确度，比如，在12~15人团队中分享信息、成果和预测的基本原理。到目前为止，表现最好的团队都是由那些被研究人员称为“超级预测者”的人构成的，他们的准确率在所有预测者中名列前2%。

最后，良好判断力团队发现，某些从统计角度综合个体预测的巧妙方法得出的群体预测结果，要比简单地取个体预测平均值得到的结果更准确。例如，他们发现，当他们给最近的预测结果、过去预测准确率更高的人所做的预测，以及预测修正频率更高的人赋予更高的权重时，群体预测的准确度就会更高。他们还发现，人们的预测往往过于保守，因此用数学方法将群体预测结果往更极端的方向调整，也能提高预测的统计准确度（也就是说，远离像50%这样的概率，而接近0或100%）。[10]

我们很难准确地量化这个团队的预测有多么成功，因为没有任何可用于比较的公开有效的标准化预测来源。但是，我们可以从一个有趣的例子中看出些许端倪。2013年11月，《华盛顿邮报》编辑戴维·伊格内修斯（David Ignatius）报道称，“一位美国情报高级研究计划局的人员”（这个人据推测能接触到美国政府内部的机密信息）告诉伊格内修斯，良好判断力团队中的超级预测者“比能读懂截获情报和其他机密数据的情报分析人员的平均表现要强约30%”。[11]换句话说，当你对来自几乎是随机形成的在线兼职工作群体的最出色的预测者进行训练、筛选和组合时，你得到的结果会比花费数十亿美元的美国情报机构得到的结果好得多！

我们从中获得的关键启示是：对良好判断力计划研究的这类问题来说，极佳的预测结果都来自统计上的一系列巧妙调整，这些调整显著地提升了简单民主制的表现（我们可以将其定义为个体预测的简单平均值）。同样的调整是否适用于有关哪些团队可以就答案进行“投票”的问题呢？答案可能是否定的。但是，该计划的清晰统计结果指明了通往求真民主制这个令人向往的未来的道路。与其坚持传统民主制，我们或许更应该建立更先进的民主制，用精心设计的算法将群体成员的意见汇总在一起，从而得出更准确的预测结果。

事实上，这与IBM的沃森系统使用的基本架构有着惊人的相似之处。我们在第4章看到，沃森系统包含了许多不同的计算智能体，而且每个智能体都有不同的专长，它们会给出支持或反对各种可能答案的证据。随着时间的推移，内置于系统的机器学习算法会对赋予不同智能体提出的“意见”的权重进行优化，最终形成一个鲁棒系统，该系统不仅会综合考虑各种不同的知识，还会持续地学习将所有这些不同观点组合起来的最佳方式。

良好判断力计划有一个与沃森系统非常相似的架构，只不过所有的智能体都是由计算机连接起来的人。我认为，建立由人与计算机构成的“民主制”是一个巨大的机遇。其中，有些投票者是人，有些是机器。每个投票者都有各自不同的知识和专长，以及过去解决各种问题的准确度记录。此外，一组独立的计算智能体将会不断学习如何最好地汇总所有选票，从而得到比人或计算机单独预测都更准确的结果。

为事实和价值观分别投票

在上述分析中暗含着一个有趣的观点，在今天民主制存在的很多地方，比如政府，我们通常会让人们就涉及事实的问题（事实是什么？）和涉及价值观的问题（我们想要什么？）进行投票。但是，如果这两类问题需要两种不同形式的民主制，那么我们也许应该更明确地将民主制决策分成两个独立的过程。

第一个过程将被设计用于预测我们可能采取行动（比如，增税或修改劳动法）的结果。这个以事实为基础的过程将根据家庭收入、就业率和犯罪率等指标，评估采取行动的可能结果。在当今世界，这些预测往往都是由具有相关背景的专家做出的。但是，我们或许应该让那些过去已经在像良好判断力计划这样的平台上证明他们有能力对类似问题做出准确预测的人和计算机来共同参与这个过程。

第二个过程类似于我们今天使用的立法程序，或者可以说是一种流动式民主。选民会从第一个过程得出的基于事实的预测结果出发，选出最有可能实现其目标的行动。

孔多塞定理告诉我们，只在普通投票者的知识素养达到能为好的答案投票的水平时，民主制才会运转良好。通过对民主制的任务进行这样的划分，我们就可以先让善于做出准确预测的人对各种行动可能产生的结果进行投票，然后让那些了解我们意愿的人去为我们最想要的结果投票。

总之，政府、企业和其他组织中的民主制要想变得更智能，可以利用新技术做以下三件事。第一，他们可以让投票者委托其他人或机器代表他们就很多更具体的问题进行投票，这样一来，投票者就能更加精准地表达他们的偏好和价值观。第二，他们可以通过将更多的人和机器做出的判断巧妙地结合起来，从而更准确地判定事实是什么（或将是什么）。第三，他们还可以通过更清楚地划分第一个过程和第二个过程的功能，做出更智能的决策。

第 8 章
更智能的市场

我们要讲的下一种超级思维是市场。这种集体决策的形式在我们的世界里无处不在，不管是像火鸡三明治和电视这样的商品，还是像药剂师和工厂工人这样的劳动力，都有各自的市场。

我们可以把市场定义为“一种由同意相互交换资源的个体做出决策的超级思维”。通常（但并不总是这样），交易的一方（卖方）提供产品或服务，另一方（买方）提供金钱。因此，市场上的群体决策是根据贸易伙伴间的共同协议做出的所有个体决策的组合。

在市场中，群体中的个体成员对资源的分配方式拥有很大的控制权。例如，我们不必就哪个品牌的汽车最好达成完全一致的意见。我可以开丰田汽车，你可以开本田汽车，分配给每个汽车品牌的社会资源总量就是我们的所有个体决策的总和。与必须接受同一位总统的选民，以及必须服从上级命令的层级制成员不同的是，市场参与者不受他们不认同的任何决策的限制。

当然，不同的市场在参与者、交易速度和效率，以及是否受到外部力量的“控制”等许多因素上存在差异。但是，市场的本质始终是，根据许多对贸易伙伴间的共同协议，做出如何分配群体所有资源的总体决策，无论这些资源是汽车、棉花、智能手机、唱片还是人们的时间。

我们在动物界的一些近亲拥有非常原始形式的市场。例如，黑猩猩有时用肉来交换梳理毛发，甚至是交配的机会。[1]但是，自从在我们的以狩猎采集为生的祖先当中出现最早的以物易物形式以来，人类市场就取得了惊人的发展，现在已经成为我们星球上最重要的超级思维之一。市场始终在种类越来越多的产品和服务间分配社会资源，这个过程常常离不开即时电子通信技术的辅助。

到目前为止，市场是我们见过的第一种群体试图就整个问题做出决策，而个体却对这个问题视而不见的超级思维。例如，在全球棉花市场上，并没有一位考虑如何将世界上的所有棉花分配给衬衫、床单和绷带的首席执行官，甚至也没有个体会为如何进行这项总体分配而投票。相反，群体决策是从全世界的几千个买家和卖家之间的互动中涌现出来的。

经济学家已经证明——至少在某些条件下——这种群体决策方法会使群体资源实现最佳配置，因为没有其他分配方式能在一些人的利益不受损的前提下，让其他人获得更多的利益。[2]即使这些条件没有得到满足，市场往往也能非常有效地将稀缺资源分配给最需要它们的人，并激励每个人去生产对他人来说最有价值的东西。

市场也有其缺点。尽管它们在有效分配资源以满足人类欲望方面表现出色，但却完全忽视了那些未被包含在买家必须支付的价格当中的东西。例如，当造成环境污染的企业没有为此付出任何代价时，即使这实际上给社会造成了很大的损失，市场也会有效地分配其他资源，就好像环境污染的成本为零一样。

应对市场局限性的一个方法是，让另一种超级思维（比如政府）来监管市场。例如，政府可能会对污染征税，这样一来，就能利用市场的巨大力量并以污染最小化的方式分配资源，同时有效地提供消费者需要的其他产品和服务。

信息技术如何让市场更智能?

我们已经知道，信息技术降低了沟通成本，从而显著地扩大了全球市场。从宝马汽车到苹果手机，我们每天都能在充斥着各种产品的全球市场上看到这种变化产生的结果。很多年前，那时我儿子大约13岁，他在易贝网上找到了他的万圣节服装的关键组成部分，即日本动漫人物火影忍者的头带。据我所知，卖家是一个身在中国香港的家伙，他让身在美国马萨诸塞州的我儿子感到快乐。不论这个家伙是否知道，他的生意都是利用信息技术智能地决定如何用来自全世界的资源去满足几百万人（包括马萨诸塞州的一个13岁男孩）的需求的全球经济的一部分。

除了让沟通成本更低之外，新技术还为买卖双方提供了自动化工具。例如，许多金融投资者会用软件程序买卖股票。这些自动化的软件程序通常不像它们代替的人类股票交易员那样智能，但它们速度快、可得性强，有助于提高市场效率。从某种重要的意义上说，效率更高就意味着更智能。对像亚马逊这样的在线零售商来说亦如此，它们利用软件在自己的网站上向你出售商品。尽管这些软件可能并不具备人类店员的通用智能，但它们拥有快速、便捷和随时可用的绝对优势。我认为，这些传统的电子市场与未来可能的市场相比完全不可同日而语。

预测也是一种决策

不管做什么决定，你通常都需要对你可能采取的不同行动的可能结果做出预测。通常，你决定要做什么预测这件事本身就是一个重要决策。事实证明，市场在做预测方面可以发挥惊人的作用。

很显然，人类和计算机都能做出预测。但是，并不显见的事实是，计算机在这方面通常比人做得更好，即使在你对它们可能不抱期望的情况下。

丹尼尔·卡尼曼（Daniel Kahneman）在他的著作《思考，快与慢》（*Thinking, Fast and Slow*）中，对数十年来心理学领域开展的关于人的直觉预测与机器的算法预测的比较研究进行了回顾。[3]例如，在一项有代表性的研究中，接受过培训的辅导员对大学新生在学年结束时的成绩进行了预测。他们的预测是基于以下信息做出的：对每个学生进行的45分钟访谈，每个学生的高中成绩，能力倾向测试分数和4页纸的个人陈述。研究人员还利用一种只考虑高中成绩和一次能力倾向测试分数的统计算法，来预测同一批学生的成绩。尽管人类辅导员比算法掌握的信息更多，当然通用智能的水平也高得多，但研究人员发现，14位辅导员中有11位在预测准确度上输给了算法。

这并非个案。50多年来，研究人员一直在进行类似的研究，预测内容包括：癌症患者的存活率，新企业的成功可能性，工人未来的职业满意度，暴力犯罪的可能性，波尔多葡萄酒未来的价格，等等。其中约有60%的研究发现，算法在做出这些预测方面的表现显著优于人类；而其余的研究则发现两者的表现没有明显的差别。卡尼曼指出，即使算法的准确度不如人类，但由于它们通常更便宜，也很容易使用，所以它们仍然是一种较好的预测方式。

当然，在某些情况下，算法不具备通用智能的缺陷会变成一块绊脚石。例如，我确信所有主要航空公司都肯定有善于根据假期、时段和星期几等因素，预测其各条航线客运量的算法。事实上，我猜测这些算法做出的预测通常比那些非常博学的航空公司员工做出的预测更准确。

但是，当发生一些算法并不了解的重要事情时，它们无法立即根据这一新信息调整它们的预测。例如，如果这些算法试图预测2001年9月

12 日，也就是“9 · 11”事件发生后第二天的航线客运量，它们将会给出非常不准确的结果。但是，任何对世界大事稍有了解的人都会知道，这一天基本上不会有旅客乘飞机出行。换句话说，几乎所有人都能比标准的航空公司算法更准确地预测出这一点。

利用市场做预测

那么，我们应该如何做出预测呢？我们能否将人和计算机以某种方式结合起来，从而对两者的独特能力加以利用？这就是我和我以前的学生伊夫塔赫 · 纳加尔（Yiftach Nagar）想要探究的问题。[4]我们希望可以帮助群体更准确地预测像恐怖分子、军事敌人或商业竞争对手这样的敌对群体的未来行动。但是，在实验中，我们选择了一个相对简单的问题：设法预测一场美式橄榄球比赛的结果。

今天，人们最容易想到的一种方式就是让机器充当人的助手。例如，机器可以帮人们更系统地分析比赛的情况。或者，它们可以将关于场上的所有球员过往表现的详细统计数据提供给人们。

但是，我们决定尝试一种更新颖的方式。在一种特别的市场中，机器能充当人类的同伴吗？

具体过程如下：我们给一群人播放橄榄球比赛视频，在每次进攻开始之前，我们会停止播放视频，并让人们预测这次进攻将是一次跑球还是传球。我们不会让受试者只是简单地做出预测，而是让他们通过参与一个预测市场来表达他们的预测。预测市场有点儿像期货市场，只不过你买卖的是关于未来可能事件的预测“股票”。例如，如果你认为下一次进攻很可能是一次传球，你就应该购买这种预测的股票。如果你的预测是正确的，那么你（通常）持有多少股，就能得到多少美元；如果你的预测是错误的，那么你什么也得不到。[5]

然而，这个市场甚至会让你更准确地表达你的观点。例如，如果你认为传球的概率是60%，那么你应该愿意以60美分以下的价格购买传球预测，也应该愿意以60美分以上的价格将其出售。这意味着，整个市场上的最终价格本质上是基于所有市场参与者的集体意见形成的传球进攻的概率估计值。[6]

除了由人类观察者构成的市场，我们还编写了软件程序来做类似的预测，并允许它们互相交易。这些软件程序所做的预测，是利用基本的机器学习算法和关于比赛情况（比如，处于几档进攻，以及距离下一次首档进攻还有多少码[①]）的有限信息做出的。

最后，我们还会让人和软件程序一起参与同一个预测市场。在这种情况下，人类参与者在买卖预测股票时，并不知道他们是在与人交易还是在与软件程序交易。

正如我们期望的那样，人与软件程序一起交易的市场，比那些只有人或者只有程序的预测市场运行得更好。总体而言，组合市场做出的预测明显更准确，并且不太容易受到各类错误的影响。例如，尽管软件程序的平均预测准确度高于人，但在几次进攻的预测上，软件程序出现了严重错误，而人基本上会预测准确。比如，了解橄榄球规则的人意识到球员排出的是“散弹枪”阵型，这表明传球的概率更高。然而，软件程序并不了解有关球队阵型的信息，因此在这种情况下，它们更有可能做出跑球的错误预测。

在组合市场中，人与计算机互为同行，可以互相交易，但各自都有不同的专长。一方面，计算机不太可能被某种特定情况的具体特征影响，更擅长系统地利用统计方法使其最小化，对它们自己的判断也不会太过自信。

另一方面，人能比软件程序获得更多的信息（比如，球员在场上的

---

① 1码≈0.914米。——编者注

实际位置和比赛解说员的评论），也更擅长对不同的情况做出反应。所以，这种不同方式的结合使总体预测准确率比人或计算机单独做出的预测更高。

不难想象，这种计算机–人预测市场可应用于很多方面。例如，谷歌公司和微软公司已经让它们的员工利用预测市场来估计内部项目的完成期限。几十年来，艾奥瓦大学一直在利用预测市场对美国总统竞选的获胜者进行预测。好莱坞证券交易所网站利用预测市场估计电影的票房收入。在所有这些案例中，预测市场做出的预测通常不比其他任何预测方法得出的结果差，甚至更好。我们的研究结果表明，如果计算机软件程序也参与其中，对这些问题以及其他很多事情的预测可能会更准确。

让计算机–人预测市场走得更远

利用市场做预测的一个吸引人的地方在于，当且仅当参与其中的人能够发挥作用的时候，市场才会为他们提供激励。例如，在平常情况下（比如预测平日的航线客运量），计算机往往可以做得很好，而人类几乎没有参与其中的动力。因为人的预测不会比计算机已经做出的预测更好，他们也就不太可能从中赚到很多钱，又何必花费精力呢？

然而，在特殊情况下（比如，预测2001年9月12日的航线客运量），人类会发现计算机的预测错得很离谱儿，于是他们出手干预的动机就会很明确。在与完全不了解情况的软件程序进行交易的过程中，人类有可能获得可观的利益。

在这两种情况下，那些高估了自己的预测能力的人通常会赔钱，所以他们很可能会气馁并放弃。或者，如果他们把参与其中当作一种娱乐（比如赌博），那么他们损失的钱将为那些真正擅长预测的人和软件程序提供更多地参与其中的动力。

最有意思的一种可能性是：如果每个参与者都有自己的软件程序

“工作室”，会怎么样呢？那么，参与者将会通过竞争创造出越来越智能的软件程序。如果你的软件程序比我的软件程序更擅长做出准确的预测，你就会比我赚的钱更多。这样一来，我们每个人就都有了创造尽可能精确的软件程序的动力。但是，我们也希望自己的软件程序了解它们自身的局限性，并且只在成功概率较大的情况下参与预测。这会产生两个结果：一是让软件程序设计者有动力创造出越来越智能的软件，从而推动人工智能的进步；二是有这些软件程序参与的预测市场将会做出更准确的预测。

值得注意的是，如果这种方法与我们现有的人工智能相结合，就会发挥更大的作用。事实上，它甚至能和已经存在了几十年的简单预测算法，比如统计回归，实现良好的配合。

万能的计算机–人市场

我们刚才探讨的大部分内容不仅适用于预测市场，而且适用于许多其他类型的市场。今天的金融市场正发挥着引领作用，投资经理越来越依赖往往基于人工智能的定量交易算法。而且，拥有更好算法的公司能比它们的竞争对手获利更多。

不难想象，未来这种方法将在其他许多行业中变得普遍。假设有一家全自动化的在线鞋子零售商，我们不妨叫它“Shoeless”。Shoeless有自动购买软件程序，它会不断扫描各个鞋子批发供应商的价格，寻找最好的交易机会。这些软件程序购买的鞋子会被自动送到亚马逊公司的仓库，然后由亚马逊负责处理后续事务和提供客户服务。

同时，Shoeless也有它自己的网站，它的自动销售软件程序会在上面不停地发布各种广告，并根据观看广告的顾客类型、当前的批发成本和当前的库存水平不断调整价格。尽管Shoeless的老板可能偶尔会雇用人类承包商来升级网站和自动买卖算法，但公司的人类员工数量始终为0。与由人来完成更多工作的传统零售商相比，这样一家自动化零售商的表现能超过前者吗？或许现在还不能。那么，在不太遥远的将来呢？答案是：很有可能。

但真正重要的是，从某种意义上说，我们可以让市场来决定哪种零售商最高效。不管是全自动化的、半自动化的，还是完全人工化的公司，只要运行情况良好都会赚钱，而那些运转不良的公司则会破产。随着时间的推移，市场这只看不见的手将不断地将资源配置到（在那一刻）能最有效地满足客户需求的地方。

当然，事情并没有这么简单。在很多情况下，市场在实践中并没有按照理论上的方式运转。但是，市场有一项非常重要的能力，即不断适应形势的变化，这些变化中就包括在任何特定的时间什么能实现自动化，什么不能实现自动化。因此在某种意义上，市场拥有一种包括并超越了其中的所有个体的通用智能。

第9章
更智能的社群

我们要探讨的下一种超级思维是社群。它无处不在，例如我在波士顿的社区居民、我女儿在脸书网上的朋友、全世界的高能物理学研究人员、在我的家乡新墨西哥州行医的医生，以及在维基百科上撰写和编辑文章的人。

我们可以将社群定义为“一种通过非正式的共识或根据共享的规范做出决策的超级思维，而且这两种方式都是通过声誉和可获得的资源的机会来实现的”[1]。换句话说，社群中支持共享规范的正直成员会得到其同伴的尊重和钦佩；他们在做出一致决定的过程中会发挥更大的影响力，而且他们通常更容易获得其他成员的帮助和陪伴等群体资源。违反社群规范的成员将失去别人的尊重、影响力和获得资源的机会。在极端情况下，违规者可能会被公开羞辱、受到社群的排挤或者其他方式的惩罚。[2]

尽管所有社群在做决策时都会利用非正式共识、共享规范和声誉，但它们在许多方面也存在差异，包括社群边界的严格程度、决策过程的正式程度和执行规范的方式。

社群在自然界和人类社会中普遍存在。蜂巢、蚁群、狼群和狒狒群都是社群，一群群以狩猎采集为生的人类祖先也是一样。我们可以把社群看作超级思维的一种基本类型，到目前为止我们讲过的其他所有类型的超级思维都是从社群发展来的。如果你不确定一个负责决策的超级思维是其他哪种类型，把它归类为社群可能是比较保险的做法。

信息技术如何让社群更智能?

新技术的信息处理能力会显著地影响社群达成共识和建立声誉的方式。但是，要评估这些变化将如何使社群的决策过程更智能化，我们先要了解社群致力于实现的目标。由于社群有很多不同的形式，让我们以那些试图实现工作相关目标的社群和那些试图帮助成员变得更幸福的社群为例进行说明。

信息技术如何帮助社群实现工作相关目标?

许多社群都有可用于评估其有效性的明确目标。例如，维基百科的社群正在编写一部在线百科全书，神经科学领域的社群正在试图用科学的方法了解大脑运转的奥秘，施乐复印机的维修技术员社群正在努力保持施乐复印机的正常运行。

维基百科中的共识决策

在许多情况下，新型信息技术可以帮助这些社群做出更有利于实现它们的目标的决策。例如，如果没有互联网和维基软件为做出不同寻常的共识决策创造条件，维基百科的社群甚至不可能存在。传统的百科全书有一群确定的作者和一个层级制的编辑流程，而维基百科不同，它允许任何人在任何时候对一篇文章进行修改。如果其他人认为这篇文章应该再次被修改，他就可以继续修改。但是，当大家达成了非正式共识，认为这篇文章没问题时，那么至少在短时间内没有人会对它做进一步修改。

如果两个人对某一处特定的修改是否恰当持有不同意见，维基百科的文化就会强烈鼓励他们，通过其他人也能参与的在线讨论来解决这个问题。在特殊情况下，即当这种友好融洽的讨论过程未能做出每个人都接受的决策时，还会用到一些不太常用的高级争议解决程序。

维基百科的软件也会留存每位贡献者的修改记录，这对在这个社群中建立声誉和得到认可起到了重要作用。而且，在某些情况下，一些简单的编辑修改决定会由维基百科的程序软件做出。

虽然几乎没有人——包括维基百科的创始人吉米·威尔斯（Jimmy Wales）——认为这个在线达成共识的过程真能发挥作用，但维基百科的软件与文化的组合却以某种方式让它产生了相当不错的效果。[3]

这样的过程能在一个大量编辑面对面工作的环境中奏效吗？我猜不能。例如，想象一个聚集了7万人的足球场。（这是截至我写作本书时维基百科的活跃贡献者的大致人数。）我们假设这些人正试图只通过纸笔、面对面交谈和扩音系统来创作一部百科全书。

他们可能会取得一些成果，但几乎可以肯定的是，他们最终会采用某种大概的层级制过程。扩音器里偶尔会传出发布给所有人的指令，整个足球场上散布着许多小团队，不同层级的编辑会征集和审核不同主题的文章。

但我认为，如果这7万人都使用维基百科软件，效果可能会好得多。这种交流方式的在线属性允许人们可以迅速地将其注意力从一个主题转移到另一个主题，并允许一个庞大群体中的人形成一系列不断变化的平行小团队，每个小团队都是暂时性地处理一篇特定的文章或其他主题。这反过来又会使完全分散化的共识形成过程以某种方式发挥作用，几乎可以肯定的是，这种方式在一个大型的面对面群体中是不可能实现的。

实践社群

实践社群是指由从事相同工作，并通过相互交流学习如何能把工作做得更好的人组成的社群。[4]人类学家朱利安·奥尔（Julian Orr）是我之前在施乐帕克研究中心（PARC）的同事，他对施乐复印机的维修技术员的工作方式进行了研究，并提出了关于实践社群的一个经典案例。[5]

他的研究得出的一个关键结论是，尽管技术员通常是独自修理复印机，但他们在早餐、午餐及其他工作间歇花在相互交流上的时间，是他们工作的重要资源。在这个过程中，他们交流了有关如何解决工作中实际出现的问题的各种信息，而不只是官方手册中记录的标准错误代码和维修技术。例如，像温度和湿度这样的因素对机器的影响可能远超出官方手册描述的情况，通过分享有关他们的实际经历的故事，技术员的维修工作会变得更高效。

尽管奥尔研究的是面对面社群，但施乐公司后来据此开发出一种名为Eureka的在线工具，便于技术员在全公司范围内相互交流和分享经验。在一个类似于科学界同行评议的过程中，由技术员自己——而不是更高级别的管理者——决定哪些经验有用，哪些经验没有用。而且，像科学家一样，技术员通过贡献经验建立起的声誉也是强有力的激励因素。例如，在一次会议上，一位技术员得到了他的同事们的自发起立鼓掌，因为他在Eureka上分享的经验受到了大家的尊重。施乐公司估计，通过提升维修技术员社群的有效性，该系统为公司节省了1亿美元。[6]

从长远来看，信息技术在帮助与工作相关的在线社群做出更智能的决策方面，显然具有很大的潜力。它至少能使达成共识和建立声誉所需的沟通过程更快、更省钱也更容易，而且，像维基百科程序软件这样的自动化系统有时可以自行做出决策，这对社群的共识决策达成和声誉建立大有帮助。

这些变化总能让社群变得更智能吗？当然不是。但如果运用得当，这些新技术在帮助建立起更智能地做很多事情的新型决策社群方面，将发挥出巨大的潜力。

在线社群能让它们的成员感到更幸福吗？

对于那些非工作导向型的社群，想要确定它们的目标并测量其智能水平，就不那么容易了。但有一点很明显，那就是新技术也可以为这些社群带来多种好处。

有些社群，比如脸书网，是为满足其成员的社交和情感需求而建立的。今天，有很多人（包括我的女儿）都把脸书网、照片墙（Instagram）、推特及其他类似的系统作为他们与朋友交流的主要方式。

其他社群，比如美国点评网站Yelp和旅游网站猫途鹰（TripAdvisor），则专注于帮助其成员根据其他几千名顾客的评论决定在哪里吃饭或住宿。亚马逊和网飞不仅会提供其他社群成员的评论，还会利用复杂的算法并基于与你品位大致相似的其他人的喜好，为你推荐一些你可能会喜欢的产品。

但是，今天的媒体也充斥着关于这些社群如何导致其成员幸福感降低的故事。例如，我在麻省理工学院的同事雪莉·特克尔（Sherry Turkle）认为，我们与朋友的在线交流通常远不像传统的面对面交谈那样令人满足。[7]看着你的朋友在脸书网上精心策划的所有“美好时光”，可能会降低你对自己生活的满意度。而且，网络世界有时会对欺凌和羞辱等危害严重的行为起到推波助澜的作用。

总之，对于社群成员的幸福感，在线交流似乎既会产生积极效应，也会产生消极效应。至少到目前为止，我们还不清楚其净效应是好是坏。

技术如何影响社群的边界？

一个群体要想发挥出一个社群的作用，它需要有足够多的共享规范和价值观。但有时社群中的各个子群的价值观会存在很大的差异，以至于整个社群处于四分五裂的危险当中。在150多年前的南北战争时期，美国经历的就是这种现象的极端版本。我在20世纪60年代见过一个相对温和的版本，当时的年轻人、反战活动者和所谓的嬉皮士拒绝接受当权派的价值观，以至于一段时间内美国好像真的正在分裂成不同的社群。唐纳德·特朗普（Donald Trump）当选美国总统凸显出一种类似的分裂，两个阵营分别是支持特朗普的选民和反对特朗普的选民。

信息技术在凝聚社群和分裂社群方面都扮演着重要角色。一方面，信息技术有潜力在更大的群体范围内增加共享信息和规范。例如，在20世纪60年代，大多数美国人都是从三家国家电视广播公司中的一家和少数其他出版物中获取新闻。只要是主持人沃尔特·克朗凯特（Walter Cronkite）说的话，许多美国人都会相信。几乎可以肯定的是，这有助于更多的共享规范在以前存在着强烈地区差异的美国传播。

但在2016年的总统选举中，许多美国人都是从脸书网和其他在线媒体上获取消息的，这些媒体会为每个受众定制高度个性化的新闻。[8]如果你有思想开明的朋友和广泛的兴趣，就很少会接触到保守的新闻，反之亦然。在各个子群看到的关于这个世界的事实和解释这些事实的价值体系大不一样的社群中，维系整个社群有效运行的共享规范会被大大削弱。

总之，不管发生什么，信息技术都有可能继续在分裂某些社群和凝聚另一些社群方面发挥重要作用。

用于达成更智能共识的技术

我们已经看到，关于信息技术是否有助于一个社群达成更明智和更有逻辑的共识这一问题，早期证据是好坏参半的。但我认为，从长远来看，我们有理由对技术的这种能力持乐观态度。

一种促成共识的有趣方法被称为在线论证或在线商议。如果一个群体在什么是真相和哪些价值观更重要的问题上无法达成共识（就像在某些政治讨论中出现的情况一样），那么这种方法可能作用不大。但对一个已经在许多事情上均达成共识的社群来说，这种方法可以帮助它以一种清晰和系统化的方式做出新决策。

今天的在线讨论通常包含许多重复和离题的内容，人们各说各话或者无视对方。在线论证依据的是哲学家提出的如何归纳论证的基本逻辑结构的观点，有助于降低今天的很多在线讨论的随机性和无组织性。[9]

这种方法的基本理念是，群体成员不再只是参与一次畅所欲言的在线讨论，而是在明确呈现出论证逻辑结构的在线导图中发表他们的观点。导图的内容包括：要做出什么决策（问题）？有哪些可能的选项（立场）？支持和反对每个选项的论据是什么？

这一领域的权威研究者之一是麻省理工学院集体智能中心的首席研究科学家马克·克莱因（Mark Klein），为了支持在线论证方法，他开发了一个名为Deliberatorium的在线工具。例如，马克利用该工具对一场关于购买碳补偿以弥补飞机旅行造成的污染是否有价值的在线讨论进行了概括，从而证明了在线论证的作用。[10]原始的在线讨论的内容长达13页，其中有很多离题和重复的语句。但当马克在他的系统中将讨论内容转化为论证导图时，他发现用下面8行字就可以概括所有讨论内容。

碳补偿是一个好主意吗？

是

- 碳补偿的确减少了温室气体排放；
- 找到好的碳补偿方式越来越容易了；
- 许多重要会议都在倡导碳补偿。

不是

- 可能会产生意想不到的后果；
- 它助长了自满情绪；
- 它太容易作弊了。

这个论证导图中有一个问题（碳补偿是不是一个好主意），以及关于这个问题的两种不同的立场（“是”和“不是”）。这里没有列举的另一种立场应该是“我们还不清楚”。每种立场都有几个支持它的论据。（拇指向上的图标代表的是支持这一立场的论据，而拇指向下的图标则代表反对这一立场的论据。）

在这个例子中，论证导图是由马克自己绘制的，但只有当许多不同的人都能为这场讨论各自贡献不同的论据时，这种方法才会真正变得有趣。为了在这个框架中表达你的观点，你不会只是在当前的评论列表末尾输入一条新评论，而是需要先确定你输入内容的类型（问题、立场或论据），再确定它在论证导图中的位置。如果有必要，你可能还需要将你想说的内容拆分成几个独立的条目，使其符合论证结构。

例如，假设你刚读的一篇报道称，平均而言，只有约30%的碳补偿费用被真正用于减少碳排放，其余的则进了投资者、审计员和其他人的腰包。如果想要将这一点添加到上面的讨论中，那么你可以在“碳补偿的确减少了温室气体排放”的论述下面创建一个新论据。你的新条目是反对这一观点的论据，可以写成“只有30%的碳补偿被用于减少碳排放”。如果有人点击了你添加的新条目，就会弹出一个详细信息的窗口，你可以在那里加上你读的那篇报道的网址链接。

碳补偿是一个好主意吗？

是

- 碳补偿的确减少了温室气体排放；
  - 只有 30% 的碳补偿被用于减少碳排放；
- 找到好的碳补偿方式越来越容易了；
- 许多重要会议都在倡导碳补偿。

不是

- 可能会产生意想不到的后果；
- 它助长了自满情绪；
- 它太容易作弊了。

为了确保你的新条目在分类和格式上都没错，通常需要经过一位人类管理员的审核批准，该条目才会对其他用户可见。一旦被发布，用户就可以对任何条目进行评价，所以被人们视为比较重要的条目会被更加明显地展示出来。

马克和他的合作者已经利用这种方法帮助一些群体完成了对很多重要问题的讨论。其中一个例子是，那不勒斯大学的学生就意大利如何更好地使用生物燃料展开辩论，历经三周的时间，他们的讨论被专家评价为对关键问题和备选方案的一次十分全面且条理分明的梳理。

第二个例子是，英特尔公司就如何利用“开放计算”（即用户被赋予更大的获取计算工具和数据的权限）展开了讨论。这次讨论对73位贡献者提出的关键问题进行了条理清晰的概述，其中有很多贡献者并不是公司内部的人。第三个例子是，意大利的600多名民主党成员就修改意大利选举法的争议性问题进行了讨论。[11]

除了马克和他的同事以外，还有其他一些人也在使用类似的工具，帮助解答各种商业、技术和公共政策问题。[12]而且不难想象，在公司内部使用这种方法，可以吸引许多人参与到系统地分析备选公司战略的优点、新产品的前景、不同的应聘者和竞争性健康保险套餐的过程中。

公开辩论

富有想象力的科幻作家戴维·布林（David Brin）甚至主张利用与Deliberatorium类似的公开“辩论”，讨论重大的公共政策事务和其他问题。[13]他提出，这些在线辩论可以像足球赛和总统辩论那样，成为一种公共娱乐形式。整个过程可能会在线上持续几周或几个月，采取定期直播的方式，裁判员、仲裁人和详细的规则可以确保争议性问题得到合乎逻辑的分析，而不是被借口或者情绪化的口号所掩盖。

像这样的方法真的可以大规模应用吗？例如，我们可以利用这样的过程对关于美国政府在医疗保健领域所起作用的议案进行评价吗？这可能会有多位杰出政治家和著名专家参与的收视率很高的现场辩论；这可能会有资金充足的团队展开背景研究，以支持各种观点。而且，最重要的是，我们将会得到一幅包括关键问题、立场和论据的简洁在线导图。

并非所有人都会在哪些论据最有说服力的问题上达成一致意见，但如果这个过程进展顺利，那么大多数人都会承认不同的观点得到了公平且准确的表达。这样就能保证做出好的决策吗？当然不能。但是，它肯定能帮助公民和立法者做出更好的最终决策。

自从我在1986年第一次听到在线论证这个说法以来，就一直对它的这些应用和其他可能性持乐观态度。[14]让我惊讶的是，这种方法居然还未在商业、政治和其他领域内得到更广泛的应用。但我猜测，它可能和万维网一样，也是一个革命性概念，在条件最终适合它大规模发展之前，需要小范围内以多种形式进行多年的尝试。

如果确实如此，那么我认为这种方法可以帮助在线社群比今天的任何社群——无论是面对面还是在线社群——做出更智能的决策。即使一个社群从未达成共识，这种梳理论证结构的方式也有可能帮助其他决策者——包括层级制管理者和民主制投票者——做出比现在更好的决策。

信息技术能促进网络–社会主义吗？

当卡尔·马克思和弗里德里希·恩格斯在19世纪建立共产主义理论时，他们提到了“原始共产主义”，即古代的狩猎采集社会实行的平均分配食物和其他财产的做法。他们还预言，未来社会将回归到一种更发达的“纯粹共产主义”形式。[15]

有充分的证据表明，原始的狩猎采集社会确实采取的是平均分配原则。[16]例如，英国人类学家埃文斯·普理查德（Evans-Pritchard）对在尼罗河谷地的努尔人狩猎采集部落进行了研究，他说：“努尔人的村落里通常没有人挨饿，除非所有人都在挨饿。”[17]

信息技术是否有可能让原始的狩猎采集部落的这种社群式决策过程在更大的群体中有效运行呢？当然，我们并不知道确切答案，但我认为我们有理由相信它是有可能实现的。

关于网络-社会主义的设想

让我们想一想这样的社会可能会如何运行。由于“社会主义”这个词在今天的内涵比“共产主义”更灵活，所以我们把这种基于信息技术的社会主义决策形式称为“网络-社会主义”（cyber-socialism）。

我还不确定是否有可能解决这个设想的细节问题，让它变得既可行又可取。但是，我认为设想这种新的可能性是一件有趣的事，而且未来我们很有可能会对它的某个版本进行尝试。

其核心理念是，信息技术通过详细追踪人们的行为，为他们在群体中建立公开可见的声誉创造了条件。例如，假设你走进一家杂货店，离开时带着你想要的面包、鸡蛋、冰激凌和啤酒的任意组合。即使你实际上没有为任何东西付钱，你拿走的那些东西的价值也会被追踪。除了你的消费以外，你对他人的所有付出也会被追踪。每当你编写软件、做饭或者给别人理发时，你所做贡献的价值就会被记录下来。

现在想象一下，由你的同伴、各类专家和软件程序构成的某种组合，可能对你为社会做出的贡献大小，以及你对可获得商品和服务的需求量做出估测。例如，你的同事可能会评估他们认为你能在工作中做出多少贡献，并报告你实际做出了多少贡献。你的医生会评估你需要多少医疗护理，以及你是否有无法工作的缺陷或疾病。

最后，想象有一套非常精妙的算法，它会分析所有这些数据，然后根据你做出的贡献和消耗的资源相较于你的能力和需要的情况，为你计算出一个多维声誉值。例如，如果你尽自己所能地做出贡献，而只消耗你需要的东西，那么你将拥有良好的声誉，并有权参与分配社会的全部利益。如果你是残疾人，可能要消耗大量的医疗资源，而且无法工作，但由于你仍然在尽自己所能做出贡献，所以你也是社会中受人尊敬的一员。

有些人能够做出的贡献比他们需要的东西多得多，由于他们对社会的净贡献，所以他们将会拥有更好的声誉。这些贡献多的人会得到广泛的认可和尊重，可能就像我们今天对社会中的富人或名人的态度一样。一方面，如果你是他们中的一个，那么你将成为值得尊重的社会成员，而且当你在商店、剧院和机场排队时，很可能会被安排到队伍的前面。在这样的社会中，尽管物质消费的不平等程度可能会比我们的社会小，但你也有可能获得其他人无法获得的少数物质利益（比如，更好的汽车或者特殊住宅）。

另一方面，如果你没有尽自己所能做出贡献，或者消耗的东西超出你的需要，你就没有达到别人对你的期望，并因此拥有懒惰或者游手好闲的坏名声。如果你的消耗比你的贡献多，那么你的声誉将会更差。你的父母可能不会为你感到骄傲，少有人愿意做你的朋友，而且在接受政府服务方面，你的优先级别也会很低。如果你在应该贡献多少和消耗多少这件事上继续违背社群规范，你可能就会受到各种惩罚，在极端情况下，你甚至有可能被要求彻底离开这个社会。

换句话说，网络–社会主义经济将以一种与资本主义经济中常见的体系截然不同的方式，分配人力、食物和其他资源。有关资源的决策并非基于市场中买卖双方达成的共同协议，而是以社会规范为基础，这些规范表现为其他人对你的评价和算法为你计算的声誉值，并通过拥有好声誉或坏声誉的结果而不断得到强化。此外，与纯粹的市场经济不同的是，网络–社会主义经济将明确地考虑人们的需求和能力，而不只是他们消费和生产的东西。

这真的可行吗?

一个显而易见的问题是，是否有可能对你的贡献和你能做出的贡献，以及你的消耗和你的需要做出合理的估计。尽管可能性不大，但有很多理由让我们相信它是有可能实现的。例如，近年来，关于利用现代的计算能力和可获得的数据计算过去无法计算的有效经济量的方式，一直存在着有趣的猜测。[18]我们在第6章举的维尔福公司的例子中看到，人们也可以对他们同事的贡献量进行估计。

另一个问题是，对人们声誉的潜在积极或消极影响，是否足以激励他们真正尽到最大的努力。例如，为什么一个有才能的人不试着隐藏他的能力，只做出刚好能满足社会最小期望的贡献呢？我确信有些人会这样做（就像今天的某些人那样）。但是，我认为我们有理由相信，很多人都会从拥有良好声誉的期望中获得激励。

例如，想想有些人为了增加他们的推特粉丝量而不断努力。想想对某些人来说，他们在脸书网上发布的动态获得很多点"赞"有多么重要。再想想在线下的日常生活中，我们当中有多少人在意朋友和邻居对他们的看法。在网络-社会主义系统中，这些激励因素能像资本主义经济中的财政刺激一样有效吗？尽管我认为很难下定论，但还是有可能的。

还有一个问题是，为了运行这样的系统而失去隐私权是否值得。事实上，这表明一个超级思维（在这里指一个社群）的目标与这个超级思维中的个体目标可能会有很大的差别。这个社群的目标是找到一种在社会成员间公平分配工作和资源的方法。但为了实现这个目标，该系统会要求个体放弃过多的隐私权。这样的交易划算吗？我认为这取决于人和具体情况，不是三言两语就能讲清楚的。但是，这个问题值得我们进行详细讨论。

要花费大量的资源才能让这种系统运行吗？是的。它会遭到各种形式的滥用吗？是的。然而，如果运行良好，相较于资本主义经济，这种经济会以一种更公平的方式分配社会资源，还有可能减小贫富差距。因此在我看来，我们有必要进一步思考如何以一种真正可行又可取的方式来实施这种设想。

中国的社会信用体系

值得关注的是，中国已经在尝试建立社会信用体系，它具有我们刚才介绍的那种设想的某些特征。[19]中国政府计划到2020年在全国范围内推广这一体系，这可能会带来巨大的改变。

这个体系会追踪人们的财务行为，比如，人们是否按期支付保险费、纳税和偿还信用卡账单。它还有望涵盖各种社会行为信息，比如，乘坐地铁时逃票、乱穿马路、扰乱航班秩序等。

例如，如果你的父母超过60岁，法律会要求你定期探望他们，未履行赡养老人义务的子女会被录入系统黑名单。从长远来看，这个体系可能还会包括各种在线行为数据，比如，你每天玩电子游戏的时长，你和在线论坛中的其他用户互动时的礼貌程度，以及你发布信息的可靠程度。

所有这些数据将被用于计算各种“社会信用”评分，从而带来各种好处和惩罚。例如，分数高的人有机会入住豪华酒店，进入政府部门工作，享受优惠的贷款利率，使用能让他们更快捷地获得公共服务或通过机场安检的“绿色通道”。而分数低的人则很难找到好工作，获得优惠的按揭贷款利率，进入好学校，甚至无法入住某些酒店或在某些餐馆就餐。

无论如何，这个体系的运行情况都取决于很多细节，比如，公民查看和更正记录的简便程度，声誉值算法的透明度，以及声誉值是否公开可见。不同的社群需要自行判断这样一个体系的潜在利益能否超过它的成本。

我认为关键之处在于，新型信息技术正在改变大型群体的管理策略。这些新技术能否在更大的群体范围内，让人们基于规范和声誉做出决策呢？例如，这些新技术能让一种新型的大规模网络–社会主义经济与市场经济一较高下吗？尽管我们并不知道确切的答案，但像中国的社会信用体系这样的尝试肯定会为我们提供一些极具吸引力的启示。

那么，新型信息技术一定能让社群更智能吗？当然不是。但我认为，它们为创造出更智能的社群提供了很多引人入胜的可能性。

第10章
更智能的生态系统

到目前为止，我们讨论过的所有类型的超级思维都需要某种总体的合作框架：层级制中的权威，民主制中的选择，市场中的协议，社群中的规范。当一个群体没有这样的框架时，它就属于我们要讨论的最后一种超级思维——生态系统。

最显而易见的生态系统就是我们的星球上所有生物的集合。这些生物以各种方式相互作用，但没有一个人或一个群体会试图协调所有生物。换句话说，我们的全球生态系统本身就是一种超级思维。

我们也可以将很多其他群体视为生态系统。例如，美国国内的所有超级思维——所有的市场、层级制、民主制和社群——可被视为一种生态系统。类似地，我们可以把一个城市、一个州、一个政府或者一家公司当作由其他超级思维构成的生态系统。在每种情况下，许多不同的个体超级思维相互作用，做出各种总体群体决策。

我们把生态系统定义为“一种个体之间在没有任何总体合作框架的情况下互动的超级思维”。从短期来看，决策是根据丛林法则做出的：最强大的个体会得到他们想要的一切。从长远来看，决策是根据适者生存法则做出的：在生存、成长和复制方面最成功的个体控制着最多的资源。[1]

重要的是我们要意识到，生态系统与我们看到的其他类型的超级思维都不一样。从某种意义上说，它们是所有其他超级思维相互作用的环境。但是，生态系统也会做出决策。它们会通过短期的权力竞争和长期的进化，“决定”在每种情况下由其他超级思维中的哪一种（或者生态系统中其他个体中的哪一个）做出具体的决策。

我们以美国的超级思维生态系统为例。我们需要先了解一个简单的常识，那就是公民选举政府官员是民主制的一部分。公民会为在制定和执行法律时能代表他们利益的候选人投票，但当选官员通常也会追求他们自己的个人利益。不过，如果某位当选官员的行动严重偏离了公民的利益，选民就可以在下一次选举中把他赶下台。因此，在这部分超级思维丛林中，存在着（大多是）层级制政府和选择它们的民主制之间的一种权力平衡。

这种情况在社会的其他部分同样存在：层级制政府通过制定关于产品安全、合同纠纷、内幕交易，以及很多其他影响市场和层级制企业的法律，与市场相互作用。在大多数时候，企业和其他市场参与者都会遵守这些法律，否则就会受到政府的惩罚。

但是，这里的权力平衡并不像乍看上去的那样单方面地偏向政府。在政治丛林中，企业和市场拥有各自的力量。例如，企业为政治运动捐款是完全合法的，而且这些捐款显然有时会影响当选官员的行动。此外，政治生态系统并不是法律的净土。看过犯罪电视剧的人都知道，罪犯为了影响执法方式而贿赂政府官员的情况绝不鲜见。

当然，这并不是故事的全部。社群——包括社区、朋友关系网、宗教团体和许多其他群体——塑造着它们的成员在民主制和市场中的价值观表达。你在着装、选择餐馆和汽车方面的品位，以及你对堕胎、气候变化和税收等问题的政治见解，都是由你所属的社群塑造的，你也会在市场和民主制中让别人听到你的声音。

这种影响是双向的，市场和政府也会影响社群。例如，广告试图改变个体和社群的购买偏好。商业娱乐也会对社群价值观产生深刻的影响。比如，有些人将美国社会对同性恋婚姻态度的迅速转变归因于像《摩登家庭》（*Modern Family*）这样的电视节目，它们以积极的方式描述了同性恋婚姻。

到目前为止，所有这些例子都体现了在美国的超级思维生态系统中，权力与影响力的短期作用。从长远来看，还有另一种力量在起作用，即随条件变化生存、成长和复制的能力。例如，今天美国的软件公司比100年前多出很多，但以蒸汽为动力的工厂却少了很多，这是因为在这段时间里企业的可用技术已经发生了变化。

更微妙的是，当生态系统随时间推移而进行时，不同类型的超级思维的相对权力可能会发生变化。例如，政治学家罗伯特·普特南（Robert Putnam）在他2000年出版的《独自打保龄》（*Bowling Alone*）一书中，对保龄球联盟、家长教师协会和红十字会等地方社群组织的衰落表示惋惜。他认为部分原因在于人们把更多的时间花在了看电视上，也就是说，市场（通过广告支撑的收视率）控制了人们越来越多的时间，而地方社群控制的时间越来越少。简言之，近年来在美国的生态系统中，市场比地方社群发展得更成功。

生态系统是超级思维的基本类型，它的出现时间早于所有其他类型的超级思维。其他类型的超级思维只负责进化，因为它们已经能够成功地生存和复制了。生态系统则总待在幕后，决定该由哪一个超级思维和个体做出特定的决策。

从本质上讲，生态系统会满足最强大、存在时间最长和成员数量最多的群体的愿望。但它们完全不知道是什么让其成员在这些方面获得了成功。它们只是单纯地奖励那些有效的东西，而不管这样做会满足谁的愿望。

信息技术将会如何改变生态系统?

新型信息技术将如何改变生态系统的决策方式呢？我们从两个简单的观察说起。第一，如果技术使超级思维更智能，如果更智能的超级思维也更强大（尽管它们都不是既定事实），那么新技术将从根本上提高生态系统中所有超级思维的竞争力水平。例如，当消费者习惯了在亚马逊网站上买书的简便方式时，他们可能会期望在就诊时能同样便利。如果消费者无法从他们现在的医生那里得到想要的，就很可能会向市场中的其他超级思维寻求医疗服务。

第二，新技术仅凭让沟通更快捷，通常就能加快由超级思维组成的生态系统的进化速度。超级思维通过传播它们的想法来复制和进化，而且由于信息技术的进步，现在这一过程的发生速度要比过去快很多。例如，如果亚马逊公司开发出一个新用户界面，使其网站操作大大简化，世界各地的其他群体就会立即发现这些好想法，并且通常会快速地将它们复制到自己的用户界面中。

更智能的个体超级思维和更快速传播的新想法会使整个超级思维生态系统变得更智能吗？这取决于我们认为这个生态系统应该实现的目标。为了弄清楚这一点，我们需要后退一步，想想如何把超级思维的目标与其成员的目标联系起来。

超级思维拥有自己的意愿

超级思维的目标和其成员的目标显然是不同的。但需要注意的是，这些差异可能很重要。尽管市场会以所有买家和卖家都同意的方式分配资源，但正如我们在前文中看到的那样，市场中没有个体会把这当作他们的目标，而且市场对那些没有太多资源可供交易的人可能会很无情。虽然社群会为其成员的利益服务，但有时也会有组织地（甚至是暴力地）压迫某些成员。有时，一个超级思维的目标甚至有可能和它的最有权势的成员的目标不同。例如，优步（Uber）公司在2017年迫使特拉维斯·卡兰尼克（Travis Kalanick）辞职，尽管他当时不仅是公司的首席执行官，还持有公司大部分的有表决权的股份。[2]

在某些情况下（比如解雇一名首席执行官），我们也许能够确定在一个超级思维的决策中扮演关键角色的特定个体。但通常情况下，决策只是从群体里许多人的行为中涌现出来的。例如，谁应该为一个社群的种族主义负责呢？答案通常都不会是任何一个个体，甚至不会是任何一个小团体。谁又该为选举结果负责呢？同样地，这通常取决于很多因素和很多个体。换句话说，尽管超级思维是由个体构成的，但它们也有自己的意愿，而且它们的意愿与其内部的某些甚至所有个体的意愿都不同。

大多数超级思维的目标是增强自身的生存或复制能力

我们从查尔斯·达尔文（Charles Darwin）的生物进化理论中学到的一个基本知识是，随着时间的推移，有助于生物体生存和繁衍的特征将变得越来越普遍。[3]许多社会学家已经注意到，这不仅适用于生物，也适用于超级思维。[4]当然，我们知道，超级思维不会利用生物基因和有性繁殖来传播它们的特征。相反，它们的特征是以想法（有时被称为模因[5]）为基础的，这些想法能够通过多种交流形式进行传播，再以多种不同的方式被模仿和组合。[6]

但是，由于总有进化压力在迫使超级思维生存和复制，所以我们更有可能见到为了生存或复制而不惜一切代价的超级思维，它们这样做可能是有意的，也可能是无意的。事实上，即使一个超级思维想做一些有利于它自己的成员但会降低其自身的生存率或复制率的事情，它也几乎注定会失败。随着时间的推移，它和其他类似的超级思维会变得十分罕见，或者彻底灭绝。

例如，有些公司（比如网络泡沫时代的很多企业）为它们的员工提供了不错的薪酬和福利待遇，但却生产不出有商业前景的产品，很快就会倒闭。然而，像开市客（Costco）和Trader Joe's连锁超市这样的公司则非常成功，因为它们不仅为员工提供了一份好工作，还会兼顾降低成本、提高客户满意度和增加盈利的需要。[7]

有助于一个超级思维生存的特征，有时甚至会与这个群体的最初目标相悖。例如，社会学家罗伯特·米歇尔斯（Robert Michels）描述了他所谓的寡头政治铁律，这是他在德国的社会民主党内亲眼观察到的一种组织演化的常见模式。[8]他认为，当致力于实现民主决策的组织不断发展壮大时，所有人都参与决策过程会在某一刻变得不可能。这意味着少数几位群体成员需要负责分析和推荐备选方案，并代表群体履行其他行政职能。这些精英成员会从维持自身地位和保护组织本身中获取既得利益，哪怕他们需要做一些有违组织最初目标的事情。

换句话说，许多超级思维都有一个提升它们的生存或复制能力的隐含目标，不管它们是否知道，也不管这是否符合其成员利益。

谁是主宰者?

我们在上文中看到，超级思维的目标和其成员的目标可能迥然不同。我们应该为此感到担忧，而且应该非常担忧。因为在这个星球上除了我们人类，还有大量十分强大的超级思维，比如跨国公司、国家政府、全球市场，等等。[9]

如果这些超级思维关注的是它们自身的利益，而不是我们的利益，那么人类还有什么希望呢？这是支撑本书所有内容的最重要问题之一，我们将会看到一些相关例证。

但在这里，我们要提出一个惊人的乐观观察，即主要由人构成的超级思维通常会展现出一种长期的总体趋势，那就是做有利于其成员的事情。这是为什么呢？

关于这一说法正确性的论证分为两部分。第一，我们已经知道，生态系统中那些在过去成功生存并复制的参与者拥有最大的影响力。然而，是什么让一个由人构成的超级思维比另一个生存或复制的可能性更大呢？答案是：前者常常能吸引更多的人类成员。

纵观人类历史，这一点可能在战争和其他暴力冲突中表现得最为明显。当然，武器、战场策略和其他许多因素也会影响战争的输赢，但拥有比对方多得多的士兵通常是一种决定性优势。

同样的原则也适用于人类生活的其他许多方面。更大的公司、更大的市场、更大的社群和更大的国家，往往都比那些较小的群体拥有更大的影响力，生存的可能性也更大。

吸引更多成员的能力也有助于超级思维的复制。超级思维的复制是以其他超级思维对其进行模仿的方式实现的。因此，能吸引更多人来模仿它们的超级思维，也会让它们的特征在未来更普遍。

论证的第二个部分是，个体人类更容易被那些能更多地满足他们需要的超级思维所吸引。有时，人们会通过加入一个已经存在的超级思维并使其扩大的方式来做到这一点。而在其他时候，他们会创建一个新的超级思维，它具有吸引他们的特征。无论哪种方式，生态系统中那些吸引人的超级思维都会比不吸引的那些影响力更大。

当然，从短期来看，人们对自己要加入的超级思维可能没什么选择的余地。例如，如果另一个国家的军队占领了你的国家，那么你可能会被迫成为你未选择的国家的一部分。人们可能会在他们并不想加入的超级思维中煎熬很长时间。

但从长远（可能要历经许多代人）来看，人们在决定他们要加入的超级思维时通常有不少选择。如果你不喜欢你的工作，那么你可以找一份更好的工作，并因此加入另一个超级思维，得到更多对你来说很重要的东西。或者如果你做不到，你的子孙后代也许能找到比你更好的工作。甚至从短期来看，如果你宁愿看电影也不想和你的邻居打交道，你可以选择加入电影市场，而不是你所在的社区。

总而言之，如果人们选择加入那些能更多地满足他们需要的超级思维，而且如果能吸引到更多人的超级思维能更高效地生存和复制，那么一般来说，生态系统将会选择那些能更满足更多人的更多需求的超级思维。

当然，存在很多与这种总体趋势不相符的例外情况，而且即使是符合这种趋势的情况可能也要经历很长时间才会发生。但从长远来看，这似乎是人类历史的一种常见模式。

例如，随着时间的推移，专制的王国似乎越来越少见，而民主制国家则越来越普遍。物质生活水平大幅提高，部分原因在于，产业层级和全球市场比小型社群能更高效地满足更多人的更多需求。

即使这些变化实际上并没有让我们更幸福，我们通常也得到了我们当时认为自己想要的东西。例如，许多学者认为，从狩猎采集到农业的转变是一个圈套。[10]选择种植农作物而不是四处觅食让人们有了更充足可靠的食物供应，显得既惬意又诱人。

但是，这也需要人们完成另一种不太令人愉快的工作，而且导致人口密度的增长略快于粮食产量的增长。[11]最终结果是，农民每天可能要比他们以狩猎采集为生的祖先工作更长时间，以至于营养状况更差，更易患上严重的疾病，去世得更早。[12]然而，生态系统至少给了人们一种最初在他们看来更舒适的生活。

因此，即使这种情况并不总是出现，生态系统通常也会偏向那些能满足更多人的更多需求的超级思维。[13]换句话说，生态系统或多或少都会试图做那些能为最多人带来最大利益的事情。

但非常令人惊讶的是，几个世纪以来，功利主义哲学家一直认为，任何能为最多人带来最大利益的事情都是正确的。换句话说，生态系统实际上做的就是许多哲学家认为我们应该做的事情。

我们可以把这个观点称为“进化功利主义原则”：[14]

> 当生态系统由成员为人类的超级思维构成时，从长远来看，这类生态系统一般会试图为最多的人提供最大的利益。

我们将在下一章看到有关这一原则的更多内容，但现在我们可以用它来回答我们在开始讨论生态系统的目标时提出的问题：如果我们认为一个生态系统的目标是为其最多的成员带来最大的利益，那么拥有更智能的超级思维和更快的思想传播过程，应该会提高该生态系统实现这一目标的能力。从这个角度看，信息技术确实能让生态系统更智能。

第 11 章
每一种超级思维最适合做出哪种决策？

如果你计划买一辆汽车，你可能会四处逛逛，比较不同种类的汽车。如果你想系统地了解情况，你甚至可以创建一个表格，从你关心的各个维度比较你感兴趣的汽车，比如价格、燃油经济性和可靠性。或者更有可能的是，你会试图找到已有的关于这类比较的汇总资料，比如《消费者报告》(*Consumer Reports*)。

在这一章中，我们要创作一种类似的“买家指南”，不是针对汽车，而是针对超级思维。原因有两个。第一，正如我们在上一章中看到的那样，搞清楚最适合某种特定情况的超级思维，是一个预测生态系统将会偏向哪些超级思维的好方法。

第二，作为个体，我们的力量通常远不如公司、社群、政府和周围的其他类型的超级思维那样强大，所以，这些比较可以帮助我们找到利用我们的影响力实现我们目标的最佳方式。

例如，如果你想帮助你的公司更快地开发新产品，那么你应该依靠公司层级制内的人，还是利用市场在公司外部找到最佳人选和创意呢？如果你想帮助应对气候变化，你应该买一辆节能汽车，还是为了改变公众观念而走上街头抗议呢？如果你想减少对女性和少数群体的歧视，你应该设法通过反歧视的法律，还是创办一家不在意种族和性别，只雇用和提拔最佳人才，从而具备更强竞争力的公司？

当然，我们下面要创作的超级思维“买家指南”无法回答所有这些问题，因为其他相关因素实在太多了。不过，我们所做的比较可以帮助你更系统地思考，在不同情况下哪种类型的超级思维可能是最有效的。

我们应该如何比较超级思维？

我们将要比较的不同类型的超级思维都是我们的“老朋友”：层级制，民主制，市场，社群和生态系统。为了弄清楚最适合做出某项特定决策的超级思维属于哪种类型，也许我们需要回答的最重要问题是：哪一种能创造出最大的净收益？我们将净收益定义为“超级思维创造的总收益减去创造这些收益的成本”。无论你分析的超级思维是只为你自己的公司服务还是为整个世界服务，净收益都是你期望实现最大化的一个量。

如果你对预测生态系统将会选择哪种类型的超级思维感兴趣，或者如果你想让这个世界变得更好（从为最多人带来最大利益的意义上说），那么你还需要比较不同类型的超级思维在分配它们创造的净收益方面的有效性。一个只能为一个人而不能给其他任何人创造大量净收益的超级思维，对那一个人来说它可能很好，但它很难吸引到足够多的其他成员，以至于连基本运转都无法维持，更不用说得到社会认可了。

换句话说，我们需要的超级思维是：

- 所做群体决策能创造很多收益；

- 所做群体决策的成本较低；
- 所做群体决策的净收益能得到有效分配。

为了从这三个维度对各种类型的超级思维做出比较，我们将给出它们的精确定义，以便可以仅根据定义做一些比较。我们还会借鉴不同领域（包括经济学、政治学、哲学和社会学）之前对不同类型的超级思维所做的研究。在这个过程中，你将快速了解所有这些领域中关于群体决策的重要研究成果，你还会看到它们是如何组合在一起的。

例如，经济学家写过关于层级制和市场的相对优势的著作。[1]但即使在经济学领域内，不同的研究者也都只专注于对不同情况下的市场和层级制进行比较，而很少有人尝试将这些不同的结果统一起来。[2]政治理论家和哲学家写过有关民主制和层级制的相对优势的著作。[3]人类学家、社会学家和其他许多社会科学家研究了各种群体如何为其成员创造和分配收益。[4]但据我所知，这是第一次有人通过将所有这些领域的研究成果组合起来的方式，对所有不同类型的超级思维进行系统的比较。[5]

为了说明比较的过程，我们会使用一些关于原始人群体（比如，我们所有人类的祖先生活的狩猎采集社会，它一直持续到12 000年前）如何生产和分配食物的例子。[6]然后，我们将看到相同的比较如何帮助解释超级思维生态系统的现状，以及随着信息技术使用量的增加，这个生态系统可能会发生怎样的变化。

群体决策的成本比较

为了比较在不同类型的超级思维中做出群体决策的成本，我们先考虑一下在每种超级思维中，决策究竟是怎样做出的。

• 在纯粹的层级制中，每个决策都被委托给一个人，这个人通常会考虑其他人提供的信息、建议或帮助，他不仅要为这个决策负责，还要决定群体将要采取的行动。如果一群原始人类以这种方式被组织起来，那么，这个群体的领导者或者受这个人委派的其他人，将会告诉这个群体中的所有人做什么。比如，在某一天，他们可能会让一些人去猎鹿，而让其他人去采集浆果。领导者及其助手还会决定每个人吃什么。

• 在纯粹的民主制中，投票者会得到关于可选方案的信息，然后各自决定他们认为群体应该做出的选择。在以这种方式组构而成的原始人群体中，谁负责狩猎，谁负责采集，以及谁吃什么等所有决策，都需要投票做出。

• 在纯粹的市场中，群体决策只是愿意相互交易资源的买卖双方之间的许多不同协议的组合。在就一项交易达成一致意见之前，买卖双方通常也会与其竞争对手沟通。在一个以这种方式组构而成的原始人群体中，不同的人可能会自行决定某一天他们想狩猎和采集哪种食物（如果有）。然后，他们可以和别人交换食物，从而让饮食更均衡。但是，如果他们没有什么可用来交换的食物，就只能饿肚子了。

• 在纯粹的社群中，个体会根据社群的规范做出决策。这些规范是群体对在不同情况下什么是正确的这一问题达成的非正式共识，而且为了使社群有效运转，绝大多数群体成员都必须就这些规范达成一致意见。原始人社群中的规范会让不同的人知道他们该做什么工作，以及如何分享食物。例如，女人去打猎，男人去采集浆果（反之亦然）。随着时间的推移，这些规范会基于讨论和经验而不断演化，群体也会通过奖惩来推广和实施这些规范（比如，为那些受到群体成员拥戴的人提供额外的食物，或者在极端情况下，排挤那些不受欢迎的人)。

• 在纯粹的生态系统中，群体决策是由最强者做出的。在以这种方式组构而成的原始人世界中，尽管每个人都应该自己寻找食物，但强者可以迫使别人为他们收集食物，或者随时拿走别人的食物。为了确定谁是最强者，有时需要进行搏斗或者其他竞争，不过，如果人们从外表就能判断出谁有可能是最强者（比如那些看起来高大威猛的人)，那么往往可以避免直接竞争。

生态系统和民主制的比较

这两种决策形式易于比较。生态系统的群体决策成本低，因为需要做出的群体决策很少。每个人都必须竭尽所能地寻找食物，个体之间甚至极少见面。但当需要做出决策时，只要进行简单的力量测试即可：如果乔比苏强壮，他就可以拿走她刚摘的浆果。但是，如果埃伦比乔强壮，她就可以吃自己摘的浆果。如下表所示，我们给这种群体决策形式的成本评级为“低”。

超级思维类型	群体决策成本
层级制	中
民主制	高
市场	中上或中下
社群	中
生态系统	低

民主制的群体决策成本非常高，因为群体中的大多数人都需要就大多数决策进行投票。每个人都必须投票决定乔今天是去打猎还是采集，以及去哪里打猎或采集。他们也必须为苏和其他群体成员就同样的问题进行投票。此外，他们还必须投票决定每个群体成员能吃多少食物。这意味着

人们必须进行大量沟通，才能掌握足够多的信息并做出明智的选择，而且不得不在做出个体决策、投票和计票上花费大量时间。由于所有这些信息处理过程都需要付出很大的努力，所以我们给这种群体决策形式的成本评级为“高”。

层级制、市场和社群的比较

其他三种类型的超级思维（层级制、市场和社群）所需的参与人数和交流的信息量都多于生态系统，而少于民主制。因此，我们给这三种超级思维的群体决策成本评级为“中”。

我们给市场的评级为“中上或中下”，是为了提醒人们注意一个事实，即根据具体情况，市场的决策成本可能会高于或低于层级制和社群的决策成本。为了说明为什么会这样，我们先看看市场的决策成本低于层级制的情况。

市场的决策成本什么时候低于层级制？

这种情况通常发生在群体决策的规模与范围都很大的时候。我们举一个现代的例子。我今晚是吃米饭、面包还是意大利面，取决于我厨房里有没有这些不同种类的碳水化合物。我厨房里的碳水化合物又取决于我在超市里选择购买的东西。当然，我在超市里的选择又取决于世界各地的数千个关于是否、如何和何时生产及分销不同种类食物的决策。一个庞大的“全球性食品生产层级制”能做出所有这些决策吗？也许吧。但是，其决策成本可能比全球食品市场的决策成本高得多。

诺贝尔经济学奖得主、经济学家弗里德里希·哈耶克（Friedrich Hayek），对这一现象的原因给出了非常好的解释（他探讨的是锡而不是食物）：

> 假设在世界的某个地方出现了一个要用到某种原材料——比如锡——的新机会，或者是锡的其中一个供应源被切断。这两个原因中的哪一个会让锡变得更稀缺，对我们来说显然不重要。锡的用户只需要知道，他们过去消耗的一部分锡现在在其他地方得到了更有利可图的使用，因此他们必须节约用锡……
>
> 令人惊讶的是，在像这样的原材料稀缺的例子中，尽管没有人下达过命令，也没有几个人知道稀缺的原因，但就算调查几个月也无法确定身份的几万人却决定更节约地使用这种材料或其制品……[7]

换句话说，市场可以通过让几千人做出他们各自的小决策，来完成非常复杂的群体决策，而且每个人都会考虑到他的私人知识。所有这些小决策会在相关商品价格小幅变化的影响下变得一致。这通常意味着市场能够做出比庞大的层级制好得多的总体决策，成本也低得多。

市场的决策成本什么时候高于层级制?

当许多人要做出许多决策时，尽管市场的运行成本通常低于层级制，但有时也会出现相反的情况，特别是在只涉及少数潜在贸易伙伴不断变化的情况下。几位获得过诺贝尔奖的经济学家，包括罗纳德·科斯（Ronald Coase）、奥利弗·威廉姆森（Oliver Williamson）、奥利弗·哈特（Oliver Hart）和本特·霍姆斯特罗姆（Bengt Holmström），都分析过这种情况。[8]

关键问题在于，市场中的决策交易成本有时会比层级制中的高。例如，罗恩答应用一块鹿肉交换伊丽莎白的一串葡萄，但他拿走了葡萄，却没有给她鹿肉。这是一个问题。层级制中的管理者可以通过快速惩罚罗恩来处理这样的问题，但市场需要它本身以外的某种机制。在原始世界，这种机制可能是一个社群；而在现代世界，它可能是合同和法律制度。

在现代世界，当一方有可能在未来“套牢”另一方时，就会产生另一种重要的交易成本。例如，假设我为了生产一种规格只适用于你制造的汽车的特殊轮胎，投资了一大笔钱重新装配我的轮胎工厂中的机器设备。第一年，你买了我生产的所有轮胎，一切都很顺利。但第二年，你发现别人也可以产出同样规格的轮胎，而价钱只是你付给我的一半，于是你突然告诉我你不会再以原来的价格购买我的轮胎了。如果我早知道会发生这样的事，我当初就不会重新装配工厂中的机器设备，但现在我已经被套牢了。类似的事情再次发生的风险导致我未来不再愿意进行类似的投资，即使是在这些投资会对整体经济有益的情况下。

然而，如果我的轮胎工厂和你的汽车工厂都归同一家公司所有，并且都作为同一层级制中的某个部分接受管理，我们就都不必为制定复杂的合同来涵盖所有可能的意外事件而烦恼，也不必担心未来会被另一方套牢的风险。

换句话说，如果单一的层级制管理结构能够恰当地适应不断变化的情况，那么群体决策的长期成本通常会更低。这很好地解释了为什么在我们的经济中会存在实行层级制管理的公司，而无须每位员工以独立合同人的身份每天就需要完成的工作与他人进行谈判。

市场和社群的比较

一方面，和层级制一样，市场的决策成本可能会高于社群，也可能会低于社群。在对大量的人和决策进行协调时，使市场的决策成本低于层级制的价格机制，通常也是使市场的决策成本低于社群的价格机制。

另一方面，和层级制一样，在处理因合同谈判和套牢问题等产生的交易成本时，社群的表现通常优于市场。例如，在一个社群中，人们拥有很多理由对依据社群规范做出的决策表示赞同，因为他们知道如果他们违反了这些规范，社群有很多方式来惩罚他们。但在一个市场中，解决交易各方存在分歧的问题，还需要一些超出市场本身的额外努力。

群体决策收益的比较

在比较不同类型的超级思维时，需要考虑的下一个因素是，它们通过做出群体决策创造了多少收益。根据定义，生态系统的成员不会一起做决策，所以在这种类型的超级思维中，群体决策不会带来任何收益。例如，在生态系统中，人们为了食物一起奋斗并不比他们单打独斗的日子过得更好。因此在下表中，我们给生态系统的群体决策收益的评级为“低”。

超级思维类型	群体决策收益
层级制	高
民主制	高
市场	中下
社群	中
生态系统	低

我们给市场的评级为“中下”，这是因为市场参与者从集体行动中只会获得一种特定的利益：只有在双方都认为他们得到的要比他们失去的更有价值的时候，买方和卖方才会进行交易。例如，罗恩和伊丽莎白不会达成用鹿肉换葡萄的交易，除非他们都认为这笔交易会让他们生活得更好。经济学家把这种情况称为正和交易，因为交易后双方的收益之和大于交易前。在市场中，所有的买方和卖方都会从这种形式简单且成对发生的集体行动中获益。

所有其他类型的超级思维都可以在更大的群体，而不只是买卖双方之间达成共识。这意味着它们可以做出有利于整个群体的决策，即使这些决策永远得不到群体中某些个体的认同。而且，这会让这些超级思维有可能创造出在纯粹的市场中不可能实现的其他很多收益，所以它们的评级都高于市场。这些额外的收益可以分成两大类：合作的基本收益和巨大收益。

合作的基本收益

托马斯·霍布斯（Thomas Hobbes）在他1651年出版的《利维坦》（*Leviathan*）中发表过一个著名论断，在一个人类不会以任何形式合作的世界（或者生态系统）里，“……暴力死亡带来的恐惧和危险持续不断，人的一生孤独、贫穷、肮脏、野蛮和短暂”。[9]许多哲学家和其他人，包括约翰·洛克（John Locke）、让–雅克·卢梭（Jean-Jacques Rousseau）和约翰·罗尔斯（John Rawls），也讨论过人类合作可能带来的各种好处。

合作带来的一个最明显的好处是，避免了无限制的冲突造成的损失。如果任何一个比你强壮的人都可以杀死你，或者从你这里拿走他想要的任何东西，那么你会生活在对自身安全的持续担忧中。你可能不得不花费大量时间来保护自己，而且你没有理由去努力创造可能会被其他人偷走的东西。在这种情况下，加入一个能阻止其他个体伤害你的群体，这对你来说是一个非常明显的好处。例如，尽管胜利者通常会在一场战斗中获得些什么，但如果这场战斗根本就不会发生，那么双方的处境可能会更好。

合作也可以避免其他类型的问题。例如，在被经济学家称为“公地悲剧”的现象中，一个小镇的村民让他们的羊在公共草场内肆无忌惮地吃草。结果，羊吃光了所有的草。由于再也长不出新草，所以大家都失去了草料。但是，如果村民能合作限制每家羊群的食草量，他们就仍然可以获得草料。[10]这种悲剧也会发生在许多其他群体情境中，造成像环境污染和气候变化之类的问题。

合作的另一个潜在收益来自进化生物学家所谓的“互惠利他主义”。[11]例如，在一个互惠利他的社群里，玛丽可能会把她摘的一个苹果送给苏，并且不期望获得任何的直接报偿，而苏以后可能会回报玛丽。但如果苏总是从别人那里得到东西，却从不把东西给别人，那么她可能会获得一个坏名声（“骗子”或者“索取者”），并受到某种方式的惩罚。在一个互惠利他的社群里，平均而言，每个人都会比在其他情况下处境更好。

巨大收益

合作的基本收益甚至存在于小团队中，但随着群体规模的增加，合作带来的其他潜在好处也会增加。其中最明显的是那些纯粹来自大型群体拥有的更大影响力的收益。正如我们看到的那样，规模大的军队通常可以击败规模小的军队，大公司对供应商、客户和监管机构的影响力通常大于小公司。

其他的巨大收益包括各种形式的规模经济、范围经济和专业化经济。例如，在原始人群体中，如果一些人专门负责狩猎，另一些人专门负责烹饪和储存食物，那么群体中的所有人都可能会吃到更好的食物。

正如我们在亚当·斯密笔下的那家著名的大头针工厂中看到的那样，在现代，让不同的人专门从事不同种类的工作，通常能显著提高生产力。大型集成电路工厂生产芯片的成本通常比小型工厂低得多。而且，在为预防房屋烧毁的风险而购买保险时，一大群人投保要比一小群人投保的效果更好。

原则上，社群、层级制和民主制都可以获得集体行动的这些不同收益，因为它们都有办法让所有人遵从群体决策。但一般而言，由于社群做出和实施决策的方式比层级制和民主制更宽松，因此不太可能完全获得这些收益。因此在这个维度上，我们给层级制和民主制的评级为“高”，而给社群的评级为“中”。

收益分配的比较

为了比较不同类型的超级思维在其成员间分配群体决策收益的有效性，我们需要找到判断某种分配方案是否比另一种更好的方法。但这是一个非常复杂的问题，从18世纪的孔多塞到20世纪的肯尼斯·阿罗（Kenneth Arrow），许多经济学家和其他领域的学者都对这个问题进行过研究。[12]

许多经济学家在分析这个问题时都会说，我们无法合理地对两个人的偏好进行比较，因为我们无法真正了解两个人对同一件事的感受有多强烈。例如，假设只剩下一块鹿肉了，我们试图决定该把它给玛丽还是约翰。再假设玛丽已经一个星期没吃东西了，而约翰尽管刚吃过一顿饭，但他还是很饿。如果你认为个人喜好无法比较，就不能判断哪种分配食物的方式更好，因为约翰和玛丽都想要那块肉。经济学家会提到以19世纪末20世纪初的意大利经济学家维尔弗雷多·帕累托（Vilfredo Pareto）的名字命名的“帕累托最优”，它是一种没有人能在不损害其他人利益的情况下变得更好的分配方案。所以，如果约翰和玛丽都很饿，那么把肉给他们中的任何一个人都是帕累托最优。

但在现实世界中，我们通常假设不同个体的偏好至少在某种程度上是可以比较的。例如，我们几乎都会认同让玛丽而不是约翰得到那块鹿肉会更好。在现代，我们认为（至少在一定程度上）从比尔·盖茨那里拿走100美元，并用它为身无分文的人支付医保费用，这对整个社会来说更有利，即使这意味着比尔·盖茨的钱少了一点儿。

因此，为了比较不同的超级思维，我们将使用上一章结尾提到的功利主义哲学，即假设以“为最多的人带来最大的好处”的方式来分配收益是理想方案。我们还将假设有越多成员参与群体决策的超级思维，就越有可能以这样的方式分配收益。尽管这一假设并不总是真的，但一般来说还是合理的。

现在，有了这些假设，我们就可以比较不同类型的超级思维了。我们先来看在生态系统和层级制中，一个个体要为群体做出选择的情况。当然，他可能会考虑到群体中其他人的偏好，但我们认为，通常情况下，群体中直接参与决策的个体越多，他就越少考虑其他人的偏好。所以在这个维度上，我们给生态系统和层级制的评级为“低”。

超级思维类型	收益分配
层级制	低
民主制	中
市场	高
社群	中
生态系统	低

由于在社群和民主制中，确实有更多的人参与决策，因此我们给这两种超级思维的评级为“中”。

出于一个特殊的原因，我们给市场的评级为“高”。我们知道，市场只能做出所有参与者都同意的决策。尽管这意味着市场无法创造出像其他群体那么多的收益，但这也意味着市场创造出的收益总能以所有人（至少在某种意义上）都满意的方式进行分配。

小结

下面这张表总结了我们到目前为止做过的所有比较：

超级思维类型	群体决策成本	群体决策收益	收益分配
层级制	中	高	低
民主制	高	高	中
市场	中上或中下	中下	高
社群	中	中	中
生态系统	低	低	低

从表中总结出的理论就是我们在本章开头计划编写的超级思维“买家指南”，它可以告诉你每种超级思维在这三个维度上的优缺点。这一理论有助于解释（或者预测）人类社会在不同情况下是（或者将是）如何组织的，这就是我们接下来要做的事情。

解释狩猎采集社会中的超级思维生态系统

最有力的人类学证据表明，大多数早期人类都生活在15~50人规模的小社群（也叫聚落）中。[13]他们为什么会这样做，而不是仅作为个体生活在一个纯粹的生态系统中呢？上表能帮助我们了解其中的原因，那就是社群中集体行动的收益一定超出了他们付出的成本。我们从表中可以看出，尽管社群的集体行动成本高于生态系统，但他们获得的收益更多，收益分配方案也更好。

换句话说，如果你是一个早期人类，那么你为参与和遵守社群决策而付出的代价都是值得的，因为作为回报，你得到了重要的收益，比如更好和更可靠的食物。

为什么早期人类没有更多地利用其他类型的超级思维呢？他们的社群实际上有一些层级制（某些人比其他人的影响力更大）、民主制（群体更有可能去做大多数成员想做的事情）和市场（存在一些交易，特别是在不同聚落之间）的基本要素。[14]但是，这些超级思维在大多数决策过程中的劣势（比如运行成本高昂）必定超过了其优势。[15]

解释今天的超级思维生态系统

今天的世界与小型狩猎采集社群的世界相去甚远。我们通常在商店和餐馆购买食物，而不是猎杀野生动物和采摘浆果。换句话说，我们已经将大多数的食物制备阶段外包给一个更大的超级思维：全球市场经济。

我们为什么要这样做呢？简言之，答案是：市场能最高效地利用现有的显著增长的规模经济和专业化经济。

为什么当下的规模经济获得了更大的发展?

从狩猎采集时代以来，有两个关键因素的变化使更大的规模经济成为可能。第一，始于农业本身的新技术大大增加了粮食生产（和大多数其他生活资料）的规模经济的发展潜力。例如，在整个农场种满小麦并把收获的粮食分给许多家庭，比每个家庭分别耕种自己的麦田要容易得多。

第二，新的信息技术和运输技术提高了我们利用这些潜在的规模经济的能力，因为它们使有效合作的人类群体的规模大幅提升。如果你能在手机上与地球上的几乎所有人进行即时交谈，还可以在几天时间内将大多数物质产品运送到地球上的几乎任何地方，规模更大的群体就能以各种新方式进行合作。

这两个变化共同把全世界的粮食生产组合成一个单一的超级思维，如今我们每天都能吃到来自地球另一边的食物。例如，目前在美国人的饮食构成中，有70%的苹果汁和50%的鳕鱼来自中国，而在中国人食用的大豆中，约有46%来自美国。[16]

当然，除了规模经济之外，其他因素对粮食生产而言也很重要。有时我们想吃本地的食物（甚至是我们自己的菜地里种的），因为它更新鲜，对生态环境的负面影响也更小，等等。但是，我们仍然有充分的理由以比你的家庭或社区所能掌控的大得多的规模，完成大部分食品的生产。

对需要做出很多决策的大型群体来说，为什么市场是一种好的组织方式？

如果你要从一个比你自己的家庭或者社区大得多的群体中获得食物，我们希望我们的理论能帮助回答的一个主要问题是：食品生产者群体应该如何组织在一起？前文中的表格为我们提供了4种可用来回答这个问题的超级思维：层级制、民主制、市场和社群。市场对应的中上或中下评级中的“下”表示的意思是，对需要做出大量决策的大型群体来说，市场的决策成本通常比其他三种超级思维低。

例如，尽管社群在管理小型狩猎采集聚落的粮食生产方面表现良好，但在包含数百万人的社群中，如果用非正式的共识和声誉来管理粮食生产，其成本将高到让人完全无法承受。

或者假设有一个庞大的负责养活全世界所有人的全球层级制。这个层级制（我们可以称之为联合国食品服务部）拥有世界上的所有农场、所有食品加工厂和所有食品杂货店。你或许可以告诉它你喜欢吃的食物，但你最终只会得到它决定给你的食物。

如果我们利用直接民主制来管理全球食品生产的所有细节，那么每个人都需要对全世界食品系统中的每一个小决策进行投票表决。我们应该在这块地里种小麦还是玉米？我们应该使用哪种肥料？比尔·盖茨应该得到多少块面包？他的园丁又应该得到多少块面包？我们只需要考虑一下这种可能性，就会清楚地发现，高昂的成本导致这样一个系统完全不可行。

市场经济中为什么会有层级制公司？

如果市场真的这么好，我们为什么不用它来解决所有问题呢？为什么经济领域内的每个工作者不是一个独立的一人公司呢？正如我们在上文中看到的那样，其中一个原因是，市场的决策成本有时比层级制更高昂（表现为中上或中下评级中的“上”）。

另一个原因是，层级制通过群体决策创造的收益通常会比市场单独创造的收益多（层级制的评级为“高”，而市场的评级为“中下”）。例如，假设苹果公司想设计一款新手机，但他们没有让长期雇员来做这件事，而是要求所有生产苹果手机组件的公司在没有与苹果公司的任何人协商细节的情况下设计新手机。三星公司可能会设计电池，LG公司设计显示器，英特尔公司设计半导体，康宁公司设计玻璃屏。苹果公司不会像现在那样由内部团队开发软件，而是委托另一家承包商去做，比如一家由刚从麻省理工学院毕业的学生创办的公司。

尽管没有人在真正主宰这件事，但所有这些供应商需要就许多事情达成一致意见。例如，如果康宁公司想用一种较厚的玻璃屏，三星公司想用一款较大的电池，但这两个改变放在一起会导致整部手机过厚，那么他们必须在没有其他人告诉他们该如何权衡的情况下，以某种方式达成一致意见。我认为尽管这看似有可能实现，但我们也很容易看到，让像苹果这样的层级制公司来管理整个设计流程，将会更快地得到更好的设计方案。

市场经济中为什么会存在层级制政府？

正如我们在前文中看到的那样，当有些人不同意某项有利于整个群体的决策时，市场就会陷入困境。例如，当有人不履行合同的时候，层级制政府（利用其法律制度和治安权）可以出面解决问题。它们还有助于阻止卖方对其产品进行虚假宣传（广告的真实性），并坚持健康和安全标准。

政府也可以做到一些社群需要但市场靠自身的力量无法做好的其他

事情。例如，政府可以提供带有某种有自然垄断性质的服务（比如高速公路和国家安全）。它们可以将富人的一部分收入再分配给穷人，也可以为造福所有人但没有一家企业会独自埋单的研究提供资助。

市场经济中为什么会有民主制?

由国王和皇帝领导的纯粹层级制政府，对市场已经施行了长达几千年的监管，而且在今天的一些国家仍然如此。但是，许多国家已经建立起能监督其层级制政府的民主制。前文的表格可以帮助我们理解其中的原因。

在群体决策成本一栏，我们看到民主制的决策成本比其他任何类型的超级思维都高。利用民主制对市场经济甚至是它监督的层级制政府的所有具体问题做出决策，成本都将非常高昂。但在收益分配一栏，民主制的评级比层级制高。当然，某位国王或者其他的层级制政府可能总会做对该国的大多数国民最有利的事情。而且，从表格中可以看出，一般而言，民主制比单一领导者或者缺少民主监督的层级制政府做得更好。

社群在市场经济中扮演什么角色?

所有经济体的背后都有社群。我们在上文中已经看到，它们必定会影响民主制中选民的观点。从某种意义上说，民选政府的使命就是实现一个社群的愿望。社群本身也会做很多事情。例如，社群会提供娱乐（当朋友们选择互相拜访而不是看电视的时候），制备食物（当人们无偿为朋友或家人做饭的时候），以及帮助弱势群体（当向慈善机构而不是政府项目捐款、提供食物或其他帮助的时候）。

但是，在实行民主管理的市场经济中，社群已经有效地将它们的大部分决策权都委托给其他类型的超级思维。总而言之，从社群成员的角度来说，事情大致是这样的：

当我们生活在小型狩猎采集聚落中时，所有关于食物和其他事情的群体决策都是通过整个社群的一种非正式共识做出的。但是，现在我们的社群太大了，这种决策方式已经行不通了；我们总是不能达成一致意见，我们也不想要国王或其他统治者告诉我们该做什么，因为这并不能充分满足我们的需要。所以，我们将利用民主投票来帮助我们决定整个群体该做什么。

但我们没有足够的时间就所有的具体决策进行投票，比如，群体成员要完成的工作，他们将从群体拥有的食物、衣服和其他资源中分得多少，等等。因此，我们把这类决策中的一大部分交给市场来处理。

然而，市场也需要某种解决买卖双方之间争端的方法，它们并不能做到我们期望的任何事情（比如，有时把从富人那里拿到的钱分给穷人）。遗憾的是，用所有这些方式监管市场仍需要我们就太多的具体问题做出决策，而我们根本没时间为它们一一投票，因此民主制也不适用。

于是，我们让层级制政府代表整个社群来监管市场。与此同时，我们也会从两个方面对政府进行监督。第一，我们将选举层级制政府的领导者。第二，我们将选举代表，由他们为能够体现我们意愿的高层政策（即法律）进行投票。

这样一来，我们这个社群就可以利用其他类型的超级思维（或多或少地）得到我们想要的东西，而不必自己操心所有的细节。

下面这幅图总结了在一个典型的现代化国家中，各种超级思维在决策过程中是如何相互作用的。箭头表示某种超级思维对其他超级思维的监管（或控制）。

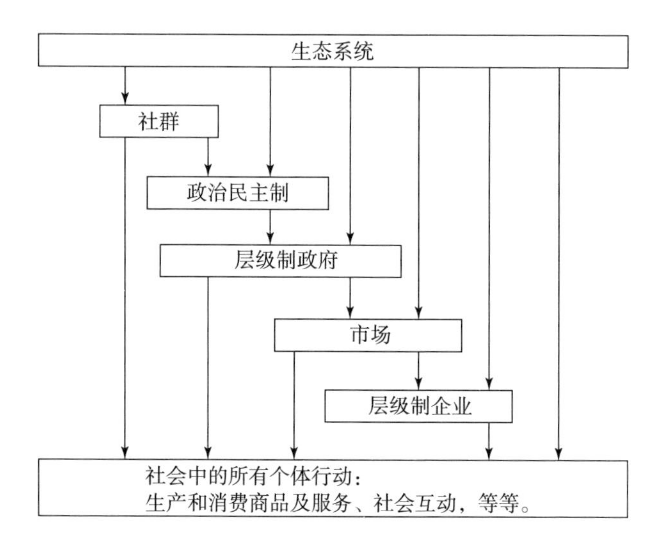

信息技术将如何影响各类超级思维间的力量平衡?

除了有助于解释在原始和现代生态系统中演化的各类超级思维外，我们的理论也可以帮助预测未来信息技术将如何改变各类超级思维间的力量平衡。为了做到这一点，我们将考虑信息技术可能影响超级思维的两种方式。第一，信息技术可能会增加群体的规模。第二，在群体规模和超级思维类型给定的情况下，信息技术有可能降低群体决策的成本。

增加群体规模

我们已经看到，现代通信技术（比如互联网）已经大大增加了能共同做出决策的群体的规模。这意味着无论这些大型群体想要解决什么问题，都可以调动更多的人力和资源。但是，这通常也意味着做群体决策的成本会增加，因为参与决策的人越多，需要付出的努力通常也会越多。不过，有一个明显的特例，那就是市场。

市场的中上或中下评级中的“下”表明，在大型群体中，市场的决策成本通常低于其他任何类型的超级思维（生态系统除外）。因此，随着信息技术使能共同做出决策的群体规模不断增加，市场很有可能会接管更多的决策。

例如，过去发生在面对面社群中的许多社会互动，现在都发生在由脸书网主办的在线社群中。但由于是一家公司在为这些社群提供基础设施，所以市场动机对它们的影响在纯粹的面对面社群中是永远不会出现的。比如，当脸书网的员工要设计一款决定在给你的动态消息中包含哪些内容的软件时，他们不仅会考虑哪些新闻条目有助于建立一个更强大和更令成员满意的社群，他们也会考虑哪些新闻条目将为脸书网带来长期的广告收入。[17]

降低群体决策成本

尽管信息技术并没有消除群体决策所需的沟通和信息处理的全部成本，但它确实降低了部分成本。这意味着原来成本高昂的超级思维可能会在某些情况下变得可负担。而且，如果这些超级思维提供的其他收益足够多，那么它们将超越其他类型的超级思维，变得更加普遍。

换句话说，由于信息技术降低了群体决策的多项成本，从中获益最多的超级思维就是以前决策成本过高的那些超级思维。如果我们再看一下前文中的表格，就会发现民主制的群体决策成本最高，市场次之。

因此，尽管信息技术可能会使所有类型的超级思维受益，但获益最多的应该是民主制和市场。例如，我们应该期望像流动式民主这样的基于信息技术的创新，能让政府和企业进行更多的民主投票，也期望市场能继续接管我们社会中过去由其他类型的超级思维承担的功能。

小结

我们在本章中提出的理论汇集了许多不同学科的关于群体决策的知

识，它们可以帮助我们：

- 了解在不同情况下哪种类型的超级思维可能最常见；
- 确定哪些超级思维最有可能帮助我们实现目标。

这种比较超级思维的系统研究方法，是从超级思维的角度看世界的最重要的益处之一。

第四部分

超级思维如何更智能地创造？

第12章
越大（通常）越智能

2009年11月，我和我的同事发布了一个新的在线平台，叫作气候合作实验室（Climate CoLab）。[1]这个平台的目标是通过众包的方式解决今天人类面临的最重要的问题之一：全球气候变化。在平台上线当天，只有几十人注册成为会员，而且其中大多数都是我们的熟人。截至2009年12月底，我们有了193名会员，他们共提出20个关于气候变化问题的不同解决方案。多年以来，气候合作实验室这个社群一直在发展，有时它的会员数会在一年的时间内增长一两倍。到2018年年初，这个社群的成员数已经超过10万人，其中既包括气候变化方面的世界顶尖专家，也包括世界各地的商人、学生和政策制定者等。这些人一起提出和评估了2 000多个关于如何从多个方面解决气候变化问题的方案。

气候合作实验室不仅要确定哪些建议是最好的，其主要任务是就率先采取的行动提出一些好的想法。这表明无论超级思维的目标是什么，新技术都可以通过以下两种最重要的方式帮助它们变得更智能：

• **涉及更多的个体。**在对不同物种的动物大脑进行比较后发现，拥有更多的神经元与更高的智能水平之间密切相关。[2]而且，拥有更多处理元件（比如晶体管）的计算机能够存储和处理更多信息。因此，通过增加系统中基本处理单元的数量让系统变得更智能，这显然是合理的。信息技术可以使超级思维更智能的方式之一，就是增加它们包含的人和机器的数量。

• **以新的方式组织工作。**无论大脑中有多少个神经元，或者计算机中有多少个晶体管，如果这些元件未被正确连接，系统将不具备任何智能。因此，信息技术可以使超级思维更智能的另一个重要方式，就是探索连接和组织更大型的人机群体的更大可能性。

在本章中，我们将讨论拥有更多个体的好处；在下一章中，我们将讨论组织工作的新方式。

案例：气候合作实验室

我们欢迎所有想加入气候合作实验室的人。根据我们做过的调查，我们了解到这个社群成员的受教育程度很高（有超过1/2的人接受过研究生教育），年龄可能大于你的预期（年龄中位数为30~39岁），大约2/3为男性（占比为63%），并且非常国际化（约有半数成员来自美国以外的地方）。[3]

在气候合作实验室这个社群中，活动的主要组织方式是，通过一系列的年度在线竞赛，涵盖了从如何产生更清洁的电力到如何改变公众对气候的态度等主题。在每次竞赛中，成员提交方案后，评委会选出最具前景的方案进入决赛。在入围决赛的方案中，评委会选出“评委推荐奖”的获得者，社群也会投票选出“大众选择奖”的获得者。

在气候合作实验室大会上，评委推荐奖和大众选择奖的获得者有机会向可能帮助实施其方案的团队介绍他们的想法。获奖者还有资格获得由评委颁发的大奖（在我写作本书时奖金为10 000美元）。如下文所述，所有提出方案的人都有资格分享另一项奖金（目前也是10 000美元），以激励他们对整体方案做出的贡献。

但在我们的调查中，这些贡献者通常会告诉我们，他们参与竞赛的主要原因不是赢得奖金，而是获得帮助解决世界问题及与其他有类似兴趣的人相互学习交流的机会。

来自气候合作实验室的获奖方案

在从气候合作实验室的竞赛中脱颖而出的众多方案中，一个名为SunSaluter（太阳致敬者）的系统是我最喜欢的方案之一，它赢得了2015年的大奖。SunSaluter是一种低成本的太阳能电池板，白天它会随着太阳在天空中的位置变化而旋转，因此它能比固定的太阳能电池板多产生30%的电。电池板的旋转是由滴落的水和引力驱动的，而且，滴落的水经过过滤，每天可以产生4升干净的饮用水。因此，这个装置既能产生电，又能产生干净的水，而电和干净的水是世界上缺乏这两样资源的几亿人的基本需求。

这个方案最有趣的一点在于，它既不是由麻省理工学院或者斯坦福大学的教授提出的，也不是由大型能源公司的工程师或者你能想到的其他任何人提出的。它的提出者是一个年轻的加拿大女孩付芳颖，她发明SunSaluter时只有16岁，后来她从普林斯顿大学退学，并把全部的时间都投入到SunSaluter的开发中。她现在领导着一个非营利组织，致力于帮助印度和马拉维等国家的创业者利用这项技术创办公司。[4]我们将会看到，像付芳颖一样不属于任何学术或工业机构的成员在众包竞赛中并不鲜见。

气候合作实验室的其他获奖方案包括（这里仅列举几例）：[5]

将谷歌地图与航拍的红外摄影结合起来，向人们展示有多少被浪费的热能正在从他们家中逸出；

建议各个国家对出入其港口的海运货物征收碳排放税，在不违反国际法的情况下，为避开该国港口的托运人提供显著的经济激励，或要求签订全球性协议。

当然，气候合作实验室并不是催生所有这些想法的唯一原因，有一些想法是基于其提出者多年的工作经验产生的。但是，气候合作实验室的众包模式提供了一种解决重要问题的方式：找到对这些问题有好想法的人（不管他们在哪儿），鼓励他们将这些想法表达为一种可共享的形式，在对这些想法进行系统的比较之后，把人们的注意力和其他资源引到最具前景的想法上。

这种解决问题的众包方式与传统方式迥然不同，后者指的是你雇用你能找到的最佳人选，付钱给他们解决你的问题，并希望他们能成功。尽管这两种方式都不能保证有效，但众包方式往往可以解决传统方式解决不了的问题。而且，在新技术如何通过让更多人加入从而使群体更智能的问题上，众包方式只是我们看到的若干可能性中的一种。

蛮力效应

正如我们已经看到的那样，物质世界中有许多任务是大型群体（比如军队或公司）比小型群体更胜任的。我们可以称之为蛮力效应。

同样的原则也适用于信息世界中的许多任务。例如，在像维基百科和气候合作实验室这样的项目中，大量的工作需要大量的人来完成。而且，通过降低寻找群体潜在成员及与之交流的成本，新技术使组建大型群体的任务变得更容易。想一想，如果你只有报纸广告和口头宣传这两种途径，每个月要找到大约7万个自愿在维基百科工作的人将会多么困难。即使你真的找到了来自世界各地的7万名志愿者，但如果他们必须去一个实际地点工作，也几乎没人能做到。

即使是在一家固定规模的公司中，参与解决任何特定问题的人通常也很少。虽然不总是需要这样做，但新型信息技术更易于让全公司的更多人参与解决特定问题，并因此产生更好的解决方案。

搜索红气球

有一种蛮力效应适用于大规模的搜索任务。其中最有代表性的案例之一，就是美国国防高级研究计划局（DARPA）组织的红气球挑战赛。[6]这个挑战赛的目的是探索一个团队如何能在一个广阔的区域内快速搜索少数特定的目标。不管是搜救行动、追捕逃犯，还是灾后防疫，我们都很有可能遇到类似的问题。[7]为了对适用于所有这些情况的搜索方法进行练习，DARPA组织了红气球挑战赛。

2009年12月5日上午10点，DARPA将10个红色的大型气象气球放置在美国境内的10个秘密的但公开可见的地点。DARPA在几周前宣布，挑战赛的任务是尽快找到全部10个气球。第一个完成任务的团队将获得40 000美元的奖金。

这听起来似乎是一项不可能完成——或者至少是极其困难而且耗时——的任务。一个团队如何能在合理的时间内找到所有气球呢？好吧，有一个团队做到了，他们只花了8个小时53分钟就找到了全部10个气球。但这不是一个普通的团队，其核心成员来自麻省理工学院的一个研究团队，即我的同事桑迪·彭特兰（Sandy Pentland）和他实验室里的其他成员。不过，这个来自麻省理工学院的研究团队并没有做实际的搜索工作。因为除了彭特兰及其同事外，这个红气球搜索团队还包括来自世界各地的4 400名该研究团队网站的注册会员，以及在挑战赛期间访问过该网站的其他10万人。[8]

麻省理工学院的研究团队是如何招募到这么多人的呢？答案充分说明了激励的重要性。他们将40 000美元的奖金分成10份，即每个气球4 000美元，并宣称第一个报告某个气球的正确位置的人将得到每份奖金金额的1/2，即2 000美元。

但是，如果钱是唯一的激励因素，那么每个想寻找气球的人都会选择不把挑战赛的事情告诉其他人，因为每增加一个新人都意味着会有更多的奖金争夺者。

因此，研究小组还将一部分钱奖励给帮忙将发现气球的人招入团队的人。例如，假设爱丽丝加入了这个团队，她又动员鲍勃加入，鲍勃又叫来了卡罗尔，卡罗尔又叫来了戴夫。如果戴夫真的找到了一个气球，那么他会得到2 000美元，而卡罗尔会得到这个金额的1/2（1 000美元），鲍勃会得到卡罗尔奖金金额的1/2（500美元），爱丽丝会得到鲍勃奖金金额的1/2（250美元）。麻省理工学院的研究小组将为这个气球发放总计3 750美元的奖金，而且他们会将剩余250美元的奖金捐给慈善机构。

通过采取巧妙的激励方式，每个人不仅会去寻找气球，还会招募其他人加入搜索团队，由此聚集了一大群搜索者。最终，这个团队的蛮力搜索行动以远快于几乎所有人预期的速度解决了这个问题。我认为，如果没有以现代信息技术为支撑的快捷、低廉的通信手段，这种方法无论如何也实现不了。

群体智慧效应

在《群体的智慧》（*The Wisdom of Crowds*）一书中，詹姆斯·索罗维基（James Surowiecki）普及了大型群体比小型群体更聪明的第二个原因。[9]他讲述了一个关于英国统计学家弗朗西斯·高尔顿（Francis Galton）

爵士的故事：1906年在英格兰一个郡的集市上，高尔顿分析了一场猜公牛体重比赛的结果，并发现所有估测值的平均数（1 197磅[①]）与公牛的实际体重（1 198磅）非常接近。索罗维基又列举了在许多其他情况下出现的类似结果，比如，估计罐子里的软糖数量，猜测一艘失踪潜艇的位置，等等。

这种现象背后的基本原理是，当许多没有特定偏见的人猜答案时，他们的回答高于或低于正确答案的概率是一样的。当你计算平均数时，误差会相互抵消，留下一个准确的估测值。通常，人越多，估测值就越准确。[10]

群体智慧的局限性

尽管很多人都知道群体智慧效应，但事实证明，这种效应比《群体的智慧》的读者认识到的要复杂得多。值得注意的是，平均数可能不是可用的正确的统计数据。多年来，我一直在麻省理工学院的课堂上做一个实验，让学生们猜罐子里有多少颗软糖。与索罗维基给出的结果正相反，我的学生们给出的数量的平均数值常常与正确答案相去甚远，只有20%~40%的学生给出的估测值比平均数准确。

这个问题的部分原因在于，总有几个学生的估测值比正确答案多得多，一个班里哪怕只有一个学生的估测值大得离谱儿，也会显著歪曲全班的平均数。我发现，当我取学生们的估测值的中位数而非平均数时，结果通常会准确得多。中位数是恰好位于所有估测值中间的数字，意味着一半的估测值更大，而另一半估测值更小。与平均数不同的是，中位数不太受两端的几个极端估测值的影响。尽管索罗维基另有所指，但高尔顿使用的其实是中位数，而不是平均数。而且，其他许多研究人员同样发现，在综

① 1磅≈0.45千克。——编者注

合一个团队的估测值时，取中位数要比取平均数的效果更好。[11]

正如索罗维基指出的那样，群体智慧效应奏效的另一个非常重要的条件是，估测值必须相互独立。如果人们受到彼此的估测值的影响，就会引入偏差，导致整个过程的有效性降低。例如，在一项令人信服的实验中，当团队成员看到关于彼此的估测值信息时，他们的估测值就会更加接近，而且他们会更加相信自己的估测值是正确的……实际上，他们的估测值变得更不准确了。[12]换句话说，当团队成员共享信息时，他们在预测正确答案方面的多样性和有效性都会降低。

因此，虽然廉价的通信手段使更大的群体得以存在，但我们在决策方法的选择上仍要谨慎，因为某些利用这种通信能力的方式实际上可能会降低群体的智能水平。

专业知识

大型群体通常比小型群体更聪明的第三个重要原因是，大型群体中包含更多拥有不同专业知识的人。对解决复杂问题而言，这通常至关重要。例如，今天没有一个人知道如何制造像铅笔这样简单的东西，[13]更不用说如何制造一架喷气式飞机、一部智能手机或者一只运动鞋了。所有这些人类活动都需要许多不同的专业知识。

相较于复杂的社会问题（比如，如何应对全球气候变化），这些制造问题显得简单多了。例如，应对全球气候变化需要运用许多不同的详细知识，去判断在全世界的不同地方应该采取什么有效行动。在气候合作实验室中，为了满足这一需求，我们特别鼓励那些拥有广泛的专业知识和兴趣爱好的人加入。

在气候合作实验室上线后的头几年里，我们每年只举办一两场竞赛，主题也非常笼统，比如，“国际社会应该制定什么样的国际气候协定？”。

尽管针对这些问题，我们得到了一些有趣的方案，但大多数往往聚焦于全球问题的某个狭窄部分。

于是，在2013年，我们开始系统地将如何应对气候变化的问题分解成一系列（十几项）的相关竞赛，每项竞赛都聚焦于这个问题的不同方面。例如，我们举办不同的竞赛，分别收集关于如何减少交通、建筑和电力生产的碳排放，如何改变公众对气候的态度，以及如何为碳排放定价（大多数专家认为这是解决气候变化问题的一个关键杠杆点）的方案。

当我们以这种方式对问题进行分解后，就开始收到更多详尽而且有趣的方案。例如，2013年我们举办了一场有关如何用可再生能源取代柴油能源（尤其是在发展中国家）的竞赛。获奖方案来自印度的一个非营利组织，它描述了印度的小型农场如何用更便宜也更环保的脚踏泵，取代了昂贵的排放密集型柴油灌溉泵。

当我们看到这个方案时，一下子就发现它的作者与印度的小型农场社群文化有着非常紧密的联系。他们甚至还传来了一段视频，讲述了一位名叫布迪拉姆（Budhiram）的印度农场主的故事，他的生活因使用这种脚踏泵而发生了改变。正是通过全球社群公开解决问题的这个过程，我们才收到了这样一份非常有趣而且适用于某种特殊情况的方案。我认为，大部分在麻省理工学院和哈佛大学等院校研究气候变化的教授都不会想出这样的方案。

不常见的知识

大型群体通常更聪明的第四个原因是，它们当中更有可能包含那些拥有不常见（但却出人意料地有用）的知识的人。一个具有代表性的例子就是创新中心公司（见第1章），它通过开放式在线竞赛帮助公司找到难题的解决方案。这家公司的一个客户是总部位于阿拉斯加州的溢油回收研究所，该研究所发起了竞赛，征求原油泄漏到寒冷的海水中（1989年，埃克森·瓦尔迪兹号油轮漏油事件中就出现了这种情况）的处理方法。这个问题的挑战在于，在油和水冻结成黏性物质后，如何在残油回收驳船上把油从水中分离出来。[14]

如果这个问题很容易解决，石油行业的人早就把它解决了。但是，没有人能做到。因此，溢油回收研究所决定在创新中心公司创建的由科学家、技术专家和其他问题解决者组成的全球社群中，找到能帮助它解决这个难题的人。最终胜出的解决方案，来自伊利诺伊州布卢明顿的药剂师约翰·戴维斯（John Davis）。他曾在建筑工地打过一份暑期工，这段工作经历让他意识到，建筑工地上用来防止混凝土过早硬化的振动设备，只需稍加改装，就可用于防止石油在冷水中凝结。戴维斯因为提交了这个获胜方案而赢得两万美元奖金，溢油回收研究所也找到了问题解决方案。

顺便说一下，事实证明，在众包竞赛中，从意想不到的人那里获得解决方案的情况并不少见。研究人员拉尔斯·杰普森（Lars Jeppesen）和卡里姆·拉哈尼（Karim Lakhani）在对创新中心网站上的166个难题进行研究后发现，问题解决者所在的技术领域离问题产生的领域越远，他解决这个问题的可能性就越大。[15]

乍看起来，这几乎是不可能的：为什么对一个问题的了解程度不如专家的人，反而更有可能解决这个问题呢？不过，当考虑到相关领域可以被人轻松解决的那些问题绝不会被发布到创新中心的网站上时，这个结果就更合情合理了。一开始，只有那些把该领域的专家都难倒的问题才会被发布出来。但是，由于解决问题的人通常已经知道了其他领域解决类似问题的方法，所以他们能够轻易地解决问题。

我们在气候合作实验室中也发现了类似的结果。你可能会认为，最有可能进入气候合作实验室竞赛决赛的人，应该是那些读过研究生并且在气候变化问题方面有经验的人。但是，我们发现那些不符合这种预期的人同样有可能进入决赛。在提交方案的人中，没有研究生教育背景且在气候变化方面没有经验的人，和那些拥有与他们完全特征的人进入决赛的可能性差不多。[16]

从中我们能得到一个非常普遍的经验：难题需要用不同寻常的方法来解决。而且，真正的难题需要许多种针对其不同部分的不同解决方法。斯科特·佩奇（Scott Page）在他的著作《多样性红利》（*The Difference*）中认为，在许多情况下，多样性优于能力。[17]换句话说，对群体而言，拥有许多不同类型的问题解决者通常比拥有真正擅长解决某一特定类型问题的人更好。记者马特·里德利（Matt Ridley）曾说，用这种方式将不同的思想结合起来产生的惊人结果，就如同“思想在彼此交配”。无论你想怎么形容这个过程，各种不常见知识的结合通常都是多种集体智能的关键因素。

这种思考方式最令人兴奋的方面是通过降低交流和协调的成本，新技术使掌握各种不同的知识和问题解决方法的人们，以人类历史上前所未有的规模和程度进行合作。也就是说，这些类型的问题解决团队完全有可能一起解决令世界上的专家头疼多年的复杂问题，包括气候变化。

非凡的能力

生物学研究领域的许多重要问题都涉及搞清楚蛋白质链中的分子会折叠成什么样的三维形状。为了做到这一点，你需要了解一些关于蛋白质化学的事实（比如，蛋白质链中的哪些分子可以相互成键），但更重要的是，你需要能将蛋白质链的各种三维运动可视化，并在几百万种可能性中寻找实际可行的构型。

事实证明，在某些情况下，有些人比今天的计算机更擅长做这件事。[18]

这些人掌握了某种直觉性的空间可视化技巧，当他们学习用于判定哪些类型的折叠有可能实现的化学法则时，能比绝大多数人或者一台计算机更高效地对各种可能性进行探究。

问题在于，我们并不知道这些人是谁。由于他们的这种非凡能力在很多工作中都用不到，所以他们甚至有可能不知道自己拥有这种能力。但在理想的情况下，如果你知道如何进行这种能力测试，就能找到拥有它的人，然后用它来解决问题。

这正是戴维·贝克（David Baker）、佐兰·波波维奇（Zoran Popović）、戴维·萨林（David Salesin）及他们在华盛顿大学的同事发起的一个名为Foldit的蛋白质设计项目所做的事。[19]他们开发了一套关于折叠蛋白质分子的在线游戏。几千人试玩过这些游戏，而且由于它们实在太好玩了，以至于那些玩得好的人会反复玩。例如，其中最厉害的玩家之一是13岁的美国男孩阿里斯提德·波尔曼（Aristides Poehlman），他和他的父母住在弗吉尼亚州。[20]像阿里斯提德一样，许多出色的玩家每周都要花几个小时的时间玩这些游戏，以及研究彼此的解决方案。果不其然，他们通过练习，水平越来越高。

随着时间的推移，研究团队开始在游戏中加入一些复杂的问题，即真正的科学家想要解决的问题。结果表明，网络用户有时比科学家更擅长找到正确答案。例如，Foldit社群最大的成就之一是发现了与艾滋病相关的一种酶的结构，科学家花了15年的时间都未能解决这个问题，而Foldit社群只用了三个星期就搞定了！[21]

当然，世界上的所有问题并非都能得到如此精确的答案，以及明确指定的选项和客观的评价标准。但我认为，能以这种方式解决的问题比我们想象的多得多，这使得我们可以用一种新方法创建高智能群体：从一大群人当中寻找擅长解决某一类特定问题的“天才”，然后让这些天才彼此分享最好的想法，并期待产生惊人的结果。也许这与科技界沿用了几个世纪的工作方式并没有太大的不同，但新型信息技术会帮助我们以一种前所未有的方式去加速这一过程。

规模的极限

我们已经看过一些关于大型群体如何会比小型群体更智能的例子了，所以我们或许也应该花点儿时间思考一下这种可能性的极限。尽管在解决一个问题的过程中，有更多的人参与其中通常是有益的，但往往也要付出相应的代价。[22]至少，大型群体需要比小型群体占用其成员更多的时间，如果你要为这些时间付钱，就意味着会花更多的钱。不过，对大型群体来说还有另一个更重要的问题：除了完成实际工作之外，它们通常还要在协调内部活动上花费更多的精力。有时即使它们做出了这些额外的努力，合作的难度可能也会超过拥有更多成员带来的好处。

当然，最佳方案取决于群体所做工作的类型和许多其他因素。根据经验法则，面对面团队的最佳规模为5~10人。如果少于这个人数，就无法形成足够的合力，也无法从不同的观点中充分获益。如果超过这个人数，就不得不面对在一个大型群体中工作的额外困难，这是不太值得的。

但是，如果技术能帮助减少在大型群体中合作所面临的困难，会怎么样呢？几年前的一次经历让我看到了这种可能性的问题和潜力。

比较“占领华尔街”运动和维基百科

2011年秋天，美国发生了抗议企业造成社会和经济不平等的“占领华尔街”运动，引发了全球的关注。这场运动的核心地点在纽约金融区，我当时恰巧在纽约大学休假。连续几个周六，我都会去看在抗议者聚集的祖科蒂公园内及其周边发生的事情。

我看到的最有趣的一件事，就是一群人共同为这次运动起草使命宣言。当时，大约有50人聚集在一座大型办公楼的原本空无一人的大厅里，他们坐在长椅和其他临时座位上。任何人都可以参加这个会议，我待在那里的这段时间还发现了著名的纪录片导演迈克尔·摩尔（Michael Moore）也在关注着这个会议的进展。“占领华尔街”运动的一个关键部分是对参与式民主的渴求，本着这种精神，这个群体运用了一种特殊的正式流程进行共识决策。

当我加入这个团队的时候，成员们正在起草使命宣言的开头部分。他们已经就“我们信仰一个自由与公正的社会”这句话达成了一致意见。很快，就有人建议增加一个词，把这句话变成：“我们信仰一个真正自由与公正的社会”。

大量的讨论随之而来。在这个过程中，只有少数人提及在这句话中增加“真正”这个词有什么实质性的优缺点。例如，有人质疑这个词是不是多余和不必要的，或者它是否有助于强化这个观点。

然而，绝大多数讨论都是围绕程序问题展开的。例如，这个群体采取的共识性原则是，当某项群体决策被正式通过时，如果有任何人为此强烈地想要离开这个群体，他就可以“叫停”这项决策。有位女士一度说她反对添加“真正”这个词，然后群体成员花了很长时间，试图弄清楚他们能否或者应该如何否决她的反对意见。最终，这位女士改变了主意。然后，这个群体又花了很长时间讨论她是否可以撤回她的反对意见。

大约两个小时后我决定离开，但群体成员仍未就是否要加上“真正”这个词达成统一意见，我非常悲观地认为，他们用这种极其烦琐的共识决策方式很难获得任何有意义的结果。多年后，我搜索了当时的网络和新闻报道后发现，我的悲观预测得到了验证。尽管这一运动确实形成了少数共识性文件，但据我所知，它从未成功地写就一篇使命宣言。[23]

我认为，这未必反映出抗议者本身的能力不足。相反，这件事证明了在任何一个大型的面对面群体中，做出共识决策是非常困难的。大约

40年前，当我观察一群计划在加利福尼亚的一座核电站进行示威的反核抗议者时，以及2015年12月，当我观看巴黎气候大会职业外交官之间的谈判时，也发现了非常类似的困境。在所有这些案例中，大量的时间都花在了程序性问题而不是实质性问题上，在一个所有人的观点都应该被听到的大型群体中，每次只能有一个人发言的限制条件实在令人沮丧。

那么，该如何解决这个问题呢？我们应该索性放弃在大型群体中做出共识决策吗？我不这样认为，维基百科证明了技术有可能从中发挥惊人的作用。几万人通过一种真正的共识达成过程，差不多同时在完善维基百科的不同部分。所有关注某个具体问题的人都有机会让别人听到他们的意见，而且在绝大多数情况下，最终的决策都会得到所有参与者的认同。

如果“占领华尔街”运动的抗议者使用像维基百科的软件和流程这样的工具进行在线讨论，他们能否相对快速地完成一份高质量的使命宣言呢？尽管我们无法给出确切回答，但我想答案可能是肯定的。

这并不意味着技术可以神奇地解决大型群体合作的所有问题。但是，我们已经看到了不少关于技术如何大幅降低大型群体合作的成本并提高其效率的例子。尽管我们还不知道这种作用究竟有多大，或许当拥有超过10个人的时候，群体效率非但不会降低，反而会随着个体数量增加到100人、10万人甚至1亿人，一直不断提高。

第13章
我们如何以新方式分工合作？

在亚当·斯密笔下那家著名的大头针工厂里，通过将一位制针工人的工作分解成许多项由不同的专业工人完成的小任务，生产率得到了大幅提升。但是，亚当·斯密在1776年写下这部分内容时，可能就连他自己也没有意识到这种劳动分工在未来几个世纪里对经济发展起到了多么重要的驱动作用。我们今天享受的许多繁荣——甚至可以说今天的各类组织的集体智能——都是这种专业分工的结果。

亚当·斯密描述的早期工厂（事实上，它们是工业革命的成果）不只是依靠新技术，关键还依赖于组织工作的新方式。尽管工人并没有变聪明，数量也没有增加，他们拥有的技能甚至可能不如被他们取代的工匠多，但当他们的工作被以一种不同的方式组织起来时，他们在生产大头针和许多其他产品方面的专业集体智能得到了大幅提升。

所有组织工作的新方式都包含以下三个要素中的一个或多个：

- 以新方式分工；

• 以新方式分配任务;
• 以新方式协调任务之间的相互依赖关系。

在本章中，我们将会看到一些关于新技术如何以让群体变得越来越智能的方式，帮助完成上述三件事的例子。尽管没有一项单独的变化能确保群体的智能水平得到显著提升，但大规模生产带来的巨大经济效益证明，单单改变一个群体的组织方式，有时就能显著提升它的智能水平。

以新方式分工：超级专业化

亚当·斯密描述的劳动分工针对的是体力劳动。我认为，新型信息技术将掀起另一个巨大的分工浪潮，只不过这次不是针对体力劳动，而是针对信息工作。在我的同事罗伯特·劳巴赫（Robert Laubacher）、塔米·约翰斯（Tammy Johns）和我在《哈佛商业评论》上合作发表的一篇文章中，我们将这种现象称为“超级专业化”。[1]

托普科德公司

托普科德公司（Topcoder，现在是信息技术服务公司威普罗的一部分）展示了可能的分工方式。托普科德公司在为客户开发软件时，会采取和一般软件公司不同的分工方法，即把任务分解成更小的部分。然后，公司会就每一部分举办一场在线竞赛，托普科德全球社群中的100多万名自由软件开发人员将通过竞争来完成这项任务。

例如，竞赛组织者会提供关于项目目标的粗略描述，并要求开发人员创建一篇能最好地将这些目标转化为详细的系统配置的规格说明书。（托普科德公司主办了一个网络论坛，开发人员可以在这里向客户询问更多的细节，而且所有这些问题和答案对所有竞争者都可见。）获胜的规格说明书会成为下一轮竞赛的基础，在下一轮竞赛中，其他开发人员将就系统架构的设计展开竞争，并详细说明待开发软件的各个部分以及它们之间的关联。接下来，软件的每个部分的开发工作又会分别通过竞赛来完成，然后其他开发人员会将所有部分整合为一个整体。

因为这家公司汇总了对特定任务的需求，所以它会让一位特别擅长某项任务——比如用户界面设计——的开发人员，将他的大部分时间花在这件事上。事实上，托普科德公司的开发人员正在变得越来越专业化。有些人专注于编写特定类型的软件，比如小图形模块；有些人擅长把其他人编写的软件构件组合在一起；有些人则专门负责修复别人代码中的漏洞。

在分工的伟大传统中，这种超级专业化的做法收效不错。托普科德公司的开发成果在质量上往往可以与客户通过更传统的手段得到的成果相媲美，但前者的成本只有后者的25%。

亚马逊土耳其机器人网站上的微任务

亚马逊公司的土耳其机器人服务型网站，是关于超级专业化的一个更加极端的例子。尽管它是一个在线的劳动力市场，但它找人来做的不是需要花几个小时或几天才能完成的编程任务，而是只需要花几分钟并且报酬只有几美分的微任务。

“土耳其机器人”这个名字来源于18世纪的一台著名的会下国际象棋的机器（见下图），当时它在欧洲各地的比赛中击败了多名棋手。[2]然而，这台机器最终被发现是一个骗局。它内部的柜子结构非常巧妙，以至于一位身材矮小的国际象棋大师可以藏身其中而不被发现。所以，真正决定该如何移动棋子的是人类而非机器。换句话说，它是一个伪装成机器的人，做着机器还无法做到的事情。同样地，亚马逊公司的土耳其机器人网站也是在利用人来完成机器尚无法胜任的工作，因此被称为“人工的人工智能”。

亚马逊公司创建这个服务型网站的初衷是，利用它对亚马逊网站上的产品目录进行校对。一项典型的任务可能包括检查单个段落中的拼写错误，或者判断两个不同的页面是否对应着同一款产品。但是，现在这项服务还被用于完成其他各种任务，比如，转录几分钟的播客，做调查，从购物小票上提取物品名称。在某些情况下，发布这些任务的人还会指定工作者在执行这些任务之前必须具备的特定资格（比如，在一系列资格选拔任务中给出正确答案），因此一些工作者（“土耳其人”）就会在特定类型的微任务中成为超级专家。像脸书网这样的公司也常常会在它们的人工智能算法不知道该如何合理筛选热门话题，以及进行其他类型的内容审核时，利用“土耳其人”和类似的工作者来填补空缺。[3]

当然，托普科德和土耳其机器人都只是超级专业化的早期例子。如果你能超级快速和容易地找到帮你修复幻灯片中图表的人，会怎么样呢？

如果一家律师事务所能立刻在网上找到研究得克萨斯州凶杀案审判中的证据规则的某位专家，并在几分钟内得到与之相关的一个具体问题的答案，又会怎么样呢?

当然，为了做到这些事情，还需要有专门充当多面手的工作者，他们的超级专长就是协调其他超级专家的工作。尽管这些工作者将履行今天层级制中的管理者担负的部分职责，但他们的作用可能会受到更多的限制。

当然，也有一些超级专业化并不适用的地方。比如，在设计一款全新产品的时候，设计团队的成员可能需要先就产品的功能达成共识，之后他们才会考虑将一部分设计工作委托给超级专家。

超级专业化也表明，在一些重要方面，超级思维的目标可能与其内部成员的目标不同。例如，许多人担心创建“数字血汗工厂”的风险，在许多国家，都有工作者在这样的工厂中以低于最低工资标准的报酬做着重复乏味的计件工作。而且，超级专业化的工作者有时会在不知情的情况下，为他们绝不会支持的总体目标做出贡献。例如，他们可能被要求合成将用于制造炸弹的化学物质，或者从在专制国家进行的公众示威活动的照片中识别抗议者的面孔。[4]

不过，人们有时会关注那些不合理的超级专业化。例如，人们常常担心，超级专家会对日复一日地做同一种高度专业化的工作感到厌烦，而且当工作被分解成越来越小的部分时，就会失去其原本的意义。然而，这种情况并不一定会发生。例如，尽管许多专科医生专注于让病人在相当狭窄的方面保持健康，但他们仍然觉得自己的工作很有意义。与工厂装配线上整天做着相同的专业化工作的工人不同，数字超级专家可以为自己创建个性化的任务组合。比如，一位工程师可能会把他一天中的部分时间花在为创新中心公司解决难题上，然后通过在土耳其机器人网站上做一些要求不太高的工作放松自己。

也许最重要的一点是，与必须在某个实际地点工作的人相比，在线工作者在工作地点方面通常有更多的选择。因此，随着时间的推移，我们预期将会看到为了吸引到最多和最优秀的工作者而展开的大量竞争。例如，公司和其他在线社群将争相创建最好的平台和规范，政府也将竞相建立能监管这些平台的最佳框架。[5]

无论是在土耳其机器人、托普科德平台上，还是在其他甚至还不存在的类似网站上，我认为未来都可能会出现更多的超级专业化在线工作。由于新型信息技术使人们能够在地球上进行几乎免费的即时通信，因此超级专业化工作者将可以利用全球化的规模经济来完成他们的专业化任务。而且，他们将以前所未有的方式更好和更经济地完成这些任务，从而帮助群体变得更智能。

以新方式分配任务：自我选择

在传统的层级制中，管理者会将任务委托给群体中的其他成员。但是，在我们讨论过的许多案例中，引人关注的事情之一是，其中有多少允许工作者自行选择他们想做的任务。

除了找到擅长做这些任务的人之外，还有一种方法是找到真正有动力去完成这些任务的人。例如，托普科德公司的创始人杰克·休斯（Jack Hughes）认为，公司的软件开发人员在选择工作内容方面的自主决定权，是他的社群生产率高的主要原因。

创新中心公司的成功表明，如果你能将你的需求广泛地传播出去，你需要的那些拥有高度专业化知识或能力的人就能找到你，而无须你去找他们。而且，廉价的通信手段使这成为可能，其规模是我们的祖先无论如何也想象不出来的。

任务与人的半自动化匹配

新技术在匹配工作者与委托者方面也发挥着积极的作用。怪兽（Monster.com）和凯业必达（CareerBuilder.com）等求职网站就是这方面的简单案例。这些网站汇集了大量的工作和求职者，并提供自动搜索工具帮助人们在匹配过程中找到彼此。

但是，今天的求职网站可能还有很大的发展空间。例如，假设一个网站的运行模式更像婚恋交友网站（match.com）而不是怪兽网。[6]除了询问一些客观信息（比如你的工作经历）之外，它还会了解你的爱好，你感兴趣的事情，以及你喜欢和什么样的人一起工作。如果你是一位雇主，该网站不会只询问你想要的具体工作技能，它还会询问你的公司文化，以及什么样的人在那里表现最好。利用所有这些信息（其中大部分信息对网站上的其他人都不可见），系统的算法能比依靠现有工具的人更好地对工作者与工作进行匹配。

值得注意的是，与今天的求职网站不同，这种新网站的匹配过程不只用于全职工作。雇主还可以用它与任何范围的任务进行匹配，哪怕像土耳其机器人网站上的那些在线微任务也可以。比如，研究人员已经就如何利用各种数学方法，并根据人们过去的表现，自动地将微任务发送给那些最擅长做此类任务的人做过实验。[7]

下面的这个类比可以帮助你理解可能会发生的事情：1995年，易贝网的创始人皮埃尔·奥米迪亚（Pierre Omidyar）试图在他的新在线市场上销售的第一件商品是一支坏了的激光笔。[8]商品详情中明确写着：这支激光笔是花30美元买的，但现在即使换上新电池，它也不能用了。他真的不指望有人会买它，但确实有人买下了它，而且支付了14美元！这是让奥米迪亚觉得他正在做的事情确实很重要的最早迹象之一，也说明了这是易贝对全球经济做出的一项重要贡献。

如果你的阁楼上有一支坏了的激光笔，它可能对某个地方的某个人来说是有价值的。但是，如果找到那个人需要付出的代价超过激光笔对他的价值，这支坏掉的激光笔就没有任何经济价值了。由于它对你来说毫无价值，还不如把它扔掉算了。但如果一项新技术（比如易贝平台）能将搜索成本降到几乎为零，这支坏掉的激光笔突然之间就有了经济价值。

现在，想象一下在同样的情况下，如果将你家阁楼上的废旧物品换成你的时间，会怎么样？如果你失业了，而且想要继续工作，你的时间就被浪费了，像你家阁楼上的那支坏掉的激光笔一样。即使你有一份工作，但你能做的贡献比你目前的这份工作要求的多得多，那么从某种程度上说，你的时间也被浪费了。

但是，假设地球上的每个人都能与他的最高效或最愉悦的花费时间的方式相匹配，就像谷歌匹配广告与用户的那样高效，那将会是一番怎样的景象。特别是随着越来越多的工作可以在线上完成，你在某一天要完成的工作就存在着巨大的灵活性。

也许在某些日子里，你会选择做能带给你最多报酬的事情。在所有需要做的事情中，这些对想要做它们的人来说是最重要的，而且你会比世界上的其他任何人做得都好。在其他日子里，仅仅为了获得乐趣，你可能会选择你最喜欢做的事情，即使它们不会给你带来任何收入。在大多数日子里，你可能会选择既是你喜欢的又能获得不错收入的事情。换句话说，你可以从在线任务列表中，不断选择你自己不断变化的任务菜单。

随着时间的推移，匹配算法会越来越精确地找出你擅长做的事情和你想做的事情。它们还会给你明确的激励，让你把最需要做的事情做得更好。

当然，决定这样的世界能否运转良好的因素有很多。比如，这些匹配算法应该如何真正发挥作用？在任何给定的时刻，是否会出现工作者或者工作的总体短缺？作为工作者，我们如何才能学会挑选既不会让我们感到厌烦或精疲力竭，又能给我们提供所需收入的任务组合？我们如何才能提升自己的技能以应对需要完成的新任务？优秀工作者的标准将会发生怎样的变化？

互联网先驱温顿·瑟夫（Vinton Cerf）和他的合著者戴维·洛德福斯（David Nordfors）认为，这样的系统是“瓦解失业”的一种方式。[9]但我认为更重要的是通过这种方法，我们可以从全世界的人中挑选出最适合每项任务的人，由此创建的群体将比地球上所有的已知群体都更智能。

以新方式协调任务间的相互依赖关系

根据定义，所有的超级思维都是由不同的个体组成，而且他们都在做与某个总体目标相关的不同事情。当一个目标被分解成若干部分时，就必须用某种方法来管理不同群体成员的活动之间的相互依赖关系。

1999年，我和我的同事提出了一个用于分析各种不同类型的相互依赖关系的框架。我们将相互依赖分成三大类：流动依赖关系指一个个体创造的东西将为另一个个体所用（比如，一位工程师的设计将为一位工人所用），共享依赖关系指多个个体共享同一种资源（比如，金钱或者一个人的时间），组合依赖关系指不同个体完成的部分必须组合在一起（比如，汽车的车身、车轮和座椅）。[10]

例如，金钱是一种共享资源，所有公司都必须对其不同部门之间的相互依赖关系进行管理，只有这样做，它们的支出才不会超出其拥有的资金（不管这些钱是来自收入、贷款还是其他地方）。许多管理流程（比如编制预算）和技术（比如会计软件）都致力于对这种约束进行管理。除此之外，新技术还能帮助我们管理哪些其他类型的相互依赖关系呢？

我们以西北大学的张浩奇（Haoqi Zhang）及其同事开发的一个研究系统为例。这个系统可以让大量的土耳其机器人平台上的工作者帮助旅行者规划他们的度假行程。[11]作为该系统的用户，你可以这样描述你期望的旅行：“我想在旧金山待一天，看看这座城市有什么好玩的东西。我还想参加两项‘本地食鲜餐厅’的活动，至少花两个小时进行‘艺术赏析’活动，以及至少进行一次‘观看路人’的活动。”

系统会把这些信息连同空白的行程框架一起提交给“土耳其人”。然后，“土耳其人”开始工作，针对行程给出各自不同的建议。与此同时，在后台，系统不断地计算行程时间，统计不同类型的活动，并检查旅行者的所有目标是否被满足，以及它们的相互依赖关系是否得到管理。如果没有，系统会给出“待办事项”建议，供“土耳其人”做出相应的修正。

例如，系统可能会对为你规划行程的“土耳其人”说：

- “在行程中添加更多内容（还有4个小时未做安排）”；
- “行程中的餐厅活动过多（我们只需要两项，而当前的行程中有4项）”；
- “没有足够的时间完成上午安排的所有活动（包括观光）”。

在研究这一过程的总体效果时，张浩奇及其同事发现，潜在的旅行者表示系统给出的行程满足了他们的大部分或者全部目标，而且系统生成的待办事项显著提高了“土耳其人”处理问题的速度。

换句话说，系统会自动跟踪和管理原本需要人花费时间和精力管理的相互依赖关系。通过把人解放出来去做只有他们才能做到的事情，这个系统使人机超级思维变得更加智能。

当然，这个系统是为一项相对简单的任务设计的，而且它帮助管理的特定相互依赖关系也易于用一种计算机能够“理解”的方式来表现。不难想象，类似的方法也可用于完成更大和更重要的任务。

例如，如果你可以用这样的方法让许多工程师共同设计一部手机，而且它能满足尺寸、重量、电池寿命和制造成本等所有约束条件，会怎么样呢？如果系统能够自动追踪每位工程师的设计决策将会如何影响这些相互依赖关系，并将结果展示给所有参与者，它就能帮助工程师以比采用其他方式更快的速度，去探索多种不同的设计方案。因此，它能让这个工程师群体变得更加智能。

案例：气候合作实验室里的“竞赛网络”[12]

为了理解我们在本章中看到的众多想法如何组合在一起，可以看看我们在气候合作实验室里是如何利用竞赛网络的。

我们可以利用传统的层级制，甚至是像维基百科那样的单一社群，来形成复杂的气候合作实验室方案。但是，如果我们想要很多人同时尝试很多种竞争性方案，并尽可能多地分享他们的工作成果，又该怎么做呢?

这在层级制或者单一社群中很难实现，但市场——或者更准确地说是市场经济——却一直在利用被称为供应链或供应网络的系统做这件事。[13] 例如，通用汽车公司可能会从江森自控有限公司和三菱公司分别采购汽车座椅和音响系统。三菱公司可能又会从英特尔公司采购集成电路，从杜邦公司采购塑料（见下图）。然而，在上述每一种产品的市场上，都有其他公司参与竞争。

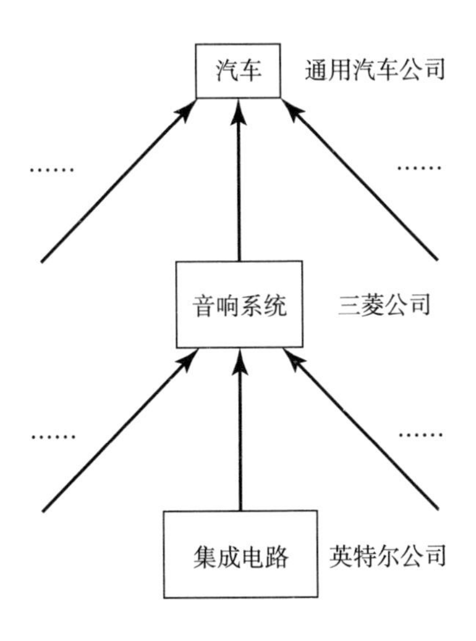

在气候合作实验室中，我们受到物质产品供应网络的启发，为我们的知识产品创建了竞赛网络。这些竞赛网络让我们构建起一种知识的供应链，在这个供应链中，不同群体的人们可以自行选择是去解决与气候变化相关的专业子问题，还是把这些子问题的解决方案整合成国家和全球层面的总体气候行动计划。

就像实体组件（比如轮胎和座椅）可以组合成更加复杂的产品（比如汽车）一样，信息组件（比如改变运输和电力系统的方案）也可以组合成更加复杂的产品（比如中国、印度和美国的国家气候计划），后者又可以组合成更加复杂的产品（比如全球气候计划）。

人们为改善运输和电力系统等事物而竞相提出基本想法的竞赛，被称为基本竞赛。在更高级别的竞赛中，人们会竞相将这些基本方案整合为国家和全球气候行动计划，这样的竞赛被称为综合竞赛。

例如，在我们获奖的全球性方案中，有一份方案建议使用一种名叫“太阳能美元”的数字货币（基于类似比特币的区块链技术）来鼓励世界各国减排。这份全球性方案包含世界主要国家和地区如何为总体计划的实施做出贡献的次级方案（见下图）。例如，欧洲的次级方案建议，有可能

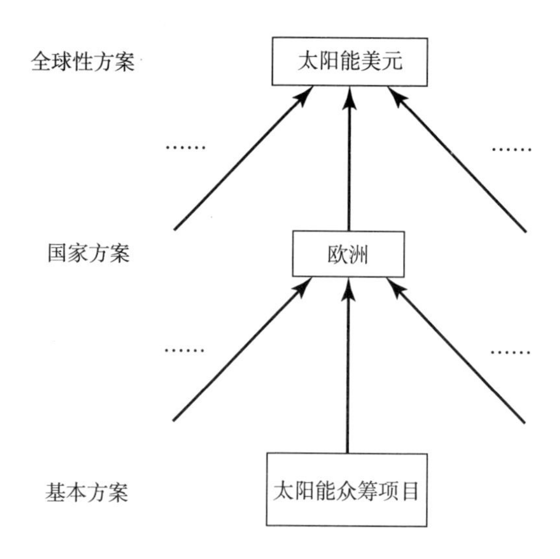

在全欧洲推广的利用可再生能源的方法可以先在希腊进行测试。接下来，欧洲的次级方案又包含利用众筹等方式来为太阳能项目融资的更低一级方案。

竞赛网络的优势

我们的竞赛网络的优势是什么呢？与层级制或社群不同，这种方法能让大型群体中的许多成员同时对解决一个总体问题的多种备选方案进行探索。这不仅使整个团队更不易受到单个个体所犯错误的影响，还增加了在被探索的所有组合中发现创新性方法的可能性。此外，竞赛网络使好的想法更容易被应用于多个地方。例如，如果某个人想出了一个关于如何通过众筹开展太阳能项目的好主意，其他很多人就可以在他们为国家和全球计划提出的方案中使用它。

事实上，正如你在下图中看到的那样，[14]在2015年的气候合作实验室竞赛中，想法重复利用的情况相当多。图中的线表示较高级别的方案采用了较低级别方案中的想法，圆圈中深浅不一的阴影对应于不同的作者团队。

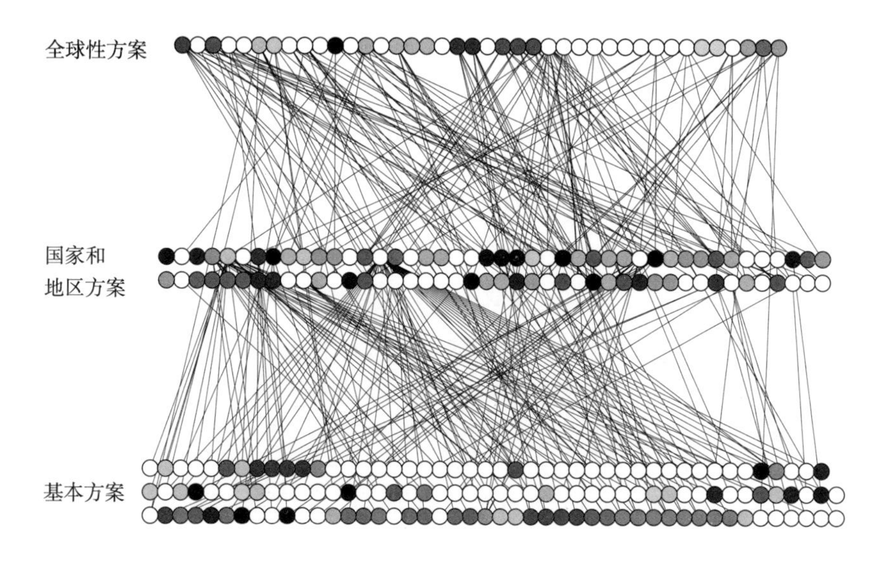

从上图中我们可以清楚地看到，全球性方案（最上面一行）包括国家和地区方案（中间一行）的多种不同组合，国家方案又包括基本方案（最下面一行）的多种不同组合。而且，方案的作者显然会重复利用其他人的建议，还有他们自己的建议。换句话说，许多不同的人正在同时探索不同方案中的想法的各种不同组合。

激励合作

竞赛网络引出了一个更重要的问题：人们为什么要提出可以与其他方案有效结合的方案呢？比如，他们为什么设法使他们为印度制订的国家计划与为其他国家制订的计划相互兼容，从而使它们能够被整合到单一的全球计划中去呢?

竞赛网络和实体产品的供应网络之间的相似之处，给了我们一个关于这些问题的显而易见的答案：综合方案的制订者可以向他们使用的其他方案的制订者“付费”，从而激励各个群体制订其他群体能够使用的方案。为了在气候合作实验室中践行这一理念，我们创造了一种叫作“合作实验室点数”的虚拟货币，它们最终可以兑换成美元（2015年，一个“合作实验室点数”可兑换两美元），我们还设计了用于分配点数的自动定价方案。

具体流程如下：综合竞赛的评委代表整个问题解决系统的“最终客户”。他们会以他们认为值得的价格或点数“购买”他们认为最好的全球性方案。然后，每个全球性方案得到的点数会被自动分配给它的作者，以及它包含的所有国家和其他较低级别方案的作者。点数分配的设计原则是，让完成了整体方案中所需工作量最大且对于整个问题最重要部分的那些人得到最大的回报。[15]

在不同级别的竞赛中，这些规则不仅会激励人们与参与同级别竞赛的其他方案制订者展开竞争，还会激励他们与参与较高和较低级别竞赛的方案制订者合作。

例如，一份获奖的全球性提案聚焦于如何动员公民和不同规模的组织去应对气候变化。这个方案背后的团队包含不少于25位作者，他们中的许多人都自行制订了低级别的方案，而且很多人在气候合作实验室网站上“碰面”之前都互不相识。这个团队不只是共同制订了一份全球性方案，我们在与成员交谈时发现，他们还在为落实方案中的想法而一起积极地筹集资金。

利用竞赛网络解决其他问题

当然，我们还不知道竞赛网络系统能有多么广泛的适用性。但是，从供应链在实体产品经济中的普遍应用来看，竞赛网络系统的应用潜力还是很大的。例如，我们已经与麻省理工学院的其他团队合作，利用气候联合实验室的方法解决一系列的全球问题，包括卫生保健、教育和创造就业机会等。在第17章中，我们将了解到像宝洁这样的公司如何使用竞赛网络方法来进行战略规划。

换句话说，即使今天机器的智能水平无法赶超人类，我们也有可能创造出更智能的群体，方法就是利用计算机廉价的通信和协调能力有效地吸引更多的人参与其中，并以比现在更高效的方式组织他们的工作。当然，我们并不确定这会使人类群体的智能水平增加多少，但我猜想这个量值一定会远远超出大多数人的估计。

第五部分

还有其他办法能让超级思维更智能地思考吗？

第14章 更智能地感知

2015年9月，巴西的一位传染病研究者赛琳娜·M. 杜尔基（Celina M.Turchi）博士，接到她在卫生部的一位朋友的电话。这位被派驻巴西中部的朋友告诉她，卫生部收到报告说在累西腓市出现了数量惊人的小头（即患有一种叫作小头畸形的疾病）新生儿。杜尔基回忆道："有的医生说，'哎呀，我今天看到4例。'还有的医生说，'哦，真奇怪，我看到两例。'"[1]看着这些除了头部萎缩之外，其他地方看上去都很健康的婴儿，杜尔基感到极度不安。她说："我去了三家医院和一间实验室，一看到这些孩子，我就没办法不去想他们。"[2]

几个月来，没有人确切地知道是什么导致了这些症状。有些医生推测这是一种变态反应，有些医生认为这是一种叫作玫瑰疹的疾病，还有些医生认为它可能是由某种面部红疹引起的。在试图确定病因的过程中，医生们还对血液样本进行了检测，以确定有无诸如细小病毒感染、登革热、奇昆古尼亚热等疾病的迹象。

最终，他们证实了这种症状与寨卡病毒有关，这是1947年发现的一种通过蚊子传播的病毒，并以它首次被发现的地方——乌干达寨卡丛林的名字命名。几十年来，没有人关注过这种病毒，因为它非常罕见，而且人们以为它只会引起非常轻微的症状。[3]但突然间，它似乎就与非常严重的问题产生了关联。2016年2月，在与18位来自世界各地的专家和顾问开了一次紧急的电话会议之后，世界卫生组织宣布该情况为突发公共卫生事件。[4]

我在写作本书时，还不知道该事件的结局。但我们知道，医学界识别这种健康威胁的过程对集体智能来说至关重要。为了明智地采取行动，几乎所有的超级思维都需要以某种方式感知在周围世界中发生的事情，然后利用这些信息做出决策。这正是医疗界在解决这个问题的过程中所做的事情。结论并不是由单一个体独自得出的，而是依据从许多人和许多地方收集的信息，在大型群体中做出决策并采取行动。

在我和我的同事黛博拉·安科纳（Deborah Ancona）、旺达·奥利科夫斯基（Wanda Orlikowski）、彼得·圣吉（Peter Senge）写作的论文中，我们谈到了意义建构——在不明确的情况下感知正在发生的事情的能力——如何成为高效领导者的核心能力之一。[5]尽管在这篇论文中，我们聚焦于个体的意义建构，但意义建构也是群体能够拥有的一种能力。

例如，当企业试图回答以下问题的时候，它们正在进行意义建构：当我们向顾客介绍新产品时，他们的反应如何？上个月，我们销售了多少件新产品？在招聘销售人员方面，我们遇到什么困难了吗？公司债券的平均利率是多少？商业新闻界认为我们这个行业最热门的技术趋势是什么？

有时，群体在集体感知方面的表现非常糟糕。例如，1975年，柯达公司在美国胶片和相机市场的占有率超过85%，这时该公司的一位工程师史蒂夫·萨松（Steve Sasson）发明了公认的第一台数码相机。[6]但在这一发明诞生之后的几十年里，柯达公司一直不知道该如何从这项技术中获利。如今，几乎所有的相机都是数码照相机，而柯达却在2012年宣布破产，部分原因在于它从未对市场的这种根本性转变做出成功反应。

这并不是一次在感知基本的技术可能性方面的失败，柯达公司比其他任何人都更早知道那些事实。但我怀疑，柯达的高级管理人员和整个组织都太过专注于胶片摄影，以至于拒绝看见就在他们眼前的东西，也就无法做出必要的改变和恰当的反应。

当然，也有很多公司在集体感知方面表现出色。例如，1995年，当互联网刚刚进入公众视野的时候，比尔·盖茨利用他的一个“思考周”假期，对微软公司的人和其他外部人士建议他看的各种书籍和论文进行了阅读及思考。[7]休假回来后，他给微软公司的高管们写了一篇著名的备忘录——“互联网浪潮”。在这篇备忘录中，比尔·盖茨列举了微软公司需要彻底重新定位和重点关注互联网的理由。

微软公司的确这样做了，并成为少数几家在两个技术时代——个人电脑时代和互联网时代——占据主导地位的高科技公司之一。在这个案例中，成功的集体感知比平常更容易实现，因为首席执行官本人就拥有关键的洞察力（基于其他人为他提供的资料），并立即开始采取行动。

信息技术能为我们提供哪些帮助？

为了进行有效的感知，任何超级思维都需要收集和解读关于世界的信息。新型信息技术使我们能以巨大的规模和前所未有的信息解读深度去感知世界。

例如，研究寨卡病毒的医生和科学家利用电子邮件和电话会议等技术，共享来自世界各地的信息。而且，我们已经看到互联网是如何在良好判断力计划中帮助找到能成为“超级预测者”的与众不同的人的。这些超级预测者擅长感知世界上正在发生的事情，并将其概括为关于地缘政治事件的准确预测。

大数据

到目前为止，技术提升集体感知的最明显方式，就是利用大数据和数据分析。今天的世界充斥着超越以往任何时候的海量数据。在医学领域，我们拥有基因图谱、药物成本和医学检查结果。在商业领域，我们拥有几百万智能手机用户的GPS（全球定位系统）位置信息，以及他们在推特上发布的状态，在脸书上的点赞，在谷歌上的搜索记录和在亚马逊上的购物记录。在政府部门，我们拥有行人运动的视频、伤残索赔的信息，以及可以表明金融欺诈行为的交易数据。而且，所有这些新型数据都可以用非常有趣的新方法进行分析。

我一直不太喜欢“大数据”这个流行词，因为数据本身几乎总是毫无价值，除非某个超级思维——比如公司、政府或其他组织——对数据进行分析，并据此采取行动。事实上，从集体智能的角度看，大数据只不过是给极为丰富的感知方式起的一个名字，而感知自始至终都是集体智能的一部分。虽然人们已经不再那么狂热地关注大数据这个词了，但它的重要性并没有消失。

比如，有些零售商店会利用店内视频和触控地板来感知顾客的每一个动作，然后根据这些数据优化货架布局、产品展示和价格。或者更有趣的是，有些商店会利用航拍照片统计竞争对手停车场中的车辆数量，并据此估计竞争对手的业绩表现。

在医学领域，对几百万名患者的详细临床病史进行追踪，可以发现任何一位医生或者传统的医学研究人员都察觉不到的真相。例如，有人在对总部位于加利福尼亚的凯撒医疗集团的数据进行研究后发现，默克公司出品的药物万络有引起心脏病发作的严重风险，万络因此退出市场。[8]

还有一种重要的数据能测量实体对象的行为。例如，许多机械部件在完全损坏之前的较长时间里，会以一种异常的方式工作。它们可能会变得更热，振动更强烈，或者产生更大的机械应力。一旦你发现这些迹象，就可以在部件彻底损坏之前采取各种预防措施。例如，美国联合包裹服务公司（UPS）就利用这种方法，对其拥有的6万辆汽车进行预防性维修，从而节省了几百万美元。[9]通用电气公司设立了一个全新的软件业务部门，旨在从公司售出设备的相关反馈中获利。比如，它期望通过销售售后服务（包括根据对反馈数据的预测分析制订维护计划）获得可观的收入。[10]

所有这些案例都体现了物联网这种越发广泛的现象，在物联网中，实体对象（汽车、房屋、发电厂等）与互联网相连接，收集大量的数据，并根据数据自动做出反应。

隐私和信息也是财产

那些使大数据分析和新型集体感知方式成为可能的技术，也引出了谁拥有这些数据以及谁有权使用这些数据的重要问题。例如，你从一家在线商店购买了万艾可（“伟哥”，一种壮阳药），那么这家店是否有权出售你的购买信息呢？数据聚合商是否有权将这条信息与你访问过的所有其他网站、你在谷歌上的所有搜索记录等详细信息组合起来呢？

今天很多研究人员、政策分析师和其他人都在讨论类似的问题，我认为这种争论在未来只会变得越来越重要。尽管这些问题不是本书的主要关注点，但我还是想简要总结一下在过去30年里我自己对这个问题的思索。最初，我认为几乎所有的事情都应该被公开。[11]我在一个小镇中长大，非常熟悉“你认识的人知道很多关于你的事情”的环境，而且我知道这不是坏事。事实上，它会产生很多积极的结果。例如，如果你知道在一个小型社群中诚实有礼的名声会跟随你很多年，你就更有可能表现得诚实有礼。我以前的一位助教说过的一句话可以很好地概括我对隐私的看法，那就是“无聊的人没什么可害怕的”。

但近几年，我开始认为有些非常重要的事情应该保持其私密性，否则许多互动将很难或者不可能产生理想的效果。以下是我对未来几十年我们社会走向的一个简要总结：

- 大多数人对他们隐私的关注程度将大大低于许多隐私倡导者现在的预期。例如，大多数人会自愿分享他们的大部分购物信息，而且他们会因此获得某种货币（或其他）收益。
- 大多数商业交易行为将包含关于如何共享信息的明确条款，而且这些条款将会比现在网站上的难以理解的“使用条款”（我们中的大多数人看都不看就直接接受）更加标准化，也更容易理解。
- 总的来说，各种数据和知识的经济价值会越来越大，就像随着人类从狩猎采集社会进入农业和工业社会，土地、资本和机器的经济价值也显著提高了。
- 私人谈话（通过电子或其他方式）将保持私密状态。如果你的私人谈话内容被要求公开，那么有很多事情你将永远也不会说。例如，如果我知道我所有的朋友和同事都能知晓我跟我妻子说的跟他们有关的所有事情，那么我会坚定地把我对别人的很多感受都藏在心里。而且，我认为这样的世界实在不太令人满意。
- 许多商务沟通将保持私密状态，因为如果大多数公司知道其竞争对手能听到和看到它们所做的一切时，就很难运营下去了。

当然，你可以认为这些是我目前对我们将如何在“什么对超级思维有利”和“什么对超级思维中的个体有利”之间进行权衡的问题的最佳推测。

计算机-人感知

不管是保密还是公开，一个看似几乎无法避免的趋势是，未来会有越来越多的事物将通过电子方式被感知和记录。我们已经在电子邮件、短信和照片中记录了大量信息，而且，物联网中越来越普遍的传感器将采集到比现在更多的信息。在许多公共空间，每当一个人移动一根手指、走一步路或者说一句话时，这些动作都会被记录下来。对越来越多的制成品（比如汽车、手表和盒装牛奶）来说，每当它们移动一毫米、发生异常振动或者温度改变时，也都会被记录下来。

人们已经不能仅凭自身的力量来分析如此多的数据了。不过，机器也不能独立完成这项工作，因为它们无法理解肢体语言、语调和言外之意等事物之间的所有细微差别。在许多情况下，我们需要的是人机组合。要做到这一点，一种可能的方式是，利用一个与我们大脑中的多层神经网络类似的系统，去解读神经元从周围环境中获得的感觉信息。

神经网络

在你的大脑中，来自你的眼睛、耳朵和其他感官的神经信号会被输入一层一层的神经元中，各层之间通过一种能以越来越高的抽象水平解读这些信号的方式相连接。例如，如果你正在看着你的母亲，那么你的视网膜上的每一个感光神经元都会产生关于它接收到的光量和光色的信号。当附近的一些受体都看到相同颜色时，下一层神经元就会产生信号，表明它们看到的是呈现出这种颜色的一个区域。接下来的各层神经元会识别更复杂的图案，比如边缘、圆形、正方形、眼睛、鼻子，最终是你母亲的脸。

现在的很多机器学习算法利用的都是工作原理类似的人工神经网络。它们由多层模拟神经元组成，而且每个神经元都通过一个由不同权重的链接组成的系统与其他许多神经元相连接。

在某些情况下，我们可以通过先让机器进行低级感知（比如，在人群中识别恐怖分子嫌疑人），然后让人对基本数据的含义进行高级推理，把人类与计算机的感知结合起来。但是，作为一种人机感知的融合方式，这种经典的体系结构存在一些重要的局限性。

神经网络方法的局限性之一是，它通常需要大量的数据才能对所有模拟神经元之间的所有链接的权重进行适当的调整。例如，我们在前文中提到的通过观看YouTube视频网站上的1 000万张数字图像，学习如何识别人脸和猫脸等对象的系统。但是，对于许多重要的问题，没有足够的数据供我们使用。例如，如果你想预测恐怖袭击事件，可能根本找不到足够的关于以往的恐怖袭击事件的记录，计算机也就无法以足够的置信度对此类袭击可能采取的不同模式进行学习。

神经网络方法的局限性之二是，即使机器能够学习其中的一些模式，人们通常也无法理解机器是如何得出结论的。例如，如果机器能设法解释它们的推理过程，那么它们只会说，“我之所以预测出这次袭击，是因为我的数据库中的下列2 300万个链接对应着下列2 300万个0~1的值”。

有没有其他方法可以摆脱这些局限性，让人机组合对复杂的情况进行感知呢？答案是肯定的。为了说明其他可能性，我们来看看一个高度集成的计算机–人系统如何基于各种数据去感知恐怖袭击的风险。

感知潜在的恐怖袭击的计算机–人系统

首先，我们需要找到一种能追踪几千条事实和关系的方式，而且这些数据对人和计算机都有用。有一种叫作贝叶斯网络的技术方法在这方面的前景尤其光明，它用人和机器都能理解的概率来表达某种情况下的关键事实和关系。[12]

系统启动准备

在启动之前，系统需要收集大量关于可能事件以及它们之间的概率关系的信息。例如，我们现在知道，“9 · 11”恐怖袭击事件涉及将飞机用作武器的情况。美国政府中有不止一个人在袭击事件发生前就考虑到这种可能性了，如果美国的情报机构已经收集到几十种不同类型的恐怖袭击预测方案，这将会是其中的一种。如果这些专家也曾试图识别这种袭击类型的预警信号，那么他们很可能会想到与恐怖分子有联系的人会设法购买高级飞行模拟器，或者学习驾驶大型喷气式飞机。[13]

我们很容易想到，如果2001年有这样一个系统，专家们就可以将有可能导致这类恐怖袭击的事件模式的相关描述输入系统。例如，他们可以在系统中输入如果有人正在策划一次将飞机用作武器的袭击，那么将会发生各种其他事件（比如，恐怖分子接受飞行训练）的概率。这并不意味着他们能预先知道“9 · 11”恐怖袭击的方式，因为他们也会在系统中输入与很多其他类型的潜在袭击有关的类似事件及概率，包括在公共场所引爆炸药、当众释放生物制剂，以及驾车冲入拥挤的人群等。

探测实际威胁

这样的系统一旦运行起来，它就会不断地接收各种不同的信息，并自动计算出所有观测的综合结果。例如，在美国各地的分局工作的联邦调查局（FBI）特工，可能会填写专门设计的表格，列出接受飞行训练的人员名单。在华盛顿的美国中央情报局（CIA）分析师，可能会在其他表格中列出曾在阿富汗参加过基地组织训练的人员名单。当一个事实并不确定的时候，这种不确定性可以用概率来表示（比如，某个人参加过基地组织训练的概率为87%）。系统会根据它掌握的所有信息，不断更新各种不同类型的恐怖袭击的概率，以及可能参与这些袭击的人员和袭击地点。

事实证明，美国政府中的确有不止一个人获得了有可能阻止“9 · 11”恐怖袭击事件发生的信息，如果他们能把这些信息恰当地整合在一起就好了。例如，2001年7月，菲尼克斯市分局的一名特工向联邦调查局总部发送了一份备忘，提示存在“奥萨马 · 本 · 拉登努力协调”将学生送入美国飞行学校的可能性。这位特工之所以会做出这样的推断，是因为在亚利桑那州飞行学校里“值得调查的学员数量过多”。[14]

在接下来的一个月，联邦调查局明尼阿波利斯市分局对萨卡里亚斯·穆萨维（Zacarias Moussaoui）进行了独立调查。当时，穆萨维正在接受波音747飞机的飞行训练，但他完全不具备接受这种训练的一般资格。穆萨维提问的问题引起了他的飞行教官的怀疑，后者将他的情况报告给联邦调查局。穆萨维因违反移民法被逮捕，尽管其他情报机构也掌握了他与基地组织有联系的信息，但这一信息从未与有关飞行训练的报告联系在一起，也就没有进行更深入的调查。[15]

这两条信息未被联系起来的部分原因在于，中央情报局和联邦调查局等机构之间在信息共享方面存在诸多限制。但即使信息在情报界得到了更广泛地分享，也不能保证有任何一位忙碌的人类分析员会将这些信息拼凑在一起，并意识到它们的重要性。

然而，如果存在像我们在上文中提到的计算机–人系统，那么这个系统很有可能在无须任何人帮助的情况下，注意到有关穆萨维的这两个事实意味着什么，并提醒人类加以关注。当然，这个系统可能也会注意到成千上万个其他潜在的威胁，只在它利用概率估计或其他方法对这些威胁进行排序，从而使最重要的威胁排在前面时，才会对我们有帮助。但即便是这种简单的跨多种信息源的自动识别模式，也可能具有巨大的价值。

我们还可以利用这个系统做更多的事情。

自动输入事实

到目前为止，我们讨论的一切都是以情报人员必须录入系统需要的所有信息为假设前提。不过，计算机系统也可以自动收集各种有用的信息。例如，它们可以自动追踪某些事实（比如，谁接受了飞行训练，以及谁通过电子邮件与恐怖分子嫌疑人联系），并将这些事实输入系统，无须任何人工辅助。

人工神经网络还可以不间断地分析来自社交网络、监控录像和其他源头的各种数据，找出需要由人类分析师审查的待关注事实。尽管有些事实在经人类确认后，可能根本不需要输入系统；但在其他情况下，人工神经网络的表现非常好，以至于完全不需要人类的确认，事实及其恰当的概率估计值会被自动输入系统。

让人和机器对同一概率做出估计

使用像贝叶斯网络这样的技术的一个好处是，人类和计算机都可以理解及估计相同的概率。例如，如果人类情报分析员截获的在线通信内容让他们认为，在超级碗赛场上发生恐怖爆炸的概率比他们之前认为的高得多，他们就可以手动调整人类对这一事件概率的估计值。然后，系统会调整其内部的所有其他概率，使之与这条新信息保持一致。[16]

事实上，就像我们在第 8 章中看到的那样，你甚至可以想象让人类和计算机都参与预测市场，去估计关键事件的发生概率。由于人们会因为做出准确的预测而得到报酬，所以这显然会激励他们花时间去估计那些能让他们的知识发挥重要作用的概率。

这真的可行吗?

我们并不能保证这样的系统总能识别出潜在的恐怖袭击，因为在许多情况下，根本无法获得必要的信息。而且，如果这样的系统有权访问太多的信息，也会引发隐私问题。

或许更重要的是，各种制度和法律方面的障碍会导致它很难完成这些任务。例如，有些规定禁止在机构之间有时甚至是在机构内部共享某些类型的信息。而且，即使精密的计算机–人系统能对潜在威胁的概率做出极其准确的估计，也不能保证人类决策者会信任它们。

但我认为上述设想表明，情报界可以朝着这样一个方向发展，即创造一个超级思维，利用人类和计算机的不同能力，对恐怖主义威胁做出更高效的感知。美国的情报机构已经在做这样的事情了吗？我不知道，即使真是这样，那些情报人员可能也不会公开谈论这件事，但如果说他们距离我们想象的系统还差得很远，我也不会感到惊讶。

我还认为，不仅是在恐怖主义的侦查方面，而且在其他很多领域，使用这样的感知方法都有巨大的潜力。例如，预防恐怖主义与预防其他类型的犯罪有一些相似之处，我们将在第16章中看到，警探也可以用类似的方法来识别和调查嫌疑人。在第17章中，我们还将看到如何用类似的方法来感知和组合各种信息，从而评估一家公司可能选择的不同战略的成功概率。

在本章中，我们看到了具有集体智能的群体需要如何感知他们周围的世界正在发生的事情。我们还列举了一些关于信息技术如何用人机结合的新方式，在商业领域和预防恐怖主义方面进行意义建构的案例。

在第5章中，我们提到在一个拥有完美智能的超级思维中，所有的决策都会考虑到群体的每个成员知道的一切信息。当你第一次读到它的时候，你可能会认为它是一个不可能实现的乌托邦理想。但在本章中我们已经看到，高度集成的计算机-人感知系统会在某一天让这样的事情成为可能。

这并不是因为所有人都会彼此充分沟通，从而了解其他所有人知道的一切，这也不是因为某种神秘的联系让所有人都能完全了解彼此的想法。相反，这是因为每个人都会将他了解的信息输入一个系统，该系统会自动计算出所有信息的综合结果，这也是因为这个系统可以让每个人看到与他的决策相关度最高的结果。

今天，如果没有一套统一的会计系统追踪公司所有财务交易的综合结果，并将它们打包传给公司中需要了解这些信息的人，那么我们是不会考虑经营一家大型公司的。在未来，如果不利用很多其他（更主观的）的信息做类似的事情，那么运营一个大型组织同样会让人无法想象。事实上，我们的子孙后代可能很难理解，我们所属的组织在21世纪初是如何“闭着眼睛”做出这么多决策的。

第 15 章
更智能地记忆

在写下这段话的几天前，我搭乘飞机从波士顿去新墨西哥州的阿尔伯克基看望我的母亲和妹妹。幸运的是，这趟由美国航空公司提供的飞行非常顺利，但当我现在回想起这次飞行时，我突然意识到，如果这个叫作美国航空公司的超级思维没有大量的集体记忆，这次飞行就完全不可能实现。

美国航空公司从1930年开始从事载客飞行业务，所以它不需要在每次有乘客登上飞机时，都把飞行程序从头到尾想一遍。其中一些记忆已经嵌入了航空公司使用的实体对象中，比如飞机、餐车和维修设备等。这些对象反映出一代代人学到的关于飞行的经验教训，从古代发明轮子的人到在基蒂霍克试飞成功的莱特兄弟，再到西雅图的波音公司工程师。

但是，如果有一群人每天都需要弄明白该如何操作这些设备，那么我可不想搭乘任何一架飞机。事实上，美国航空公司有超过10万名员工，每个人都专门负责一项特定的工作。飞行员记得如何驾驶飞机；维修人员记得如何给飞机加油；乘务员记得椒盐卷饼放在哪里，以及在紧急情况下如何疏散乘客。

在美国航空公司掌握的信息中，有很大一部分不仅存储在个体员工的大脑中，也嵌在将他们的行动整合在一起的组织例程中。飞行员知道维修人员会以何种方式和什么时候给飞机加油。乘务员在每次飞行前都要依靠地勤人员来补充食物和饮料。所有这些集体记忆在我知道自己想飞往新墨西哥之前就早已存在了。

我预订机票时使用的是我在美国航空公司的常旅客号码，所以航空公司也记得我。而且，由于我在美国航空公司积累了很多里程，所以他们给我安排了一个好座位，并让我优先登机。当我把登机牌交给登机口的服务人员时，她把登机牌放在扫描器上，因为美国航空公司的计算机系统中有我的预订记录，所以它确认我有权乘坐这架飞机，并记录下我登机的信息。当飞机降落在阿尔伯克基，我走下飞机享受着新墨西哥的温暖阳光时，美国航空公司的计算机系统记录下我的常旅客账号中又积累了1 536英里[①]里程的信息。

当然，这没什么特别的，我们把所有这些集体记忆都视为理所当然。但是，在我们的日常生活中，或者在我们整个社会的运转过程中，如果没有集体记忆，那么几乎所有事情都做不成。如果不记得如何生产顾客想要购买的产品，任何企业都无法存活。如果没有科学家“站在巨人的肩膀上”，科学界就不可能取得任何进步。如果没有人知道该如何买卖物品，那么任何市场都无法运行。

但是，超级思维是如何记住所有这些事情的呢？作为个体，每当你要记住某件事的时候，都必须以某种方式对它进行编码、存储和之后的检索。当超级思维要记住某件事时，也必须历经这三个阶段。

① 1英里≈1.61千米。——编者注

但要做到这一点，超级思维中的个体就需要以某种方式协调他们的工作。例如，群体中的不同成员通常各司其职。我认识一对夫妻，丈夫总是负责开车，妻子总是负责导航，告诉他该去哪里。团队、公司和几乎所有其他群体都会以类似的方法分工，决定谁该记住什么，以及评估彼此在各自工作上的可信度。[1]

相比个体记忆，集体记忆的一个关键方面是，集体记忆通常需要个体之间的交流。如果你和我属于同一个群体，而且你需要“记住”只有我才知道的事情，为了能让你做到这一点，我们必须互相交流。

信息技术如何助力群体记忆？

有助于群体记忆的一项最重要的信息技术是书写，或许因为它太平淡无奇了，以至于你可能不会把它视为一种信息技术。从大约 5 000 年前开始，这项最早出现的主要信息技术就一直在深刻地改变着人类群体的记忆方式。当一些东西被记录在莎草纸或一块黏土上时，就可以保存很长时间，但编码和解码过程（即书写和阅读）却需要长年的专业训练和学习，并且需要花大量的时间和费用。存储大量书面材料的成本高昂，而且我们花了几个世纪的时间才开发出有效的组织大量信息的方法（比如按字母顺序归档），以便进行高效的检索。

第二项主要的信息技术是印刷术，它使得复制多份书面材料的任务变得便宜和简单得多，从而让更大规模的群体能够将书写作为群体记忆的工具。

如今，信息技术的第三次浪潮带来的电子通信与计算技术，又一次深刻地改变了编码、存储和检索信息的成本及能力。自从20世纪50年代电算化会计等早期应用出现以来，这些新技术一直在改变群体记忆所有事物的方式，从个人照片到与客户互动，再到病史。

在许多情况下，这些技术会让编码过程变得更简单。例如，当要被记住的初始活动（比如在线购物）以数字形式发生时，编码过程会作为行动本身的副产品自动发生。新技术也可以自动记录音频、视频和许多其他类型的感官信息，还可以生成关于这些东西被记录的时间、地点和相关人员等因素的元数据。它们在自动将多种言语转录成文本方面的表现也越来越出色，而且正如我们看到的那样，它们还越来越擅长识别感官信息中的图案，比如视频图像中的人物照片。

这些新型信息技术给人类记忆和以纸为介质的技术带来的最显而易见的优势或许是，它们能为几乎无限的信息提供近乎完美的存储方式。

然而，基于技术的记忆过程存在的最大局限性就是检索。尽管像谷歌搜索引擎这样的技术在检索你想要的信息方面通常表现得非常出色，但对于许多类型的问题，它们仍然比不上一个知识渊博的人。事实上，在20世纪90年代，研究人员学到的关于知识管理的重要经验之一是，在线知识管理系统通常能做的最有用的事情，就是帮你找到拥有你所需信息的人，而不是找到包含这些信息的文档。

提升群体的工作记忆容量

如果你上过心理学导论课，那么你或许会记得自己学过工作记忆和长期记忆之间的区别。工作记忆是存储你当下正在处理信息的地方，比如，你想打的电话号码，你考虑购买的不同车型，支持或反对今晚去看电影的理由。工作记忆非常短暂，你很快就会忘记存储在这里的一切信息，除非你一直想着它们。工作记忆的容量也是有限的，你在工作记忆中无法一次存放超过6个信息“块”。（试试在不用笔写下来的情况下，记住一个15位数！）

然而，即使在你不去想它们的情况下，长期记忆也可以无限期地保留，而且它可以包含比工作记忆多得多的信息。在这里，你可以存储第一任美国总统的名字，你在哪里上的高中，以及你的第一只宠物的长相等信息。

显然，信息技术可以增加超级思维的长期记忆的容量和可靠性。但是，工作记忆呢？在一个面对面的环境（比如一场商务会议）中，白板是一个可以提升超级思维的工作记忆容量的简单工具。当你在白板上写下条目时，房间里的人就能一直看到和获取这些信息。这样一来，每个人都可以不断地比较和组合白板上的不同条目，而不必把它们全部记住。

对那些成员不在同一个房间里的大型群体来说，信息技术也可以起到类似的作用。例如，你可以说这是我们在第9章中介绍过的在线论证系统的最重要功能之一，它们提升了超级思维进行复杂论证所需的工作记忆容量。在群体讨论中，人们通常会记得他们最近做出的或者已经认同的论据。但是，有了在线论证系统的帮助，群体中的每个人都可以随时便捷地看到整个论证过程，以及总结所有的关键立场和支持性论据。这可以提升群体根据从论证导图中归纳的信息做出明智决策的能力。

或者，你可以想想像气候合作实验室举办的那种在线竞赛，它们在寻找和比较大量备选方案时也能发挥类似的作用。在竞赛中，主要决策者和公众不只是关注他们最近听到或者著名专家提出的解决方案，而是每个人都可以看到一份完整的列表，上面有所有参与者提出的所有方案。

当然，这样的列表可能会相当长，所以气候合作实验室运用了各种列表排序法（比如，专家评判和社群投票），旨在将注意力引向一些最具前景的备选方案。将所有方案聚集在一处，这使得人们可以对它们进行系统的比较，从而提升群体做出最佳选择的能力。

事实上，心理学家发现，与一个人的通用智能（通过智商测试来衡量）相关性最强的因素之一是，他在工作记忆中可以同时保留的事情数量。[2]也许这同样适用于群体，而且，通过提升群体的工作记忆容量，我们或许能够提高群体的智能水平。

记忆几百万份病例

医师在学习如何行医的过程中，每年可能会见到几千名患者，当他们给一位新患者看病时，通常会利用他们对类似病例的记忆来做出诊断。这些详细的病例记忆，以及从新病例中发现规律和识别相似性的能力，是从医科学生向合格医师转变的关键部分。

类似的事情也发生在整个医疗领域。当医生看到一系列新症状同时出现时，就像他们在遇到寨卡病毒时所做的一样，他们可能会命名一种新疾病，并且（期望）找到治疗它的好办法。但是，医学并不总是一门精准的科学，就像我们前文中提到的施乐复印机的维修技术员一样，医生们也经常彼此分享他们处理值得关注的病例的“英勇事迹”，还会在诊断疑难病症时寻求相互帮助。

如果我们能给这个过程插上新型信息技术的翅膀，会怎么样呢？这正是一个被称为“人类诊断计划”的群体正在尝试做的事情。[3]这个群体并没有利用信息技术让医生为患者做诊断时实现自动化，而是利用信息技术为医学界进行协同诊断的过程提供支持。

它的工作方式如下：当医生和其他临床医生对患者的诊断结果拿不准的时候，他们会把患者的症状，以及所有实验室化验结果和可能的诊断结果输入人类诊断计划系统。然后，这个系统会帮助他们把这个病例分享给世界各地的同行，并得到关于进一步的化验、诊断和治疗的建议。例如，如果你是非洲一个偏远村庄的护士，就可以利用这样的系统从日本或德国的专家那里获得有助于你更好地治疗患者的意见。即使你是来自波士顿马萨诸塞州总医院的顶级专家，有时也依然能从别人的意见中获益。

全世界的医生和医科学生群体已经利用人类诊断计划，对几千个病例进行了诊断。这些病例的初步分析结果表明，临床医师群体的综合诊断结果明显比个体医师的诊断结果更准确。[4]也就是说，这种协同诊断工具在提升今天的医疗水平方面已经起效了。

但是，最引人注目的一种可能性是：随着这类系统的发展，它最终可能包含几百万个关于人类疾病的案例。根据世界卫生组织的数据，目前已知的人类疾病有7万种，2010年在美国，仅因其中10种疾病住院的患者就占所有住院患者的30%。[5]因此，这个知识库将很快包含成千上万个常见疾病的案例，并最终涵盖大多数其他疾病的案例。到那时，对疑难杂症（可能是一种极其罕见的疾病）的诊断，通常只取决于人类诊断计划中有无与之症状相似的其他患者，以及他们的最终诊断结果是什么。

当然，编写能够确定相似病例的软件并不总是一件容易的事。但是，对数据库中既有病例的一项早期研究表明，某种机器学习算法与医科学生的诊断准确度（66%）大致相同，略低于医师（72%）。[6]

为了使用这样的系统，人类通常需要对即将输入系统的症状和其他信息进行识别及分类。而且，专家医师可能需要诊断不符合任何已知病例的疑难病例。

但是，会有越来越多的医务人员，甚至是患者，能几乎立即根据某个医学社群超级思维的集体记忆，对他们的病例做出可能的诊断，这个超级思维看过和记忆的病例比任何一位医生终其一生看过的还要多得多。

在本章中我们看到，记忆对几乎所有超级思维的运转而言都是至关重要的。我们也了解到，新型信息技术将如何帮助超级思维更接近完美记忆的理想状态，以及这通常会如何使超级思维越发智能。

第16章
更智能地学习

1769年，法国人尼古拉斯–约瑟夫·居纽（Nicolas-Joseph Cugnot）制造出许多历史学家认为的世界上第一辆汽车，它是一辆由蒸汽驱动的三轮汽车。[1]在接下来的两个半世纪里，汽车行业的市场和层级制企业组合体，反复学习如何能让汽车变得越来越好。这种学习不只是感知和记忆事物，更重要的是从做中学，也就是通过经验得以提升。

例如，一家由尼柯劳斯·奥托（Nikolaus Otto）领导的德国公司，在1876年生产出第一台现代内燃机。随后，分别由戴姆勒（Daimler）、本茨（Benz）、福特（Ford）和克莱斯勒（Chrysler）等人领导的公司继续改进汽车，增加并改良了转向和制动等功能的相关新技术。[2]

到20世纪初，小型汽车公司已有数百家，每家都只生产少数手工制造的汽车。[3]在同一时期，福特汽车公司开发出装配线，并利用它生产了大量的T型车。[4]很快，其他汽车公司也采用了这种大规模生产的技术，并进行了更多的组织创新。例如，通用汽车公司开创了多部门层级制，丰田汽车公司则率先实施了准时生产的库存管理方法。

汽车行业也良好地适应了各种环境变化。当世界处于战争时期，汽车制造商为军队生产车辆。当世界处于和平时期，它们又为平民生产了更多汽车。20世纪70年代末，由于汽油价格上涨，汽车行业生产出更省油的汽车。20世纪80年代，随着油价下跌，汽车的平均燃料效率也下降了。[5]

有些学习过程发生在个别层级制企业凭借经验不断提升的时候。例如，当福特公司于1908年推出T型车时，每辆的售价是850美元，但到了1925年，福特公司大幅降低了T型车的成本，使得每辆的售价降至不足300美元。[6]有些学习过程发生在不同的公司尝试了很多种不同的东西，然后其他公司采纳了其中效果不错的想法（比如装配线）的时候。有些学习过程是市场供求力量博弈的简单结果：当顾客不想购买油耗高的汽车时，这种车的产量就会下降。还有些学习过程则是市场鼓励经济学家约瑟夫·熊彼特（Joseph Schumpeter）所谓的“创造性破坏”的结果：那些知道该如何从汽车销售中获利的公司越来越大，而那些未获利的公司就倒闭了。

所有这些学习过程都是超级思维进行的集体学习。有些发生在层级制中，有些发生在市场中，还有一些发生在科学界以及汽车行业之外的其他社群中。为了启动这种集体学习，个体当然也要学习。但是，仅凭个体学习永远也不足以让整个汽车行业去学习、改变和适应，就像我们在上文中讲到的那样。

当然，尽管汽车行业非常重要和引人注目，但类似的集体学习几乎发生在所有行业以及社会的各个部门。

开发与探索

对个体和超级思维来说，一般有两种重要的学习方式：开发和探索。[7]当你通过开发的方式学习时，你会一遍遍地做同样的事情，随着时间的推移，水平不断提高。例如，心理学家赫尔曼·艾宾豪斯（Hermann Ebbinghaus）利用学习曲线的概念，分析了通过反复练习做某件事，你的进步会有多快。商业理论家使用同样的概念分析当组织在某些活动中积累了更多的经验时，它们的进步速度会有多快。[8]例如，福特公司也是受益于这种学习曲线效应，重复制造同一款汽车让它学会了如何简化流程，进而随着时间的推移，它才有能力降低T型车的价格。

当你通过探索的方式学习时，你会不断尝试新事物，以便了解哪些做法有用而哪些做法没用，然后你会做更多有用的事情。孩子们在玩耍时通常都是以这种方式进行学习的；当制药公司试验许多可能的新药，希望其中少数药物能大获成功，从而弥补那些没有疗效的药物带来的损失时，也是在用探索的方式进行学习。市场通常特别擅长探索，因为它们能轻易地同时尝试多种方法。例如，当一个行业中有很多高科技初创企业时，即使只有少数几家成功，整个市场也依然能学到哪些做法可行，而哪些做法不可行。

当然，大多数人和大多数超级思维都会以开发和探索相结合的方式进行学习，但把它们看作两种不同类型的学习方式是有效的。

信息技术如何帮助超级思维学习？

信息技术帮助超级思维学习的最显而易见的方法之一，是帮助群体记忆并分享个体各自学到的经验教训。我们从前文中施乐维修技术员用于分享复印机修理技巧的系统中，已经看到了这一点。这样的案例还包括公司从行业杂志、会议和其他媒体中学习它们所在行业的最佳做法。

信息技术可以帮助超级思维学习的另一种显而易见的方法是，让人类已经会做的工作实现自动化。例如，在20世纪90年代，许多组织进行了业务流程再造，在这个过程中，它们分析了业务流程并试图改进，它们通常采用的方式是利用计算机使一部分工作自动化。在这些早期的再造项目中，引入计算机常常是一个又大又昂贵的破坏因素。但今天，为了持续不断地利用获得更多计算机支持的机会，我们从一开始设计流程的时候，就应该采取一种让人做的事情和计算机做的事情之间的边界尽可能柔性的方式。[9]

计算机-人学习循环

要做到这一点，可采用的方法之一是创建计算机-人学习循环。在这个循环中，人与计算机一起工作，而且常常通过让计算机做越来越多的工作，使学习效果随着时间的推移变得越来越好（见下图）。[10]

为了构建一个计算机-人学习循环，我们需要系统地追踪尽可能多的关于输入、采取的行动和输出的实际数据，然后对这些数据进行分析，从而不断提升学习效果。对医生、律师和复印机维修技术员来说，这些数据可能包括与他们处理的案例及其结果有关的事实。对销售人员来说，这些数据可能包括潜在客户的特征，销售人员采取的行动，以及最终的销售额。对会计人员来说，这些数据可能是与客户的财务状况和他们最终的纳税申报单中的信息有关的事实。换句话说，我们想要利用尽可能多的数据来加快计算机-人超级思维的学习进度。为了了解这种方法是如何发挥作用的，我们以一位警探的工作为例进行说明。

创建一个用于破案的计算机–人学习循环

我承认我对警探的工作没什么实际经验，但是通过观看大量的犯罪电视节目和阅读各种犯罪小说，我认为自己在这方面可以算一个专家。为了让这个例子更加具体，让我们来看看在迈克尔·康纳利（Michael Connelly）的多部小说中担当主角的哈里·博斯（Harry Bosch）的工作，他是我最喜欢的虚构侦探之一。

正如你可能猜测的那样，哈里是一位非常优秀的侦探：睿智，富有创造力，见多识广，而且非常热爱自己的工作。他也有点儿叛逆，对官僚制度和怀有政治动机的上级缺乏耐心。你也可以称他为老派侦探，因为他似乎从来不想采用新技术。但从长远来看，我认为他最终可能会非常支持我们接下来要谈的设想。

一个计算机–人学习循环如何能帮助哈里及其同事更好和更快地破案呢？我担心哈里首先不得不停止依赖被他称为“凶案记录簿”的那些活页夹，里面是他在调查过程中收集到的所有纸质文档。事实上，关于案件的所有信息都需要在线存储，并且尽可能以机器可以理解的方式格式化。凶案记录簿中的大部分内容将通过电话、电子邮件、在线交流和每日的口述案件进展摘要等形式被自动记录下来。这些案件记录还包括案件最终的处理情况，即谁被起诉，在庭审中使用了什么证据，以及被告最终是否被判有罪。

记住以前的案件。如果你只有一本在线凶案记录簿，那它可能不会比哈里的纸质凶案记录簿更管用。但是，假设我们的计算机–人学习循环能够利用的不只是一本凶案记录簿和哈里对过去案件的记忆，它还可以利用哈里供职的整个洛杉矶警察局的所有案件档案中的全部记录。或许，它甚至可以获取整个美国执法系统，或者是全世界的所有案件档案。

当然，这会引发各种隐私问题，所以我们假设其中一些信息出于隐私原因而被排除在外。不过，可获得的信息仍然有很多，即使已经做了几十年警察的哈里也无法独立获得这么多的信息。例如，一些案件档案或许能帮助锁定一个在很久之前使用特定手法实施犯罪的连环杀手。

识别常见模式。不过，如果这个系统不仅能帮助记忆案件资料，还能帮助识别包括哈里在内的所有人都没有注意到的模式，事情就会变得真正有趣起来。例如，根据我从犯罪小说中获得的丰富经验，当丈夫被谋杀，而且没有其他明显的犯罪嫌疑人时，他的妻子就会成为头号犯罪嫌疑人。但是，世界上还有多少未被人类识别出的模式呢？随着时间的推移，计算机–人学习循环中的机器将会识别出越来越多的模式，并将其展示给人类侦探。在第14章中，我们看到了一个计算机–人系统如何利用人类预先输入模式的案例。但在这里，我们会看到一个系统如何通过观看大量的案例来学习新模式。

计算机–人学习循环还可以帮助识别并改进破案过程中的模式。例如，除了探长之外，如果有更多的人就下一步行动发表意见，可以使破案的可能性增大，会怎么样呢？或者如果结果恰好相反，又会怎么样呢？也许，即使破案过程中的较为微妙的方面也至关重要。比如，在我看来，哈里在处理大案子时，通常觉睡得很少。如果事实证明从统计学上讲，探长的睡眠时间越长，破案的可能性就越大，会怎么样呢？

常见模式自动化。计算机–人学习循环的一个关键部分是，计算机逐步接管越来越多的工作。例如，有人曾经在麻省理工学院健身房的储物柜里，偷走了我钱包里的钱。拿着我的报案材料的那位警察说，他们可能会查看健身房里的监控录像。但我怀疑，这是因为我的案子不够重要，以至于不值得他们花时间这样做。看吧，他们直到现在也没有抓到那个小偷。

随着时间的推移，计算机通过学习可以完成更多的工作，从而在像这样的案件中发挥作用。例如，当人类侦探通过查看监控录像来侦破丢钱包这类小案件时，他们通常会寻找在案件发生前后出现在这个区域的可疑人员。在我的案件中，有一位健身房的服务员告诉我，当月已经发生了三起类似的盗窃案，所以人类侦探可能会仔细梳理录像，看是否有一个人在每次案发时都出现在现场。

如果把这件事交给计算机来做，即使目前的人脸识别技术还相当有限，效果也会很好。人类侦探不必亲自查看所有录像，只需要给计算机三天时间，让它扫描在三次案发时都出现过的面孔。这可能会帮助警察抓到偷我钱包的人，而且无须他们将过多的时间和精力从更重要的案件上移开。随着时间的推移，一有小偷小摸的犯罪报告被输入系统，计算机可能就会自动完成这项工作。

一般来说，计算机可以通过做一些类似于推荐潜在专家，分析电话记录的事情，甚至是提出关于作案人、作案动机和案发过程的假设，变得越来越有用。这里的关键点在于，哈里的同事不应该试图一劳永逸地使整个破案过程计算机化。相反，他们应该创建一个柔性系统，该系统不仅会对每个案件的大量相关数据进行追踪，帮助人和计算机从所有这些经验中学习，还会让侦探很容易地将越来越多的工作转交给计算机来完成。

医学、法律、会计等领域的计算机-人学习循环

类似的学习循环也可以被用来帮助许多其他类型的超级思维，学习如何更有效地工作。例如，在前几章中，我们看到医生可以通过询问他们同事的建议，并让计算机记录下沟通过程的方式建立医疗病历库。显然，自动化系统可以利用这些病历库，找到针对不同类型患者的各种症状组合的治疗模式。律师也可以用类似的方式处理法律案件，维修技术员也可以这样处理服务电话记录，会计也可以这样处理纳税申报单。

随着时间的推移，计算机将能够自行完成更多的工作。例如，在税务会计方面，已经有可以自动填写简单的个人纳税申报单的网上工具了。计算机-人学习循环将让机器观看人类填报更复杂的纳税申报单的过程，从而逐步学习人类在不同情况下采取的行动。起初，这些机器可能只会向

人类提出行动建议。最终，机器可能会自动采取人类通常会认可的行动。

我认为，在计算机有足够的通用智能来完成人类能做的一切事情之前，还有很长的一段时间。但与此同时，由人与计算机构成的超级思维将会通过极其有效地从自己的经验中学习，不断提升他们的表现。

从实验中学习

就像我们在前文中看到的那样，另一种有效的学习方法是探索，也就是系统地探索不同的可能性，看看哪些是行之有效的。例如，经济学家里卡多·豪斯曼（Ricardo Hausmann）提出了一种通过探索方式学习如何在课堂上使用平板电脑的方法。[11] 如果我们鼓励很多老师与不同学校的各类学生一起尝试很多不同的东西，然后寻找哪些做法在哪些地方有效的模式，会怎么样呢？对住在富人区、喜欢玩电子游戏的五年级男孩来说，当你让他们玩囊括了他们最喜欢的电子游戏中的那些奇幻主题的教育游戏时，学习效果可能是最好的。对生活在低收入社区、喜欢踢足球的八年级女孩来说，当你让她们持续看到她们的在线测试表现与其朋友们之间的差距时，她们的学习效果可能会最好；或者也有可能恰恰相反！

重要的是，还有那么多的变量要考虑，还有那么多的模式要寻找，所以我们应该让尽可能多的人发挥他们的创造力想出各种有趣的事情并进行尝试。当然，在有些情况下，我们需要做精心控制的实验，看看哪些结果的取得只是由于运气好，以及哪些结果是可重复的。这种方法有助于鼓励由世界各地的教师组成的超级思维，快速地探索很多有趣的可能性。

当然，能够提出假设并对其进行验证的不只有人类。计算机也能做到，例如，脸书网和Quora问答网站上的自动化系统一直在做实验，看你会对哪类新闻做出反应，并据此为你推送更多类似的新闻。

机器人科学家亚当

我最喜欢的一个关于计算机从实验中学习的例子，就是机器人科学家“亚当”。[12]亚当是由罗斯·金（Ross King）及其在亚伯大学和剑桥大学的同事共同开发的，它的智能和体能足以承担整个科研过程，即提出假设、设计实验、运行这些实验、解释结果，然后形成新的假设。亚当的专长是理解实验室常用的酵母菌的基因组。

研究人员为亚当提供了一个数据库，其中包括我们已知的与酵母菌的新陈代谢有关的基因和酶，亚当的工作就是帮助弄清楚哪些基因负责合成酵母菌中的“孤儿酶”，也就是那些还未与任何基因发生联系的酶。为了完成这项任务，亚当利用全自动的离心机、培养器、移液管和生长分析仪做了数千次实验。在这个过程的每一步，亚当都会基于先前的实验结果探索新的假设。人类技术人员的唯一任务就是定期添加被消耗的溶液和清除废弃物。

最终，亚当发现有三种基因共同编码了其中一种孤儿酶，这是人类研究者在几十年间都未曾发现的知识。开发亚当的科学家通过独立的人工实验证实了这一结果，他们认为亚当是第一台“独立发现新科学知识”的机器。后来，这个团队又开发了另一个名叫“夏娃”的机器人科学家，它会用一种类似的方法来做自动化药物测试。[13]例如，夏娃已经发现之前研制的一种用于治疗癌症的药物，也可以有效地预防疟疾。

我们有很多理由认为，机器人科学家亚当和夏娃都是有吸引力的案例。第一，它们表明机器能够完成以前只有人类能做到的部分科研工作。第二，它们展示了在科学实验室中如何利用计算机–人学习循环系统。开发亚当和夏娃的科学家并没有因此失业，他们只是提高了他们的工作效率。机器人科学家虽然只能做最常规的提出和验证科学假设的工作，但这却能解放人类科学家，让他们去做更加困难和更有创造性的工作。

这些案例为我们一直在问的“人与计算机如何合作才能比他们各自

独立工作时更智能？”的问题，提供了另一个答案。在这个案例中，利用机器人科学家使实验中尽可能多的实操工作实现自动化，是有效的做法。而且，它们能够自主地生成和完善假设，也是大有帮助的。

但是，为什么不让人们看到机器的所有思考结果，然后提出他们自己的新假设呢？为什么不让机器通过比人类更全面的方式浏览现有的科学文献，从而在人类做任何新实验之前，帮助他们改进和验证这些新假设呢？为什么不让人类和机器都参与关于哪些假设在下一步的研究中最具前景的讨论呢？

当然，除了科学领域之外，类似的提出假设和完成实验的半自动化过程也可以应用于其他许多领域。如果我们能用这种方法弄清楚哪些技巧的在线销售效果最好，哪些类型的宣传最能吸引潜在的选民，以及如何实现工厂运营最优化，会怎么样呢？

现在我们已经知道，信息技术如何通过更有效地从它们的自身经验和系统化的实验中学习，来提升超级思维的表现。当然，这并不一定会让超级思维变得更智能，但我认为这肯定会提高它们变得更智能的可能性。

第六部分

超级思维如何帮助我们解决问题？

第 17 章
公司战略规划

在本书中，我们一直在探讨超级思维如何帮助人类解决各种问题。现在，我们准备把从这些案例中学到的东西结合起来，展示超级思维如何能帮助解决我们当下面临的三种重要问题。我们将会看到，想要有效地解决问题，通常不只是需要挑选出一类适合这个问题的超级思维，而是需要挑选出能相互协作的各类超级思维，组成一个更大的超级思维。

在本章中，我们先来看看超级思维如何帮助公司进行战略规划。

什么是公司战略规划?

公司的“战略规划”有很多含义。例如，在一些大公司中，“战略规划流程”实际上只是年度预算流程的一种委婉说法：公司的各个部门将预算呈交给上级审批，并说明将如何使用这些资金。但在技术型初创企业中，业务本身的整体概念化就是一种战略规划：我们将提供什么产品或服务？如何提供产品或服务？我们将把产品或服务卖给谁？为什么客户要从我们这里而不是从我们的竞争对手那里购买？

在这里，我们要关注的那种战略规划是大公司做出真正的战略决策的过程，这些决策通常关乎它们打算进行的变革是否匹配它们面对的市场，提供的产品和服务，以及它们希望获得的竞争优势。为了让我们的讨论具体化，我们将以宝洁（P&G）公司这家传奇的消费品企业为例，探讨它是如何以新方式进行战略规划的。

请记住，我针对战略规划提出的新可能性就只是可能性，我没有理由认为宝洁公司目前正在这样做。但我认为，宝洁公司和其他许多公司未来有可能会这样做。

宝洁公司过去是如何做战略规划的？

宝洁公司前首席执行官雷富礼（A. G. Lafley）写过一篇文章，重点讲述宝洁公司在他的领导下采用的战略规划过程，我们在这里将主要围绕他的这篇文章展开讨论。[1]根据雷富礼及其合著者的说法，宝洁公司的战略决策聚焦于一系列关键问题，这些问题包括：公司的总体目标，想要占领的市场，为客户提供的价值，能提供这种价值的活动，以及能胜过竞争对手的战略优势。

例如，在20世纪90年代末，宝洁公司正是利用这个过程来决定是否要成为全球美容护理行业的主要参与者。一个关键的问题是，宝洁公司在护肤品方面缺乏一个有信誉的品牌，而护肤品是这一行业中规模最大、利润最高的部分。宝洁公司只有玉兰油[2]这一个护肤品牌，而它的销售量较小，客户年龄也普遍偏大，可以说是一个在困境中挣扎的品牌。宝洁公司确定了几种可能的战略选择，包括：放弃玉兰油，然后从竞争对手那里收购一个有知名度的品牌；保持玉兰油在年龄较大的消费者群体中的低价大众品牌的定位，并提升其抗皱效果；将玉兰油转移到高级百货公司的高价名品分销渠道中；将玉兰油重塑为中档品牌，在面向大众的零售商店中增设特殊展柜，价格介于大众与高档产品之间。

为了评估这些选项，雷富礼及其同事指出了每个选项想要成功必须满足的“成功条件”。例如，他们认为革新性的“中档品牌”选项要想奏效必须满足以下条件：潜在的客户群体足够大以至于值得被确定为目标受众，宝洁公司的产品生产成本能使其售价低于同类别的所有高档产品，以及大众零售商愿意为这一新类别的产品增设特殊展柜。这个过程的一个关键步骤，就是通过研究判断这些条件能否得到满足。

根据雷富礼的说法，战略规划过程是在从公司的不同部门精挑细选的人员构成的团队召开的一系列会议中组织推进的。例如，战略团队不仅包括高管和他们的职员，还包括有前途的初级主管和业务经理，他们将帮助实施最后的决策。最终的结果是，宝洁公司决定将玉兰油重塑为新品类的中档护肤品品牌。

雷富礼和他的合著者还指出，宝洁公司在其他层面上也通过类似的过程进行战略规划，不仅在特定的产品类别（比如护肤品）层面上，还在更大的产品部门（比如美容产品）以及整个公司层面上。

让更多人参与提出备选战略

宝洁公司的这种传统的战略规划过程只涉及一个相当小的群体，而且似乎非常依赖于“会议”这种历史悠久的沟通手段。如今，很多在线沟通方式的成本都比20世纪90年代低得多。不过，想象一下这家公司如今正在经历这种转变过程。如果它打算使用在线工具让公司内外的更多人有机会参与它的战略规划过程，会怎么样呢？

有一种方法可能类似于气候合作实验室的在线竞赛网络。从玉兰油品牌到全球美容护理部门再到整个公司，宝洁公司在制定不同层面的战略时可能会遇到不同的挑战。而且，针对较高层面提出的战略，将会是其下一个层面战略的不同组合。

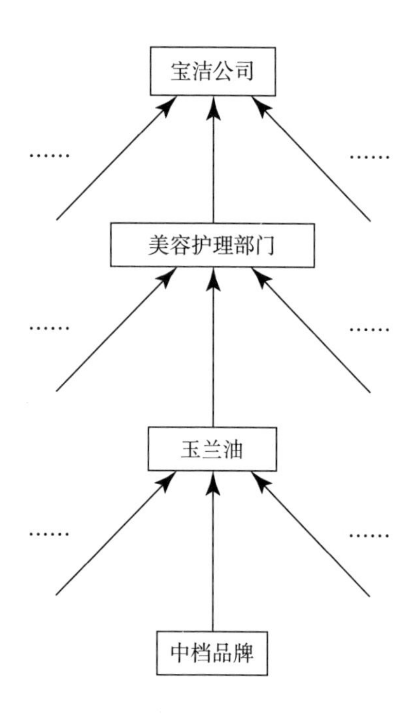

针对每一个挑战，公司中的任何人都可以提出一种备选战略，其他人可以评论或帮助完善这些想法。最终，每个挑战都会有一个“获胜解决方案”，即最终被选择的战略。但在规划过程中，对很多不同的选项进行考量往往很重要。

针对玉兰油品牌的挑战，人们可能会提出我们在上文中提到的那几种战略。而且，他们需要对每种战略的关键因素，比如产品特性、目标受众和竞争优势等进行描述。例如，针对宝洁公司最终选择的“中档品牌”战略，有人可能会建议宝洁公司的实验室将使玉兰油产品的抗衰老功效超过其竞争对手的产品，而且即使价格跌至大众品牌和高档品牌之间，玉兰油也要被当作一种高档品牌去宣传和包装。

但是，如果让很多人有机会参与这个过程，就可能会出现令人惊讶的新选项。例如，如果今天宝洁公司要针对化妆品进行战略规划，那么一群年轻的精通科技的员工（在20世纪90年代，他们绝不可能有机会参与企业战略规划过程）可能会提出一种全新的化妆品概念，包括根据顾客用智能手机拍摄的脸部照片和他们的风格偏好，为每位顾客个性化地推荐面部和眼部的化妆品。

针对再上一个层面，也就是全球美容护理部门的挑战，人们可能会提出包含玉兰油、封面女郎化妆品、潘婷洗发水，以及宝洁目前或潜在的其他品牌的战略。在每种备选战略中，提出者都需要描述所有品牌的战略如何整合成一份连贯的部门层面的计划。例如，潘婷和封面女郎可以在某些渠道进行联合宣传，而潘婷和海飞丝洗发水则应当尽量避免彼此间过于直接的竞争。

当然，这些都是宝洁公司在它的战略规划过程中已经考虑到的问题，但随着更多人参与进来，创造性的新方法出现的可能性将会更大，那些具备专业知识（比如，解决生产过程中的具体困难）的人，也将有更多机会将他们的专长运用到大型公司战略的制定过程中。

在公司整体战略层面，人们提出的备选方案可能包括各个部门（化妆、美容、保健等）战略的组合。例如，雷富礼为宝洁制定的公司整体战略，包括像利用大规模的研发能力打造可实现全球分销的高度差异化产品这样的要素。因此，在一个连贯的公司战略中，每个部门和品牌对应的战略都应该包括差异化的全球性产品。

谁可以参与其中?

与气候合作实验室不同的是，像宝洁这样的公司可能并不希望将其战略规划的整个过程公之于众。但有了在线流程以后，我认为，如果许多公司看到参与战略规划的员工人数比目前参与面对面流程的员工更多，可能会很开心。在理想情况下，公司可能会希望任何想要参与这个过程的员工，或者是公司之外的一些人都有机会参与其中。就像我们在气候合作实验室中看到的那样，最棒的想法有时就来自让人意想不到的地方。

半自动化工具帮助提出更多的备选战略

到目前为止，我们讨论的都是单纯依靠人来提出备选战略的情况。然而，机器在这个过程中也是大有帮助的。在战略规划的许多层面上，都有会反复出现的一般备选方案，机器可以自动提示人们在相关情况下考虑这些可能性。

例如，开创了公司战略这一现代学术领域的迈克尔·波特（Michael Porter），提出了几乎任何行业中的公司都可以使用的三种一般性战略：成本领先战略（成为低成本生产商），差异化战略（在顾客看重的某个维度上做到独一无二，比如质量），聚焦战略（为一小部分顾客量身定制产品）[3]。宝洁公司通常采用的是差异化战略，但在其他情况下，明确地提醒战略规划者去考虑所有这些备选战略都是大有裨益的。

从某种意义上说，机器可以帮助战略团队记住其他人为解决类似问题而提出的好想法。例如，用于生成战略方案的应用程序中内嵌的软件工具，可以自动提示以下一般性战略的可行性：

- 向前整合（即承担一部分应该由顾客完成的任务）或向后整合（即承担一部分应该由供应商完成的任务）。
- 将公司内部更多的工作外包给自由职业者或其他更专业的公司。
- 进入相关细分市场（比如，高价或低价的产品，附近的地理区域，或者客户购买的其他类型的产品）。

当你选择其中的一个选项时，系统会自动为你提供一个囊括各种细节的模板，而你需要指定每种战略的细节。

战略重组软件

除了提出值得考虑的单个备选战略外，软件工具也可以给出备选战略的组合方案。1999年，阿维·伯恩斯坦（Avi Bernstein）、马克·克莱因和我，利用一种像这样的半自动化方法提出了新业务流程的构想。我们把它称为过程重组软件，[4]而且我认为类似的方法也适用于战略规划。

例如，如果人们针对关键的战略问题（比如涉及产品选择、顾客细分和竞争优势的问题）给出了几种可能的回答，系统就会轻而易举地自动生成这些选项的各种可能的组合，供人们进行快速评估。例如，让顾客用智能手机为自己定制产品，可能是一种竞争优势。因此，这个系统可以自动针对宝洁公司的所有产品（化妆品、洗发水、牙膏、洗衣液、薯片等）提出这类方案。当然，那些愚蠢或者不切实际的组合会立刻被清除，但有些组合可能会发挥出让人意想不到的作用。即使是愚蠢的选择，有时也会给人们带来其他好想法。

例如，在21世纪初，宝洁公司制定了在品客薯片的包装上印刷娱乐图片和文字的流程。战略重组软件可能会产生一个在我看来似乎前景不错的想法，那就是使用这项技术，让顾客能购买到预先印有他们定制图片的品客薯片。[5]

让更多人参与到评估备选战略的过程中来

让更多的人和工具参与提出备选战略的好处之一是，会产生更多值得考虑的想法，这通常会加大你发现好想法的概率。不过，这样做也会带来一个坏处：如果想法太多，就很难厘清头绪。当你有太多想法的时候，你应该怎么做呢？一种解决办法是让更多的人参与到评估这些想法的过程中来。

让专家和外部人员参与其中

例如，在一个完善的公司战略竞争网络中，你可能需要一组人评估制造某款产品的技术可行性，另一组人估计产品的制造成本，以及第三组人预测人们是否会购买。在很多情况下，你不会在意这些人是否在你的公司工作。例如，你可能需要一位外部的市场研究人员，来评估消费者对不同价位的护肤品的需求。

非专家可能也会做一些评估工作。例如，战略评估的一个方面就是弄清楚战略的不同部分是否一致。就宝洁公司而言，它的公司总体战略是在全球范围内销售创新性的差异化产品。因此，如果有人制定了一个备选战略，即只在德国销售一种低成本的传统洗衣粉，它就不符合宝洁的总体战略，因为它涉及的是传统产品，而非创新产品，而且它是一种本地化战略，而非全球性战略。也就是说，这一战略应该被摒弃。得出这个结论根本不需要依靠营销或战略专家，即使是亚马逊土耳其机器人平台上的工作者也能做到这一点。

使用漏斗法

为了提高评估过程的效率，你可能会想到许多公司在新产品开发时使用的漏斗法。每个阶段，最佳想法会被选择进入下一阶段，并得到进一步的改进和评估。在早期阶段，许多不完善的想法会被迅速淘汰，而到了后期阶段，只有少数有前景的想法会得到实质性关注。

例如，当宝洁公司评估备选战略时，会先评估它认为最不可能满足的成功条件。在玉兰油的案例中，最大的不确定性在于顾客是否愿意付更多的钱，所以公司首先要评估的就是价格。由于宝洁公司发现顾客事实上能接受更高的价格，所以它才把那些包含高价格的备选战略保留下来。然而，许多选项都只在经过一两个问题的评估之后就被淘汰了，从而节省了大量不必要的评估工作量。

使用预测市场、在线论证和投票方式

有些问题即使在研究之后，也有可能得不到一个确切答案。在这种情况下，可能就需要用到我们在第8章和第9章中提到的一些在线群体决策的方法。

例如，宝洁公司以有竞争力的价格生产新款玉兰油产品的能力，可能取决于生产过程中尚未解决的技术不确定性。汇总人们对这个问题看法的一个简单方法，就是在专家中针对可能的成本进行投票。还有一个更有趣的方式是，构建一个有条件预测市场，在这个市场中，很多人会对“如果产品被生产出来，最终成本会是多少”的问题做出预测。然后，如果产品真的被生产出来了，人们就会因他们的预测准确性得到报酬。如果产品没被生产出来，每个人就只能拿回他自己的钱（或点数）。

不管怎样，让人们在线输入支持和反对不同观点的详细论据可能都是有用的，因为这可以为参与预测市场的人提供信息。这些方法中的任何一种都利用了具备广泛专业知识的社群可以获得的最佳信息，从而为做出最终决策提供了强有力的依据。

识别“未经雕琢的璞玉”

但在这里，有必要提出一个重要警告。有时，最出色的和最具创新性的想法会十分与众不同，以至于大多数人在早期阶段并未意识到它们的价值。例如，在20世纪70年代，当史蒂夫·乔布斯和比尔·盖茨最先开始摆弄我们现在所谓的个人电脑时，世界上的大多数人根本想不到这些奇怪又笨拙的设备将成为未来几十年内最具创新性和影响力的产品之一。

要在快速筛选想法的同时确保不错过那些“未经雕琢的璞玉”，当然不是一件易事。也许我们不得不接受在早期阶段很难发现最具突破性的想法这一现实，但可能还是有办法的。

我认为，有些人比其他人更善于识别这些早期的突破。例如，我在与全球商业网络咨询公司的联合创始人彼得·施瓦茨（Peter Schwartz）和斯图尔特·布兰德（Stewart Brand）一起做咨询工作的过程中，我意识到他们就是那种典型的会比大多数人更早发现好想法的人。我认为许多最出色的风险投资家，比如约翰·多尔（John Doerr）也有这样的能力。问题在于，是否有可能在具备这种能力的人达到像彼得、斯图尔特和约翰那样的卓越水平之前就发现他们。

当然，我们或许可以通过选择那些公认的与未来发展密切相关的人来做到这一点。然而，更严格的做法可能是，构建像我们在第7章中看到的用于识别“超级预测者”的那种过程。通过系统地追踪人们在很长一段时间内对技术进步和其他突破的预测准确性（和超前性），我们就能找到那些比别人表现更好的人。然后，我们就可以让这些人再看看被其他人拒绝的那些“疯狂”的想法。

利用半自动化工具评估备选战略

计算机在战略规划过程中最难做到但也有可能最具价值的一件事，就是自动评估备选战略。评估关于公司战略的想法通常需要软知识，而软知识在计算机中很难形式化，因为它与人类拥有而计算机没有的通用智能有关。但是，我们在Foldit系统中已经看到，如果你能对可能的选项进行自动评估，就可以使整个问题的解决过程运行得快得多。

电子表格、模拟和贝叶斯网络

让评估过程部分自动化的最显而易见的方法，可能是使用电子表格和其他类型的计算机软件模拟现实世界的结果。例如，如果有人针对业务中包括收支预测在内的所有部分都提出了备选战略，电子表格（或其他简单程序）就可以很好地估算出整个公司的总收入。或者，如果你已经做了充分的市场调查，拥有了不同客户对价格变化产生何种反应的自动化模型，你就可以使用这些模型估计不同价格点上的公司收入。

例如，亚马逊公司已经做了大量的数据科学工作，并开发出许多种详细的业务模型，比如，顾客对价格、广告和推荐会有怎样的反应；供应链成本如何随库存策略、交付方式和仓库位置而变化；负载均衡和服务器采购如何影响软件和硬件成本。[6]有了这些工具，计算机就可以通过“运行数据”来完成大部分工作，人们也就可以利用他们的通用智能进行更高层面的分析。

另一种对现实世界中可能发生的事情进行模拟的有趣方法是使用贝叶斯网络，就像我们在第14章中讨论预测恐怖袭击的方法时看到的那样。例如，未来两年间的经济大衰退可能会影响宝洁公司评估潜在新产品时会考虑的很多因素，包括原材料成本和消费者需求。但是，如果采购专家分别对在经济衰退和没有衰退的情况下材料成本是否可以接受进行估计，而且如果营销人员也对销售量进行了同样的估计，贝叶斯网络就可以自动地将所有这些估计与经济学家对经济衰退的可能性预测结合起来。由此得到的结果将是利用经济学家、采购专家和营销人员的专业知识，全部由计算机自动组合而成的综合预测。

当然，即使只是建立一家公司的完整计算机模型，我们仍然有很长的路要走，更不用说建立整个经济的完整计算机模型了。这类模型必须考虑到各种各样的人类行为、政治变化和市场潮流，以及现实世界的其他所有复杂情况。因此，尽管自动化模拟对做出和组合预测大有帮助，但还不够。同样做不到完美预测的人类，可能仍然需要在计算机模拟完成它们力所能及的任务之后，利用他们的最佳判断力做出最终决策。

专家制定的自动化规则

计算机还可以通过应用专家先前制定的规则来帮助我们。例如，如果为宝洁公司提出备选战略的每个人都通过打勾的方式，来指定他的提案体现的一般性战略类型（例如低成本、差异化或利基战略），简单的程序就可以检查某项方案是否与宝洁公司的总体战略一致。即使那些提出方案的人没有明确地指定战略的类型，或许目前的自然语言理解程序也能很好地解决这个问题。

利用机器学习来识别模式

另一种有趣的方式是利用我们在第16章中看到的学习循环。一开始，评估过程都是由人类专家完成的，之后随着时间的推移，机器越来越擅长预测人类专家会做什么，于是越来越多的工作逐步实现了自动化。

例如，某个机器学习程序可能认识到专家经常淘汰低成本产品，并在未来自动提出这一建议，而无须专家明确地告诉程序员去编写一个相关规则。如果专家多次同意采纳这个建议，那么程序可能会停止询问，并自动淘汰低成本产品。

计算机-人战略机器

你可以将我刚才描述的那种系统称为“计算机-人战略机器”。[7]考虑到该系统的复杂性和工作的一般性，世界上的所有公司都想要开发自己的系统来完成所有这些事情，似乎是不太可能的。事实上，我认为如今的战略咨询公司（或它们未来的竞争对手），可能会把这样的功能作为一项服务来提供。例如，这样一家战略机器公司可能有一批稳定的人员（专业水平各异）在随时待命，他们可以快速地提出和评估各种备选战略。他们还可以利用软件使这个过程的某些部分自动化，并帮助管理其余部分。

从长远看，这种战略机器将使用人组合，为一家公司提出并评估几百万种备选战略。随着时间的推移，计算机将完成越来越多的工作，但人们仍将参与其中的部分工作。结果是，少数几个最具前景的选项脱颖而出，供公司的人类管理者从中做出最终选择。

尽管我们刚才看到的系统聚焦于做出战略决策，但我们真正看到的是通用的问题解决机器的体系结构。正如我们在第13章中看到的那样，这种问题解决机器更像市场的某种组合（比如汽车制造的供应链），而不像传统的层级制。这是一种将市场（竞赛）、社群（提出想法）、民主制和层级制（评估想法）结合在一起的生态系统超级思维。与传统的层级制问题解决过程相比，它能让大型人机组合运用更多种类的知识，去探索更多的可能性。

新技术使协调由人与机器构成的大型群体活动变得更容易，所以我认为，我们将会看到更多利用这种方法解决各种商业和社会问题的例子，不仅限于制定应对气候变化的方案和制定企业战略，还可以用于设计新住宅、智能手机、工厂、城市、教育系统、反恐措施、医疗计划，以及其他近乎无限的可能性。

第 18 章
气候变化

我们将要分析的下一个问题是气候合作实验室关注的焦点：人类如何应对气候变化？在我写作本书的时候（2017年年中），世界各地的很多人都认为气候变化是真实存在的，部分原因在于人类活动，如果我们不采取措施，将会发生糟糕的事情。[1]但尤其是在美国，不管是公众还是政府，都对这些看法存在很大的分歧。

我对这些问题的看法部分源于我阅读的科学文献，但更重要的是，我的看法建立在我与麻省理工学院同事交谈的基础上，他们都是这一领域内的世界顶尖科学家。他们认为，支持这些假设的科学证据是毋庸置疑的。这既是我的观点，也是我们分析气候变化问题的出发点。关于我们应该如何应对气候变化，聪明人当然会有不同的看法，但这些关于气候变化的存在、原因和可能的效应的基本假设，在科学上已经得到了极为充分的论证。

对于我们将要分析的问题的一种更准确表述是：我们如何在不引发其他更严重问题的前提下，尽可能地减少气候变化带来人类的痛苦？尽管这是一个很难的问题，但它足以让我们开始思考不同的超级思维如何帮助解决这一问题。

减少排放

人类影响气候的主要方式是燃烧化石燃料（比如煤和汽油），以及从事其他会向大气中排放二氧化碳和其他“温室气体”的活动。因此，解决这个问题的关键在于弄清楚如何减少这些排放。

当然，有成本效益的发电技术，比如太阳能、风能和核能，有助于减少排放。用于驱动汽车、建筑供暖和其他很多人类活动的那些经济高效的技术，也可以做到这一点。但几乎可以肯定的是，单凭这些技术并不足以真正解决这个问题。从集体智能的角度看，关键问题是：什么样的超级思维可以最明智地选择使用新技术的时机和方式，并结合其他方法减少排放呢？

社群规范

一种可能性是依靠社群规范做到这一点。例如，在许多社群中，大量消费者自愿用节能荧光灯泡来代替白炽灯泡，部分原因是他们的朋友也在这样做。当然，这是一件有益的事情，而且如果规范的变化足够大，将会有很大帮助。但我认为，在许多情况下，像这样的改变并不能激励足够多的人发挥出重要的作用。

更重要的是，当人们在减少碳排放和获得他们想要的其他东西之间做出选择时，这种模糊的社群规范能为他们提供的信息很少。例如，我每天早上都喜欢洗一个长时间的热水澡。如果我非常喜欢洗澡，以至于愿意放弃每年一次的飞机旅行来弥补我对环境造成的影响，这是一个好的折中方案吗？在弄清楚这个问题的过程中，我所在社群的规范并不会为我提供太大的帮助，因为它们不够详细和量化。因此，我认为仅仅改变社群规范显然不是解决气候变化问题的好方法。

层级制政府监管

另一种可能性是利用层级制政府制定的法规来减少排放。例如，多年来美国政府一直要求汽车和轻型卡车制造商确保其销售的车辆符合平均燃油经济性标准。这些强制性要求在减少排放方面确实起到了一定的积极作用，但它们是一种非常生硬的手段，不太利于在减少排放的替代方案之间做出细节上的权衡。

例如，我每天上下班的车程不到两英里，所以我的汽车的燃油效率并不重要。我通常开电动汽车上下班，并且自我感觉良好，因为这样做符合我所在社群的规范。但如果我从一个通勤时间比我长得多的人那里买一辆耗油量大的旧车，这样一来他就可以买一辆燃油效率更高的车，这个世界也许会因此变得更好。层级制政府或许可以制定一套复杂的规则来应对这类情况，但总的来说，用于管理一个经济体需要做出的所有减排决策的层级制方法，也不是解决气候变化问题的好方法。

市场

从理论上讲，管理所有关于减排的复杂决策的最具前景超级思维类型，就是市场。我们已经看到，市场会提供一种非常有效的方法，做出我们世界中的大量具体决策，因此它们非常适合管理我们刚刚讨论过的各种具体决策。

但这里有一个大问题：今天高碳排放的大部分成本将由未来几十年生活在这个星球上的人来支付，所以这些成本大多没有包含在我们今天购买商品的价格中。更糟糕的是，我自愿为减少排放而进行的全部投资（比如更换灯泡）的收益，会被平均分配给地球上的每个人，我个人不会从我自己的投资中获得任何明显的收益。

换句话说，这是经济学家所谓的外部效应的一个典型案例。导致温室气体排放的人让地球上的所有人为此付出代价，但排放者只需承担其中的很小一部分成本。而且，由于这些成本并不包含在今天的市场中，所以市场在做决策时基本不会考虑它们。

但是，经济学家知道，这个问题有一个显而易见的解决方案。我们有多种方法可以将温室气体排放造成的未来成本加到人们今天必须支付的价格中，这被称为环境成本内部化，只要这种情况发生了，市场就可以发挥出最大的作用：有效地利用今天的技术，对不同的减排方式和为将来投资更好的技术的不同方案，做出各种具体的决策。

碳排放成本的内部化

要将排放成本包含在今天的价格中，最佳方式之一是政府要求产生排放的人负担这些排放造成的成本。例如，这可以通过在销售那些生产或使用过程中会产生碳排放的产品时加征碳税来实现。比如，当你购买汽车时，你会（直接或间接地）为制造这辆汽车产生的所有排放支付碳税。当你买汽油时，你会为你使用汽油时产生的所有排放埋单。

利用所谓的总量管制和交易制度也可以达到同样的目的，在这个制度中，政府会为某一特定企业（或其他实体）设定一个排放限额。之后，各公司可以相互买卖（交易）这些排放限额。例如，如果福特公司可以轻松减排，而沃尔玛公司却做不到，福特公司就能以双方商定的价格将它的一部分排放限额出售给沃尔玛。

欧盟和美国加利福尼亚州都已经采用了这样的排放交易制度。不过，关于这种方式的最引人关注的案例之一出现在中国，中国已于2017年开始大规模实施碳排放交易制度。[2]

美国没有任何大规模的碳排放定价计划，而且美国国内当前的政治环境似乎对为减排提供框架的立法过程起不到任何有利作用。作为世界第二大碳排放国，美国对解决世界气候变化问题而言至关重要。那么，美国能做些什么呢？

什么因素会促使美国政府将排放成本内部化？

如果你不能直接控制一个强大的超级思维（比如美国国会），但又想让这个超级思维做点儿什么，那么你可以尝试以各种方式去影响它，比如游说和进行政治捐赠。出台新政策或许也会有帮助。例如，一些保守派人士支持用一项收入中立的碳税来抵消其他税收。

但影响美国国会的最有效方法，也许是改变选举它的选民的观念。这基本上意味着改变人们所属社群的共同价值观，可以利用市场中的广告、行业资讯和娱乐活动，比如电视节目和电影，强调应对气候变化的重要性。

在线社群的影响力也不容小觑。例如，2017年在气候合作实验室发起的以"为应对气候变化而改变我们的行为"为主题的竞赛中最终胜出的方案，就与一个名为"DearTomorrow"的项目有关。[3]在这个项目中，任何人都可以在网上发布他们所爱之人将会在2050年看到的信、照片和视频。该项目计划将这些资料一直存档到那个时候，同时在社交媒体和其他地方推广其中最有影响力的一些内容。从该项目的创始人之一所做的行为研究和众多用户的推荐来看，写这样一封信的举动尽管简单，但却显著增加了人们对与气候相关的事业的捐助。总的来说，我认为像这种利用创造性的方式来改变社群的文化态度的机会有很多。

还有其他将排放成本内部化的方法吗？

如果无法说服政府从法律上要求碳排放者支付其排放造成的真实成本，那么是否还有其他方法可将这些成本内部化呢？答案是肯定的，人们通常会自愿支付他们造成的碳排放成本，即使是在政府没有要求他们这样做的情况下。

例如，多年来一些人和企业一直在通过购买“碳补偿”补偿自身的排放成本。例如，如果你从波士顿飞到巴黎，那么在这次飞行排放的二氧化碳中，你要分摊的部分大约是4吨。因此，你可以为此购买一份碳补偿，通过在巴西利用太阳能而不是煤炭发电，减少4吨的碳排放。不过，这种方法会受到自愿以这种方式减少排放的人数限制。

通过创造额外的经济激励促使人们减少排放，或许也是可行的。例如，气候合作实验室有好几项方案都建议使用数字货币（比如，比特币）买卖排放权。[4]随着时间的推移，这些数字货币的价值普遍会大幅上涨。例如，一枚比特币的价值已从2011年的约0.3美元增加至2017年的1 200美元以上，并且出于结构性原因，这种增长态势可能会持续。[5]在这种情况下，那些很早就参与使用数字货币结算的自愿排放交易计划的人，可能会获得碳排放的初始分配权。如果他们没有将所有这些权利全部用完，就有可能会在以后获得可观的收益。

感知、记忆和学习

到目前为止，我们讨论过的所有与气候变化有关的想法，都涉及利用超级思维做出关于减少排放决策的方法。但是，超级思维还可以发挥其他作用。例如，我们希望随着时间的推移，气候合作实验室也能成为一个涵盖应对气候变化的最佳实践和其他好想法的资料库。从这种意义上说，它有助于某个全球社群记忆它已经学过的东西。

还有一种容易想到的情况是，利用像气候合作实验室这样的在线社群，加速我们对哪些方式能够真正减少排放的全球性学习过程。例如，我们可以参考第16章中对有助于孩子们学得更好的方式进行实验的做法。比如，面对气候变化，不同的城市可能会尝试采取不同的方法去鼓励人们搭乘公共交通。有些城市可能会采取广告宣传的方式，有些城市可能会使用新的公交时刻表，还有些城市可能会用每 5 分钟一班的公交车来取代地铁。只要有办法感知排放量和其他可能影响公共交通使用的变量发生的变化，你就可以利用机器学习技术检测哪些方法似乎有效，而哪些方法无效。这样一来，你就可以通过更多的受控实验来确认结果。

适应气候变化造成的影响

大多数研究气候变化的专家都认为，即使我们明天从根本上减少温室气体的排放，大气中既有的温室气体也会在我们的星球上引发一系列变化。这些变化包括：平均温度上升，海平面上升和更猛烈的暴风雨。超级思维如何帮助应对这些变化呢？我们来看两个与沿海洪灾有关的案例：降低风险和完善响应体系。

降低沿海洪灾的风险

看似显而易见但仍值得一提的是，降低沿海洪灾风险的一个方法是，在可能发生洪灾的地区尽量不要修建易受损害的建筑物。实现这一目标的方法之一是，层级制政府利用分区法令禁止人们在洪泛区建造或占用建筑物。

但我们已经看到，法规将很难应对所有潜在的特殊情况。例如，那些倒塌后只造成极小经济损失的临时建筑，该怎么办？那些为了不在洪灾中受损而专门设计的水上漂浮建筑，又该怎么办？

一种更好的解决办法或许是，让政府和市场在一个更大的超级思维内相互协作，各尽所能。例如，政府可以（有时已经这样做了）像要求汽车车主购买保险一样，要求沿海地产的所有者购买保险。然后，保险公司可以利用详细的承保方式，确定在不同情况下应收取的费用。这样一来，在易受洪水袭击的沿海地区建造房屋可能会变得极其昂贵，而且市场力量会促使业主转而选择风险较小的土地（比如海滩和公园）。

预测和应对沿海洪灾

另一种利用超级思维来应对海平面上升的方法是，完善严重洪灾的预警和响应体系。例如，我们很容易想到利用之前提到的各种方法（比如预测市场）提高沿海洪灾预警的准确性和及时性。

利用各种信息技术工具来帮助人们应对洪灾，应该也是可行的。例如，一家名为Ushahidi（在斯瓦希里语中的意思是“目击”或“证据”）的非营利公司，开发了可在危机地图中使用的软件工具。这些工具通过将很多需要完成的感知任务众包出去，帮助应急响应人员和其他人应对危机情况。该软件允许任何人通过电子邮件、短信或推特提交目击者报告，之后这些报告将会显示在灾区的一张综合地图上。例如，2010年海地地震发生后，就出现了像“尚塔尔·兰德林被困在图尔霍一所房子的瓦砾下！”和“从9号公路可以进入(太子港)，但情况仍然不稳定”这样的报告。尽管单独来看这些报告可能起不到什么作用，但当它们被汇集到一张地图上时，就会不断更新人们对整体情况的认知。[6]

构建一种新型的全球社群

应对气候变化问题的最具吸引力的方法之一，可能是建立一种新型的治理机制，即用一种新的超级思维来处理这个问题。由于气候变化本质上是一个全球性问题，一种显而易见的备选方案是，建立一个全球性层级制政府，或者某种类型的全球性民主政府。联合国是目前最接近于一个全球性政府的组织，2015年由它促成的《巴黎协定》也证明了它在帮助解决气候问题方面的潜力。但是，出于各种历史及其他原因，联合国迫使各国采取行动的权力要比典型的层级制政府有限得多，即使《巴黎协定》本质上也只是国际社会的自愿协定。因此，尽管联合国有可能发挥重要作用，但它可能更像社群的组织者，而非层级制或民主制当中的决策者。

另一种备选方案是建立全球市场。尽管市场的影响力毋庸置疑，在规模上也越来越全球化，但正如我们看到的那样，今天的市场很少考虑碳排放的成本问题，从政治角度看，世界各国政府都同意在近期内建立全球碳排放市场似乎也不太可能。当然，从理论上说，全球生态系统中的某个强有力的参与者（比如一个超级军事大国）或许会迫使世界上的其他所有人减少碳排放，但这似乎更不可能出现（更何况这种方式还有其他不得人心的原因）。

短期内最具前景的方式也许是，利用剩下的唯一一种超级思维：社群。在这种情况下，我们要谈论的并不是那些住在你的社区里且自愿更换灯泡的人，而是构成某种全球社群的世界上的所有政府、企业和组织。尽管没有成员能完全控制其他所有成员，但它们一定会互相影响。它们通常会共享某些规范，在意其他成员的看法，还可以通过贸易协定、经济制裁和战争相互惩罚或奖励。

就像我们在前文中看到的那样，对实行宽松共识决策的社群来说，要从多个方面有效解决这个复杂的问题是非常困难的。不过，或许还是有办法的。我们可以利用比社群通常拥有的更强大的评估能力来增强全球社群的共识决策过程。基本思路是利用我们在上一章中提到的战略规划系统，只不过这次要聚焦于应对气候变化的全球战略。

在《巴黎协定》的背景下，具体的落实过程可能是这样的：在签署《巴黎协定》时，世界上的几乎所有国家都针对减排和其他与气候相关的行动，设定了自愿性目标。如果一个国家不能实现它的目标，那么它将会受到来自其他国家的指责，或者其他压力。

但是，我们怎么知道所有国家制定的目标组合起来就足以应对气候变化呢？根据大多数分析过这一问题的科学家的说法，即使所有国家都实现了它们设定的目标，仍然不足以避免气候变化的最坏风险。[7]因此，国际社会的注意力至少应该集中在如何实现更宏大的目标上。

然而，还有一个更令人头疼的问题：在全世界的层面上，我们很难估计不同国家所采取行动的总体结果。你不能只是把所有参与国的减排目标加总，因为某个国家的行动可能会对其他国家的情况产生重大影响。

如果在一个国家内部做这件事，就会难上加难。这远比把州政府、市政府、企业、其他组织和个体消费者所采取行动的减排效果加起来更复杂。由于存在很多重复计算减排量或者忽略其他相互依赖关系的情况，因此需要有很专业的量化技能才能对一个国家内部采取的各种行动的综合效应做出可靠估计。为了真正评估所有这些可能的行动是否现实，我们还需要考量它们在技术、经济、政治和其他方面是否可行。

幸运的是，正如我们在上一章中看到的那样，有一种方法可以解决这类复杂问题。我们可以使用竞赛网络评估方案各种组合的总体结果，由具备不同专业技能的人和计算机组成的系统让这个网络的效果得以增强。这样一来，国际社会的压力和共识决策过程就可以更精确地“瞄准”那些最有效的特定行动组合。

并不是世界上的所有国家（或组织）都需要参与这个社群，才能使它发挥作用。即使只有那些碳排放量大的国家、城市和企业参与进来，也足以取得非常显著的进展。

事实上，在我写作本书的时候，我们正在起草一个与上述方案非常类似的计划，即以气候合作实验室为基础，并与麻省理工学院及其他机构的很多群体合作。尽管当你读到这里时，我们的计划可能已经发生了实质性变化，但这种一般性方法仍能有效地帮助我们理解超级思维是如何解决大问题的。

这样做一定会奏效吗？当然不是。但是，我们希望这种方法能促使科学家、政策制定者、商界人士和许多其他领域的人共同协作，制订出比世界上其他与气候相关的方案都更有效的行动计划，并获得支持。

第 19 章 人工智能的风险

机器人会抢走你的工作吗？超级智能计算机在未来的某一天会统治世界吗？如果你最近几年一直在读报纸和杂志，那么你可能会担心这些事情。在这一章中，我们将看到如何从集体智能的角度解释这些问题，并发现情况可能并不像你想的那么令人担忧。

机器人会抢走你的工作吗？

早在工业革命之前，人类就发明了机器来做一些过去由人类完成的事情。至少在过去的200年里，人们一直担心这些机器会抢走人类的工作。19世纪初，由于动力织布机剥夺了人类织布工的工作机会，被称为勒德分子的工业活动人士烧毁工厂、损坏机器以示抗议。[1] 20世纪60年代，由于计算机接手了银行和保险公司后台办公室的大量文书工作，林登·约翰逊（Lyndon Johnson）总统建立了美国技术、自动化和经济进步委员会来研究这个问题。[2]在21世纪头10年，埃里克·布莱恩约弗森和安德鲁·麦卡菲就人工智能会导致很多人失业的风险发出警告，而且这些人不仅包括蓝领阶层和从事文书工作的人，还包括白领阶层。[3]

但是，人们一直低估了市场这种超级思维适应这些变化的能力。过去每当技术剥夺一些人的工作时，市场最终都会创造出更多的新工作。例如，1900年，美国有41%的劳动力从事农业。到2000年，这个数字仅为2%，这是因为新的农业技术，比如拖拉机、采棉机和喷灌系统，使极少数的农场工人就可以养活我们所有人。[4]

我在我自己的生活中就看到了这样的情况。我在新墨西哥州的一个农场长大，当我还是一个小孩的时候，这座农场雇用了多达15名全职工人和30~40名季节性工人。而今天这里只有5个人，还有很多机器，他们要耕种的土地面积是原来的三倍，而且每英亩①土地产出的棉花、苜蓿和其他作物也比过去多得多。换句话说，当机器的生产成本低于人的生产成本时，市场就会淘汰这些人类职业。

事实上，1900年农场工人的许多工作已经被他们从未想象过的新工作取代。[5]如果你在20世纪30年代初——我的爷爷刚搬到农场时——告诉他，未来某一天他的孙辈的朋友会从事像软件开发、网站设计和在线社群管理这样的工作，那么他完全不知道你在说什么，更不会相信你。

这一次有没有可能出现不同的情况，或者说被人工智能淘汰的职业永远也不会被取代呢？是的，这种情况至少在理论上是有可能的。但我认为，对那些认为这一次的结果将不同于过去200年间其他几次技术淘汰人类职业的人来说，举证责任会极其沉重。我认为更有可能发生的情况是，有朝一日我们的孙辈将会从事我们现在几乎想象不到的职业。

这些新工作将会是什么样子呢？当然，我们并不知道确切答案。但我认为，我们可以根据以下三个关于市场超级思维会如何用人力满足我们

① 1英亩≈0.004平方千米。——编者注

所需的评论，做出一些好的猜测：

- 人们将会做机器做不到的事情。
- 人们将会做更多因机器的加入而使成本降低的事情。
- 人们之所以将会做某些事情，只是因为我们希望人们这样做。

人们将会做机器做不到的事情

猜测人类将来更有可能做什么工作的第一种，也是最常见的方法是，看看有哪些事情是人类能做到而机器做不到的。在可预见的未来，这包括三项重要的能力：

- 通用智能（不只是机器更容易掌握的各种专业智能）；
- 人际交往技能（机器拥有的那些简单技能除外）；
- 某些身体技能（比如，在不可预测的环境中工作）。

即使计算机能够完成今天工作的某些部分，其他部分也仍然需要这些能力的某一种或者全部。[6]例如，就算机器可以完成今天律师事务所的助理做的大多数常规的法律研究工作，也仍然需要人类律师负责管理客户关系，并利用计算机不具备的通用智能做出决策。

在可预见的未来，需要综合运用各种人类技能的职业包括：医生、教师、社会工作者、投资银行家、水管工、电工、木匠、健身教练和儿童保育员。事实上，麦肯锡咨询公司的一项研究估计，尽管人们从事的大约50%的有偿活动都可以利用现有的技术实现自动化，但可以完全被替代的职业只有约5%。[7]接下来我们将会看到，在这种情况下，职位总数会出现净增长或是净减少，还取决于其他因素。

人际交往能力可能比我们想的更重要。我认为，在短时间内不会完全被机器取代的人类能力中，最容易被忽视的一项就是人际交往能力。这一观点部分基于我在第2章中描述的那项研究，在这个过程中我们发现，群体的集体智能既取决于群体成员的社会智能，又取决于他们的认知智能。这一点也与我个人的观察一致，那些在生活中取得成功的人似乎通常是社会智能水平最高的人，而不一定是认知智能水平最高的人。

如今，计算机的人际交往能力无疑正在进步。例如，我在麻省理工学院媒体实验室的同事罗兹·皮卡德（Roz Picard）和辛西娅·布雷泽尔（Cynthia Breazeal），对计算机如何能探测并影响人类情感进行了非常有趣的研究。[8]但我猜测，相较于情感和人际关系方面的任务，计算机在完成认知任务上的进步可能要快得多。

这意味着将会存在一个市场机会，即由人类处理计算机无法应对的人际关系方面的事情。下面这个令人惊讶的例子就说明了这一点：1970年，自动柜员机（ATM）开始投入使用，到2010年，美国已约有40万台ATM。你可能会以为其间银行柜员的数量会持续减少，但事实上，柜员的数量略有增加，从1980年的50万人增加至2010年的55万人。当然，在此期间还发生了其他事情（比如，银行放松管制和交易量的变化），但针对这个结果给出的最有趣的解释之一是，银行柜员不再只是把钱兑付给储户的收银员，而是成了建立客户关系的销售员。[9]

换句话说，ATM技术提升了人际交往能力之于银行柜员工作的价值。我认为同样的现象也有可能出现在很多其他类型的工作者身上，而且是那些人际交往能力与认知能力同等重要的职业，比如销售人员、护士和派对策划人。

我认为，还有可能会出现很多主要涉及人际交往能力的新职位。20世纪初，大多数人都很难相信，某一天会有大量像私人教练、心理治疗师和在线社群管理者这样的全职工作。尽管我不确定几十年后新型社交技能工作将会是什么，但我认为会有很多这样的工作。

家庭健康助理。这是有可能出现的新职业之一，而且我强烈地意识到人们对于那些能够利用人际交往能力入户照顾老年人的工作者的需求。在写作本书的时候，我一直负责安排人照顾我90岁高龄的母亲。从我的个人经验来说，想要找到人际交往能力与通用智能都适合这份工作的人并不容易，而这对于我们所爱之人的健康、舒适和幸福感又是极其重要的。

而且，我们当中很快就会有更多的人需要这种照顾。我在麻省理工学院的同事保罗·奥斯特曼（Paul Osterman）估计，到2040年，为老年人提供有偿护理的职位空缺在美国将至少达到35万。[10]而今天，该职业的薪酬水平较低，通常也得不到应有的尊重，部分原因在于非医务人员用药和从事其他医疗保健工作方面的限制。但我认为，随着需求的增长，这样的职位将会越来越多，而且这些工作的从业者及其管理者将会获得更高的地位和薪酬。

人们将会做更多因机器的加入而使成本降低的事情

大约1440年印刷机被发明出来后，就不再需要人类抄写员经年累月地辛苦抄书了。由于文本复制的成本大幅降低，人们对文本的需求量大幅增加，这正是市场产生的影响。印刷机通过降低文本复制的成本，为书籍、报纸、科学论文和许多其他类型文本的写作及发行创造了新的巨大经济机遇。急剧扩张的出版业创造的工作机会（比如，作家、编辑、排版工人、图书管理员等）比抄写员被淘汰之前多得多。

同样地，信息技术也正在让一些人部分或者完全失业，因为现在计算机能以更低的成本完成他们的工作。例如，谷歌公司的搜索服务减少了参考馆员帮助借阅者在卡片目录中查找资料的时间。但是，谷歌公司的服务也催生了一个庞大的、依靠广告支撑的在线搜索行业，这个新行业需要软件开发人员、广告销售人员、搜索引擎优化专家和大量其他工作者。

当然，这种情况也并不总是伴随着新技术一起出现。一项新技术对就业的净影响是积极的还是消极的，取决于经济学家所谓的各种相关产品和服务的供给、需求和替代弹性。但似乎很有可能出现的情况是，信息技术不断创造出的新职位将会和它淘汰的职位一样多。[11]

例如，在本书列举的很多例子中，我们已经看到人们可以专门从事范围较窄的工作，比如为公司制定战略规划中的某个部分，对地缘政治或业务事件做出预测，或者写一段文本。我猜测，在未来的全球劳动力中，可能有相当一部分人在做这类基于信息的专业化工作。

所有这些任务都需要工作者有能力完成计算机尚且做不到的事情，比如，与另一个人自然地交谈，或者利用其他某种类型的通用智能。有些任务可能要求工作者会讲英语即可，而有些任务则需要有关商业战略、经济学或政治科学等方面的专业知识。几乎所有这些任务都可以由世界上任何地方的人远程完成。

由于在很多情况下都不需要为单个客户全职工作，因此许多人会以独立承包者的身份完成这些工作。在1997年《哈佛商业评论》发表的一篇文章中，我和我的同事罗伯特·劳巴赫为描述这类工作者创造了一个词"e-lancers"，即"electronically connected freelancers"（以电子方式连接的自由职业者）的缩写。[12]这和今天许多人用"零工经济"（gig economy）描述的现象在本质上是一样的。尽管到目前为止，零工经济中的许多任务都是体力工作（比如专车司机），但几乎所有这些任务都依赖于工作者与工作之间的电子匹配。我认为，廉价的通信手段将为e-lancers创造更多的机会，让他们能够在世界上的各个地方做他们最擅长的工作。

人们之所以将会做某些事情，只是因为我们希望人们这样做

有时，洞悉某种现象的最佳方式就是想象它最极端的形式。本着这种精神，我们设想有一天机器可以做人类今天能做的一切事情。不仅如此，机器还能比人类做得更好，成本也更低。[13]尽管我不认为这样的情况

会在短时间内发生，但如果真到了那个时候，市场对人类工作者的需求会发生什么变化呢？

如果我们今天买的所有东西未来都能以更低的成本被制造出来，生活费用就会陡然下降。但如果人们不再有机会从事由机器完成的所有工作，那么即使食物、衣服和其他必需品比过去便宜得多，人们又该去哪里赚钱购买这些东西呢？

在后文中我们将看到其他一些可能性，但在这里我只说一种在我看来相当合理的可能性：我们将花钱雇人做一些比机器做成本更高的事情，仅仅是因为我们希望由人而不是机器来做这些事情。

尽管这个原因在你看来可能很傻，但人类如今已经做了很多类似的事情。例如，我们会花钱去听音乐家在摇滚音乐会和派对上的现场演奏，尽管我们花更少的钱就能轻易地听到质量相近或者更好的以机械方式录制的音乐。我们花钱去剧院观看演员的现场表演，尽管我们花更少的钱就能在电影中看到同样的表演。我们花钱去看人类运动员而不是机器踢足球，尽管各种各样的足球机器人在场上的传球技术确实比人类更好，但观看人类踢球就是一件不一样而且吸引人的事情。

未来，我们有没有可能花钱让人类做更多这样的事情呢？我认为答案是肯定的。如果机器能以更低的成本轻松满足我们的所有生理需要，那么我们要花钱的地方之一显然就是娱乐了。而且，如果我们觉得观看其他人类表演或与他们互动要比面对机器更有趣，娱乐行业中就会有更多需要人类来做的工作。

我们愿意购买比工厂制造的同类产品更贵的手工毛衣和家具，这未必是因为手工制作的产品质量更好（尽管通常是这样），而是因为拥有一件你在工艺品市场上遇到的迷人女子做的东西，简直太棒了。即使机器能做好，我们是否可能出于某些特别的原因付钱让人类去创作艺术或者诗歌呢？我认为这是有可能的。在用机器探索其他行星成本更低的前提下，我们是否有可能花钱让人类去做这件事情？我认为这也是有可能的。我们有没有可能想要人类法官做出最终判决，而不是让某种算法的建议成为最终结果？我认为这也是有可能的。

我们也愿意在象征社会地位的事情上花更多的钱。例如，我认识的许多人买的房子都比他们的日常生活实际所需大得多，这并不是因为额外的空间有多大的用处，而是因为关于房子面积多大才有面子的社群规范已经改变了，人们必须跟上这种潮流。因此，如果我们所需的一切物质都变得更便宜，我们就会找到其他类型的地位象征物来相互竞争。

例如，尽管让机器执行接待任务的成本更低，但大多数企业还是会雇用人类接待员。很多餐馆也会雇用人类服务员，这不是因为人类比机器人做得更好，而是因为有真人提供服务是高品质餐馆的一个重要标志。

当然，我们很难预测这些或其他可能性中的哪一种最终会成为现实。而且，就算我有一台能让我们看到未来真实情况的时间机器，你可能也不会相信那是真的，就像我的爷爷不会相信他孙子的朋友今天从事着与信息技术相关的工作。不过，我们无法想象并不意味着这样的情况就不会发生。

无论如何，在可预见的未来，我们使用的很多商品和服务都需要人类参与其生产过程，因此还是会有需要人类来做的工作。在遥远的未来，即使机器能以更低的成本提供我们今天拥有的一切，市场也可能会想办法为我们提供一些我们都不知道自己想要的东西，包括人类生产的商品和提供的服务，而且仅仅因为他们是人类。

过渡阶段会发生什么？

到目前为止，我们已经讨论了市场很可能会如何创造新的职位，取代那些被技术淘汰的职位。但值得注意的是，淘汰旧工作需要花的时间可能比现在许多人预期的要长。即使新技术已经在实验室中被开发出来，也需要花数年的时间才能商业化，传遍整个经济体通常还要花更长的时间。例如，1995年，亚马逊公司在它的第一个网站上线时，就成功地实现了在线零售技术的商业化，但这项技术却花了20多年的时间才在经济体中传播开来，并达到足以对零售就业人数产生重大影响的程度。

然而，对那些失去旧工作但又不太适合新工作的人来说，旧工作被淘汰得越快，过渡阶段就越艰难。从长远来看，即使创造出来的能雇用他们孩子的新职位足够多，对当下失业的工作者也不会有多大的帮助。那么，超级思维能做些什么来帮助解决这个问题呢？

一种显而晚见的可能性是，通过在学校和其他地方开设传统课程，帮助人们学会做新工作。不过，我认为我们常常低估了另一种方法的潜力，那就是在工作中学习。

传统的教育方法要求学生们待在通常离他们的实际工作场所很远的教室里，和其他学生和老师在一起。但现在，新技术让你在任何地方都有机会接受教育。从各种形式的在线课程中我们已经看到了这种趋势，而且我认为我们也很擅长找出将在线学习与实际工作经验相结合的方法。

例如，就我们在上文中提到的许多由在线自由职业者完成的脑力工作（例如，评估企业的战略选项或预测地缘政治事件）而言，这个系统里通常有大量的富余人员。在某些情况下，许多人会竞争同一份工作；而在另外一些情况下，会取几个人答案的平均数，或者以其他方式对他们的答案进行组合。这意味着，像学徒一样学做工的人通常可以贡献出他们的价值，哪怕他们在一开始的时候做得不太好。

谁来埋单？

关于培养新员工，一个显而易见的问题是：谁来为人们在学习新工作时花费的时间和享受的教育服务埋单。在某些情况下，工作者或许能自费接受教育，但在他们做不到的时候又该怎么办呢？值得关注的可能性至少有以下两种，而且它们都利用了市场。

投资者。一种可能性是由投资者支付工作者再培训的费用，作为回报，投资者可以得到工作者未来收入的一部分。例如，普渡大学宣布计划向学生提供所谓的收入分享协议（ISAs）。[14]根据这些协议，如果一位投资者（或者一所大学）在一名学生的大学教育上投资了10 000美元，那么在这名学生毕业后的前5年里可以获得他的收入的5%作为回报。如果这名学生很会理财，投资者就可以获得很好的回报；而如果这名学生找不到工作或决定从事低收入的工作，投资者可能就会赔钱。这个想法最初是由经济学家米尔顿·弗里德曼（Milton Friedman）在20世纪50年代提出的，而且主要是在资助大学教育的背景下讨论的。让市场提供资助，使处于人生各个阶段的失业者都有机会学习找到新工作所需的技能，这似乎也是一种前景光明的方式。

工作者协会。另一种可能性是由工作者协会为其成员支付再培训的费用。例如，在我与我的同事罗伯特·劳巴赫撰写的论文中，我们建议独立承包者（比如专车司机）成立协会（我们称之为行业协会），提供原本来自长期雇主的很多福利（比如，培训、医疗保健、退休金计划和社交场所）。[15]有些行业协会可能是以职业为基础的（比如，工会和专业协会），有些行业协会则是以你上的大学或者居住地为基础的。

行业协会能提供的一项非常重要的福利，就是失业保险。例如，在经济景气的时候，你所在的行业协会获得了你的一部分收入，那么作为回报，它可以保证你在困难时期获得最低收入。这意味着，如果你的旧工作被淘汰了，帮助你学习市场需要的新技能，显然符合你所在行业协会的利益。例如，如果无人驾驶汽车剥夺了你作为专车司机的工作机会，那么你所在的行业协会可能会花钱让你去学习参与在线市场所需的技能，你可以因此学会识别乳房X射线胶片中的癌症迹象，或者预测投票者的行为。

总之，如果你所在行业协会的成员感觉你没有努力学习新技能并找到新工作，那么他们可以做一些政府的失业保险项目永远做不到的事情，即对你施加社会压力。换句话说，行业协会作为一个社群，可以利用其社会规范作为杠杆，帮助督促其成员找到工作。

政府能做些什么？

到目前为止，我们讨论的大多是市场帮那些因新技术而失业的人解决问题的方法。但如果这些市场机制不足以解决问题，该怎么办呢？其他超级思维，比如说政府，又能做些什么呢？

创造就业机会的税收激励。我们在本书的其他章节中已经看到，层级制政府通常能做到市场无法独立完成的事情，这次也不例外。简单来说，政府可以介入和资助失业者所需的再培训计划。

还有一种更巧妙的备选方案：如果政府认为就业机会越多它的公民就越富裕，那么政府可以通过税收激励的方式让企业创造就业机会。例如，一项研究表明，1977~1978年，在美国实行的“新增就业税收抵免”措施增加了70万个就业岗位。[16]就像给碳定价一样，这是一个由政府设定目标然后由市场找到具体实现这一目标的方式的典型案例。

收入再分配。政府在处理这个问题时可能会采取的最极端方式，就是直接对收入进行再分配。许多国家已经通过累进所得税和各种形式的社会福利（比如福利支出和医疗补贴）来做这件事了。当然，政府也会制订专门的计划，帮助那些因自动化失去工作且生活窘迫的人。无论采用哪种方法，层级制政府显然都能以各种方式进行干预，解决市场无法独立解决的就业转型问题。

如果收入与就业脱钩成为一种普遍现象，那么作为一个社会，我们可能会把为社群做出其他贡献放在更重要的位置上。例如，在第9章中，我们看到了计算机社会主义如何使用新技术追踪人们对社群做出的各种贡献，比如创作艺术、提供娱乐和做一个好邻居，而并不要求他们去从事传统的工作。

总之，我不像很多人那样担心人工智能会让人失业这件事。第一，我认为市场对这种情况的适应能力比大多数人认为的要强。第二，如果市场无法完全解决这个问题，那么政府、社群和其他超级思维可以通过多种方式进行干预，完成市场做不到的事情。

超级智能计算机将会统治世界吗？

在担心机器人会抢走人类工作的同时，很多人也在为拥有超常智慧的人工智能系统统治世界的风险而担忧。从《罗素姆万能机器人》（*R.U.R.: Rossum's Universal Robots*）——这部1920年的剧作首次将“robot”（机器人）一词引入英语[17]——到电影《终结者》（*The Terminator*）及其续篇，人类创造的机器人转而背叛其创造者的故事，一直是科幻小说的主要内容。尽管这些情节纯属幻想，但却很容易让我们误以为它们真的会发生。

不过，随着人工智能近年来的发展，一些非常睿智的人，包括史蒂芬·霍金（Stephen Hawking）、埃隆·马斯克（Elon Musk），以及我在麻省理工学院的同事马克斯·泰格马克（Max Tegmark）都开始认为，真正发生这种情况的风险已经大到足以让我们严肃对待的程度。事实上，霍金、泰格马克等人已经建立了生命未来研究所，致力于研究对人类的存在构成威胁的种种风险。[18]

尼克·博斯特罗姆（Nick Bostrom）在他的著作《超级智能》（*Superintelligence*）中，对这个问题进行了最完整和最合理的描述。[19]博斯特罗姆仔细分析了人工智能系统最终达到人类智能水平的各种方式。尽管我们已经知道，这种情况在未来几十年甚至几百年内都不太可能发生，但他指出一旦真的发生，这些机器将能够利用它们的智能不断自我提升。

所以，在它们的智能水平变得和人类一样后，可能会迅速地大幅超越人类。博斯特罗姆总结说，这一问题可能带来的严重后果足以让我们感到担忧。

博斯特罗姆准确地观察到，超级人工智能（SAI）似乎可以掌控大量资源。例如，计算机已经密切参与到对从电网到全世界的转账网络，再到家庭供暖系统等所有事物的控制中。由于安全漏洞的存在和友好人类的帮助，超级人工智能当然有可能获得对于很多这类资源的有效控制权。事实上，我们的军队研制的半智能无人机和其他武器原则上是有可能被超级人工智能劫持的。因此，似乎很明显，超级人工智能可以在（可能很遥远的）未来的某个时刻拥有统治世界的手段。

下一个问题是：它们会有这样做的动机吗？我认为科幻小说中的常见套路——机器人要做的就是反抗其创造者——并不都是合理的。人性中的某种东西有可能会让我们反抗暴虐的当权派，但我找不到任何特别的理由认为机器人也会采取同样的行为。

然而，不难想象有一个人或一群人会故意设计出可以充当万能武器的超级人工智能，代表他们统治世界。之后，他们可能会莫名其妙地失去对它的控制，而它作为破坏性机器的设计属性可能会导致它继续大肆破坏，甚至可能会造成杀死其创造者的意外后果。

但引人注目的是，博斯特罗姆还指出，在很多其他的场景下，计算机可能会在追求其他目标的过程中意外地摧毁这个世界。他举了一个令人难忘的例子：假设有人编写了一个用于制作大头针的超级人工智能程序，并且在编程中因疏忽而未能完全指定在制作大头针时不该做的所有事情。在这种情况下，一个意图良好但太过强大的超级人工智能，最终可能仅为了获得更多的原材料去制造尽可能多的大头针而毁灭地球和地球上的所有居民。

我们该如何应对这种风险?

因此，超级人工智能有朝一日会对人类造成巨大伤害的风险似乎的确存在。于是，博斯特罗姆提出了一个关键问题：我们该如何降低出现这种情况的风险？而我们要解决的问题是：集体智能的观点如何帮助我们思考这个问题？我们来看一下每种类型的超级思维在阻止超级人工智能统治世界过程中的优缺点。

第一，由于在纯粹的生态系统中，个体无法通过合作来控制一个比他们更强大的超级人工智能，因此生态系统并不是降低这种风险的好方法。

第二，尽管社群可以设法减少异常超级人工智能的威胁，但几乎可以肯定的是，它们的执行机制（比如，公开羞辱）太过薄弱，无法阻止动机强烈（或者只是粗心大意）的行为人创造出有害的超级人工智能。

第三，尽管民主制像社群一样，也可以设法阻止超级人工智能，但它们的执行能力甚至比社群还有限。让公民就如何找到采取危险行为的个体并迫使他们停止的每一个可能的决策进行独立投票，肯定是没有意义的。

第四，虽然市场可以通过财政激励的方式阻止超级人工智能的开发，但这将演变为一种赤裸裸的敲诈：我越要研制超级人工智能，你越愿意花钱让我停下来，所以我就更有动机去创造一个危险的超级人工智能。

我们就只剩下一种备选方案了，即层级制。层级制可以做出阻止危险的人工智能运行的决定，并且有能力执行自己的决定。但在这里，层级制同样会遇到它在管理经济体时面临的那个问题：在缺乏某种监管的情况下，它们可能会为层级制顶端的一小部分人的狭隘利益服务，而不是为社会中所有成员的更广泛利益服务。大多数现代社会在解决这个问题时，都会用到一种显而易见的办法，即让民主制对监控和管理人工智能发展的层级制进行监督。

但这又会导致另一个问题：像气候变化一样，危险的人工智能也是一个真正的全球性问题。超级人工智能可以在地球上的任何地方被开发出来，并且强大到足以影响所有人。如果某个层级制政府全面禁止或管控某些人工智能活动，那么想从事这类工作的人只要搬到一个没有此类法律的国家，或者在不受任何国家法律约束的公海上工作即可。

现在，最接近我们需要的那种全球超级思维的机构是联合国。正如我们在上一章中看到的那样，联合国的复杂投票规则和否决权限制了它制定和执行对控制超级人工智能而言至关重要的那些规则的权力。

但我仍然认为，我们没有理由恐慌。如果大家像我一样认为我们可能至少还要花几十年的时间，才能研制出接近人类水平的人工智能，那么我们的全球治理方法很有可能在我们真正需要它们之前就已经发展得很完善了。

与此同时，我们能做些什么？

我认为，我们可以而且应该做的事情至少有三件。这三件事将帮助我们为未来可能出现的超级人工智能造成直接威胁的情况做好准备，在此之前也将带来实质性的好处。

自动化系统行为的法律责任。我认为在法律层面上进一步阐明谁应为自动化系统（比如，个人购物代理、自动驾驶汽车和自主武器）的行为负责，是相当可取的做法。[20]应该是系统的制造者，或者所有者，还是其他人？

例如，如果你拥有一个武装机器人保安，并命令它杀死你配偶的情人，而且机器人照做了，那么你是否应该被判谋杀罪呢？我认为答案是肯定的。或者，如果你的机器人保安不小心杀死了一个被它误认作入侵者的无辜的人，那么你应该被判谋杀罪吗？可能不会，不过，你或许会被判过失杀人罪。

思考这些问题的一种方法是，采用现行美国法律界定动物行为责任的方式。[21]如果你拥有一只家养动物，比如狗，那么你只需要对狗因你的疏忽而造成的损害负责。但是，如果你拥有一只危险的野生动物，比如老虎，即使你没有丝毫的疏忽大意，也要为老虎的所作所为负责。

在法律上，一些自动化系统（比如武装机器人）是否应该被视为野生动物，而其他系统（比如购物代理）则被视为驯养动物呢？无论我们选择什么答案，都将有助于确保我们的层级制法律体系能在自动化系统对人类的存在构成威胁之前，对其行动进行控制。

自动化系统实施的国际袭击，应该被视为战争罪行吗？即使法律上对自动化系统的责任有明确的界定，跨国界的攻击行为也往往超出了常规执法方式的能力范围。例如，攻击美国企业的朝鲜黑客不可能被美国的执法机关起诉，操纵美国的武装无人机在巴基斯坦杀人的罪魁祸首也不会受到巴基斯坦审判体系的裁决。[22]

尽管人们对在这样的情况下究竟该如何确定法律界限的问题存在分歧，但在我看来，至少在某些情况下，自动化系统实施的国际袭击应该被视为生物武器袭击，或者其他属于战争罪行的行动。例如，自主杀手无人机有一天会像生物武器一样，给外国的公民造成巨大的伤害。

如今，发达国家中的大多数人似乎对此并不太担心。但我猜想，当这类攻击发生在他们自己国家时，人们就会对这种风险有更加真切的感受。而且我认为，条约和其他形式的国际法能在危险的自动化系统变成存在性威胁之前，提供另外一种能有效控制它们的方法。

人-计算机综合体。我们刚才看到的两种措施，将强烈鼓励人类去做一件他们无论如何都应该做的事情：认真思考该如何将人类智能包含在高度自动化的系统中。在部署任何自动化系统（从信贷审批系统到武装机器人）之前，我们应该努力思考可能会出现的问题，以及人类智能如何帮助应对这些情况。当我们打算开发能凌驾于人类判断之上的自动化系统（比如半自动车辆的安全措施）时，我们应该仔细考虑人类能否以及如何控制这样的系统。

在所有情况下，我们都应该特别努力地思考人类该如何启动和停止自动化系统，以及确定系统目标的方式。在超级人工智能有可能失控之前，所有这些措施都会起作用，也有助于阻止失控事件发生。

漏掉了什么？

我们还没有考虑过一类风险的解决方案。如果某些个体或小群体秘密开发超级人工智能的速度比社群的预期快得多，博斯特罗姆最担心的事情就可能会发生。这在理论上有可能吗？答案是肯定的。但在我看来，这种理论上的风险远远小于今天人类面临的其他几种生存威胁，比如核战争、大流行病和气候变化。

总的来说，我认为市场、社群和其他超级思维在应对计算机抢走人类的工作或者统治世界等多种风险时，很可能会发挥有效的作用。起初带来这些风险的技术，也会以各种方式帮助提升需要应对这些风险的超级思维的智能水平。

第七部分

我们将走向何处？

第 20 章
你好，互联网，你醒了吗？

在本书中，我们看到了许多关于超级思维如何变得更智能的例子。不过，它们也会拥有意识吗？

在生物的世界里，被我们称为智能和意识的现象往往是联系在一起的。在人类身上，我们对这两种现象的感知是最强烈的，而且如果你认为一只动物（比如你的猫或狗）拥有智能，那么你可能也会认为这只动物拥有意识。通常，意识的变化也会引起智能的变化。总的来说，完全清醒和有意识的你，会比酒醉、被麻醉或睡着的你更聪明。

有时，我们也会把群体当作有意识的主体来谈论。例如，人们会说“周一大跌后股市陷入焦虑”，或者“美国因‘9·11’恐怖袭击而受创”之类的话。这些只是拟人化的修辞手法吗？或者像“股票市场”和“美国”这样的群体，是否真的拥有某种类似于字面意义上的感觉和意识呢？

当然，要回答这些问题，我们需要先给我们所说的“意识”下个定义。如果说智能很难定义，那么意识就更难定义了。不过，在本章中我们将会看到，我们可以通过利用哲学、心理学和神经科学领域有关意识的研究来定义意识。我们还将看到，从各种重要的意义上说，群体确实可以拥有意识。

什么是意识？

意识难以定义的一个原因在于，它本身就是主观的。即使你在自己的脑海中体验了某种被你称为意识的东西，你也永远无法真正知道其他人——更不用说世界上其他种类的实体——是否也体验过同样的东西。在你看来，世界上的其他所有人都可能是外星机器人，它们模仿让你认为它们拥有意识的行为，实际上它们没有任何感觉。

但是，如果我们能以一种更抽象的方式定义意识，我们就可以提出更多关于其他种类的实体是否也有意识的有趣问题。遗憾的是，关于这样一种抽象的意识定义可能是什么的问题，科学界和哲学界还没有达成共识。但在学者们试图定义这一概念而采用的方法中，存在若干共同的主题。[1]以下是定义意识最常用的5种有代表性的方法，前面几种可能也是最容易实现的方法：

1. **感知（Awareness）：如果一个实体会对外界的刺激做出反应，它就是有意识的。**按照这个定义，如果一个实体的行为会因环境改变而有所不同，它就是有意识的。这也是当你从睡眠或麻醉状态中醒来，我们说你恢复意识时要表达的意思。从广义上讲，你可以说所有生物都是有意识的，因为它们都会对环境变化做出反应。出于同样的原因，你也可以说许多非生物是有意识的，比如，当你的房子里有异常活动时，家庭防盗报警器就会响起。

2. **自我觉知（Self-awareness）：如果一个实体会对自身的变化做出反应，并将情况告知其他人，它就是有意识的。**当你有意识的时候，你通常能察觉到自己的感受（比如，你是否饥饿、困惑或者害怕），并且能把这种感受告诉别人。根据我们定义“告知他人”这项能力的方式，很多非人类实体或许也可以被视为有意识的。当你的狗通过摇尾巴表示它很高兴时，或者当你的猫发出喉音时，是不是都表现出了自我意识呢？如果你的车知道并能告诉你它的位置、行驶速度，以及是否有任何一个内部构件显示出故障迹象时，它是不是也有意识呢？

3. 目标导向行为（Goal-directed behavior）：如果一个实体为了实现目标而采取有意图的行动，它就是有意识的。如果你每天开车上班，那么你可能通常不太会意识到自己的开车行为。但如果有一天早上在你常走的那条路上发生了重大交通事故，那么你可能会有意识地考虑当天走不同的路线去上班。根据我们定义“有意图的行动”的方式，我们也可以说其他许多动物都是有意识的，因为它们会追求像食物和性这样的目标。从某种意义上讲，你甚至可以说你家里的恒温器也是有意识的，因为它会打开或关闭锅炉，以实现将家里的温度维持在21摄氏度的目标。

4. 集成信息（Integrated information）：如果一个实体集成了多种信息，它就是有意识的。神经科学家已经发现，你大脑的不同部分会各自负责不同的事情，比如，一部分负责解释视觉信号，另一部分则负责移动肌肉。但在我们看来，有意识的行为通常需要同时将来自大脑多个部分的信息组合起来。[2]例如，如果你在早晨上班的途中，看到很多车停在路边，还听到离你越来越近的警报声，那么你可能会把这个新信息与你对这个世界既有的了解结合起来，从而有意识地得出有一辆救护车、警车或消防车正在驶来的结论，于是你也会靠边停车。和其他定义一样，这个定义也可以广义地加以诠释。例如，当一片草地集成了关于阳光、水分和土壤养分的信息来“决定”生长速度时，它是不是有意识呢？当一群维基百科的编辑把来自世界各地的信息整合成一篇文章时，这个群体是否有意识呢？

5. 体验（Experience）：如果成为一个实体会带来某种熟悉感，它就是有意识的。你很清楚成为你是什么感觉，而且从你自己的体验推断，你可能会认为你对成为另一个人是什么感觉也有一些了解。你甚至有可能理解成为你的狗或猫是什么感觉。但成为一只蝙蝠，会是什么感觉呢？[3]成为一条鱼或者一只蚂蚁，会是什么感觉呢？成为一块石头、碧昂丝的鞋子或者苹果手机，又会是什么感觉呢？只要我们认为某个实体知道成为那个东西的体验如何时，可能就会觉得那个东西是有意识的。

最后一个定义可能是这些定义当中应用难度最大的一个。由于体验是主观的，所以我们不清楚在不运用我们的想象力或同理心的情况下，如何判断另一个实体是否拥有某种体验。解释任何系统如何以及为什么会有主观体验，这被哲学家戴维·查尔莫斯（David Chalmers）称为意识难题。[4]在某种程度上，这个问题的确很难，因为它引出了经典的"身心问题"，至少从笛卡儿提出"我思故我在"开始，身心问题就一直困扰着西方哲学界。你的物质大脑有意识吗？或者某种叫作心灵的非物质实体有意识吗？如果这两者不同，它们又是如何相互影响的呢？

幸运的是，我们不必为了在判断群体是否有意识方面取得进展，而去解决身心问题。我们将采用哲学家所谓的唯物主义法。也就是说，我们会假设从物质实体（比如神经元）和其他可测量的物理性质（比如电流）的角度来科学地理解意识是有可能的，至少在原则上如此。换句话说，我们假设意识是发生在物质世界中的东西，而不涉及像灵魂和精神这样的非物质实体。[5]

我们也将假设，我们称某个事物是否有意识，是一个有点儿主观的决定；在某些情况下，我们可以相当自信地做出决定，但在某些情况下则做不到。当一个实体满足上述5个定义中的一个以上时，我们就可以更自信地称这个实体是有意识的，并且它满足的定义越多，我们就越有信心，尤其是当应用定义的方式更加复杂的时候。

例如，当你看着你刚出生的宝宝的脸时，你会感觉自己饱含爱意，并伸手去拥抱她，你展现出的就是上述所有定义的组合版本，既有感知、自我觉知，也有目标导向行为、集成信息和体验。但是，当你家的恒温器感应到婴儿房温度的变化并打开锅炉时，它展现出的只是最简单的感知和目标导向行为的结合。所以，即使我们说在某种有限的意义上你家的恒温器可能是有意识的，但我们可以更自信地说当你拥抱你的宝宝时你是有意识的。

现在，有了这种方法，我们就可以进入本章的核心问题了。

群体有意识吗？

我们先快速解决一个问题。如果你秉持唯物主义观，群体是否有意识这个问题的答案几乎就是肯定的。我认为根据意识的任何一种合理定义——包括我们在上文中看到的那几种——你都会认同你是有意识的。而且，你会说你的意识发生在某个具体的地方，这个地方最有可能是你的大脑。你也会同意你的大脑是一个神经元群体的说法。

如果你的大脑是一个有意识的神经元群体的例子，就可以推断出至少有一些群体是有意识的。更难的问题在于，在不同的情况下，我们如何自信地判断不同类型的群体是有意识的。这个问题有一个特别有趣的版本，就是包括人的群体是否有意识。

为了探究这个问题，我们来看一个关于人类群体的非常具体的例子：苹果公司。

苹果公司有意识吗？

我们对苹果公司的定义是，包括其所有员工及员工用于工作的所有机器、建筑和其他资源在内的超级思维。根据上述几种定义，这个群体有意识吗？

感知

苹果公司当然会对外界的刺激做出反应。如果你在iTunes（苹果数字媒体播放应用程序）上购买了一首歌曲，苹果公司将会允许你下载这首歌曲。如果你走进一家苹果专卖店，有人会向你打招呼，并帮助你选购苹果公司的产品。2007年，苹果公司推出了一款广受好评的新产品——苹果手机（iPhone），以应对手机、电脑及其零部件市场的种种变化。2011年，在三星公司推出苹果公司认为侵犯了苹果手机专利的产品后，苹果公司在全球多个国家起诉了三星公司。

要完成上述的某些行为，比如接待走进苹果专卖店的顾客，苹果公司只需要在一天中的某些时候保持“醒着”的状态。而要完成其他行为，比如处理iTunes上的订单，苹果公司则需要始终保持醒着的状态。所有这些反应都比恒温器关闭和打开锅炉的过程要复杂得多。

现在你可能会想，苹果公司对外界做出的所有这些不同的反应，实际上都是个人（或者在iTunes的例子中是计算机）的工作，所以真正有意识的也许不是苹果公司，而只是其中的个体。这个论点至少有两个问题。第一，尽管个人的确参与了这些行动，但如果没有群体中的其他成员，那么什么都不会发生。第二，也是更重要的一点是，这种推理过程只会让你得出这样的结论，即真正有意识的并不是你的大脑，而只是其中的个体神经元。我认为，你应该不会接受这个结论。因此，至少从感知和对环境做出反应的意义上说，我认为我们必须得出苹果公司确实有意识的结论。

自我觉知

当然，苹果公司会意识到它自身及其企业形象的很多方面的表现。从财务报表到市场份额数据，它会持续监控多个衡量它自身业绩的指标。苹果公司的高管们（尤其是已故的史蒂夫·乔布斯）从不羞于告诉人们，苹果公司认为自己是一家生产“酷毙了”的产品的公司，而且苹果公司在广告和公关方面的努力，非常老练和有效地向全世界宣传了苹果公司至少在某些方面的自我形象。

例如，我可能永远不会忘记苹果公司标志性的“1984”超级碗广告。1984年2月，我在麻省理工学院上了我的第一堂课，并让学生们看了这则广告。在广告中，一位年轻的女运动员砸碎了一个巨大的电视屏幕，屏幕上有一个像老大哥一样的人物正在对着一群没有灵魂的人讲话。这则广告以宣布苹果公司将推出麦金塔（Macintosh）计算机作为结尾，并说这款新计算机正是让1984年不会像反乌托邦小说《1984》那样的原因。大多数人都认为这则广告象征着苹果公司及其新计算机掀起的反文化思潮，将摧毁IBM公司在计算机行业的统治地位，苹果公司向全世界展现的自我形象也在随后的几十年中推动了它的成长。

或许体现苹果公司拥有自我意识的最精妙的做法之一，就是由耶鲁大学管理学院前院长乔尔·波多尼（Joel Podolny）领导的苹果大学。这个神秘的内部培训机构的目标是，让苹果公司的管理人员学习公司独特的管理方法，因为史蒂夫·乔布斯认为这与传统的MBA课程讲授的内容有很大的区别。例如，苹果大学的课程包括学习苹果公司如何从零开始制定它自己的零售战略，以及为什么要采取委托中国工厂加工这种方式。[6]

鉴于所有这些因素，以及各种精妙的做法，从自我觉知的意义上说，苹果公司显然是有意识的。

目标导向行为

像所有以营利为目的的企业一样，苹果公司也需要靠赢利来生存。很明显，苹果公司为实现这一目标做了很多有意图的事情，并且获得了令人钦佩的成就。

事实上，苹果公司的不同凡响之处在于，除了赢利，它还有另一个目标，那就是努力生产创新性产品，这不仅是一种赚钱的方式，其本身也是一个目标。苹果的首席设计官乔纳森·伊夫（Jonathan Ive）将这个想法总结为："史蒂夫曾谈到苹果公司的目标，我们的目标不是赚钱，而是制造出真正出色的产品和真正伟大的产品。这是我们的目标，如果我们的产品确实很好，人们就会购买，我们也会赚到钱。"[7]

事实上，苹果公司不仅表示它有意追求这一目标，而且以一种不同寻常的方式精心架构组织，使之更有可能实现。亚当·拉辛斯基（Adam Lashinsky）在《苹果内幕》（*Inside Apple*）一书中提到，史蒂夫·乔布斯担任首席执行官期间，只有乔布斯本人和首席财务官对损益表负责，而其他管理者很少承受任何财务分析带来的压力。事实上，一位前销售主管说："我想不起来有哪一次讨论是与美元或者费用有关的。"[8]事实上，苹果公司的大部分注意力都集中在创新性产品的研发和制造上。

因此，有很多证据表明，苹果公司在有意地努力实现财务目标和非财务目标，从这个意义上说，苹果公司是有意识的。

集成信息

苹果公司将来自不同源头的信息整合在一起的意义，是否与有意识的人类大脑集成信息的意义相同呢？绝对是这样。正如人脑会整合多种感觉信息和知识来做出有意识的决策一样，苹果公司也会整合各种关于销售、产品开发、供应商关系和新技术等因素的商业信息来做出决策。

事实上，与大多数大公司相比，苹果公司集成信息的方式更加集中。苹果公司的组织是按照职能划分的，负责硬件工程、软件工程、市场营销、零售商店和运营等职能的高管都直接向首席执行官汇报。而在大多数大公司中，会有负责不同产品的不同部门，而且每个产品的职能经理都要向产品部门的主管汇报。但在苹果公司的组织结构中，所有不同的观点只会在最高层集中，从而形成了一种特别集中的信息集成方式。

拉辛斯基还说，苹果公司的大部分信息集成都是在每周一上午举行的管理团队会议上完成的。“由于苹果公司的产品非常少，所以管理团队能够用两次周会的时间把所有产品都梳理一遍……公司中的所有团队都在不停地为他们的老板或者老板的老板准备在管理团队会议上的发言材料。”[9]

苹果公司为了决策而集成信息的方式，其细节与我们大脑集成信息的方式一样吗？当然不一样。两者集成信息的种类、集成方法和集成的信息量明显不同。但是，你的大脑和苹果公司都依赖于一种集中的信息集成方式，因此从这个意义上说，两者都可以被视为有意识的。

体验

在这一点上，你可能会这样想，“这个方法确实不错。尽管我认同相较于有意识的人类，苹果公司有很多与前者相同的特征。但我认为，这些特征并不能真正反映出意识的含义。依据我自己的体验，我知道拥有意识是一种什么感觉，而且我完全不能相信作为一个整体的苹果公司同样拥有意识。”

当然，你可以自由地凭直觉判断，成为苹果公司会有什么感觉。当然，你永远无法真正知道这种感觉，就像你不会真正知道成为你的母亲、你的狗或玛丽莲·梦露会是什么感觉。但正如你可以推测成为其他人和动物会是什么感觉一样，你至少也可以推测成为苹果公司会是什么感觉。

例如，人如果不吃东西就无法存活，如果吃不饱，他们就会感到饥饿。苹果公司如果不赚钱就无法存活，如果赚不到足够的钱，可能也会产生“饥饿”感。1997年，当史蒂夫·乔布斯重新回到苹果公司担任首席执行官时，苹果公司只剩下能维持大约90天运转的现金，也许当时苹果公司的感受就类似于严重的饥饿感，甚至可能是恐慌。

但如果有时苹果公司对利润产生了“饥饿”感，那么我认为它对研发创新性产品的感受可能更接近强烈的欲望。即使在公司利润丰厚的时候，它似乎也在被一种欲望驱动着，即通过将产品推广至全球来改变世界。在某种程度上，这似乎类似于人类个体的性欲。

我们还可以做更进一步的推测，我认为如果我是苹果公司，那么当史蒂夫·乔布斯离世时，我会体验到类似于深深的悲伤或痛苦之类的感受。当然，苹果公司中的许多人都为失去他们熟悉的伙伴而感到悲伤。但是，苹果公司本身或许也会产生类似于你失去一条腿或接受心脏移植手术后的那种疼痛感和迷失感。

当然，我们永远也不可能确切地知道成为苹果公司会是什么感觉。但在我看来，宣称苹果公司不可能拥有与我们人类在某种程度上类似的某些意识体验，这是相当短视的做法，又或许只是对非人类实体持有明显的偏见。因此，从这个意义上说，苹果公司可能也是有意识的。

因此，总的来说，这个叫作苹果公司的超级思维确实有感知、自我觉知和目标导向行为，并以复杂（而不只是琐碎）的方式集成信息。而且，根据我们愿意感同身受的程度，苹果公司甚至可能拥有与人类类似的体验。

那么，苹果公司有意识吗？从很多重要的意义上讲，我认为我们必须说它是有意识的。尽管对你而言，这些感知抓住了你对意识的本质的理解，但在我看来，我们有理由说苹果公司表现出意识的方式更接近真实情况，而不只是一种隐喻。

顺便说一下，这里还有一个证据：当苹果公司现任首席执行官蒂姆·库克（Tim Cook）在麻省理工学院毕业典礼上做演讲的时候，我告诉他我正在写一本书，而且其中包含关于苹果公司的案例。当我问他是否认为苹果公司有意识时，他非常认真地思考了这个问题。然后，在接下来的几分钟里，他说他认为苹果公司是一个像拥有价值观和目标的人一样的生物，它当然是有意识的。你可能并不认为这是一个决定性的证据，但我认为它是一个对苹果公司有着独一无二视角的人的非常有趣的看法。

其他类型的超级思维有意识吗？

我们在上文中进行的推理只适用于苹果公司吗？当然不是。尽管苹果公司是一家与众不同的公司，但所有公司都能以不同方式满足苹果公司符合的那几种意识的定义。因此从某些重要的意义上说，我们可以把它们都看作拥有意识的实体。

当然，这不只是适用于公司。例如，我们刚才看到的关于苹果公司的分析，在某种程度上是受到当代哲学家埃里克·施维茨格贝尔（Eric Schwitzgebel）的一篇精彩文章的启发，它的题目是《如果唯物主义正确，那么美国可能是有意识的》（*If Materialism Is True, the United States Is Probably Conscious*）。[10]就像我们认为苹果公司拥有意识那样，这篇文章也得出了类似的结论：在一系列非常合理的假设条件下，我们应该认为美国至少像兔子一样拥有意识。例如，美国是一个庞大的信息处理实体，以目标为导向，会自我保护，而且会对机遇和威胁做出反应。施维茨格贝尔生动地描述道：

> 当基地组织袭击纽约时，美国通过各种正式和非正式的方式做出响应，不仅是政府的很多分支和层级，所有民众也参与其中。萨达姆·侯赛因（Saddam Hussein）拔剑相向，于是美国入侵了伊拉克。美国的行动在一定程度上是通过它的军队实现的，军队的行动又涉及对信息做出的知觉或准知觉反应，比如军队会绕着山行进，而不会径直撞上去。类似地，美国中央情报局的间谍网络也侦查到了奥萨马·本·拉登的藏身之地，美军随后就击毙了他。美国还在监控太空中有无可能威胁到地球的小行星其间用到的信息、协调和智能会比一只仓鼠少吗？美国国防部负责监督军队及其自身的行动，美国人口调查局负责统计美国人口，美国国务院负责宣布美国在外交

> 事务上的立场，美国国会通过了一项宣称我们憎恨暴政而喜欢苹果馅饼的决议。这些都是自我表现，不是吗？美国也是一个社会实体，会与其他同类型的实体进行交流。它与德国交战，然后和解，然后再次开战。它威胁并监视伊朗，它与其他国家一起威胁和监视伊朗。就像在其他语系的实体中那样，美国的一些内部状态（比如，谁刚刚赢得总统大选，大致的失业率）是为人熟知的，但其他情况（比如，有多少外国间谍潜入了中央情报局，猫王埃尔维斯·普雷斯利的专辑销量超过艾拉·菲兹杰拉的原因）则是不为人所知的。[11]

当然就这一点而言，美国并没有什么独特之处。所以，如果美国在这些方面是有意识的，那么其他国家也是有意识的。

那么，群体意识的极限是什么呢？认为所有群体都有意识的想法，是否有帮助呢？为了思考这个问题，我们分别对不同类型的超级思维——层级制、民主制、市场、社群和生态系统——做一下分析。每种类型的超级思维会在多大程度上满足我们对意识的5种定义呢？

所有这些超级思维都能感知它们所处的环境，并对其做出反应吗？想象一个没有从外部世界获得任何信息的孤立超级思维，却得出了精彩的数学证明，尽管这是有可能的，但并非那么容易。但在实践中，我们在本书中列举的所有超级思维案例都会对外界环境的变化做出反应。在民主制中，选民在听到候选人的演讲后，会改变他们的投票方案。如果佛罗里达州的一次冰冻灾害毁掉了所有的柑橘作物，那么明尼阿波里斯市的橘子汁可能会涨价。由于手机使得青少年之间的联系更容易，所以青少年群体的约会习惯已经和靠固定电话来安排会面的父母一代不一样了。

有些超级思维（比如，纽约证券交易所市场）只在一天和一周的特定时间处于“清醒”状态，而有些超级思维（比如，波士顿马萨诸塞州总医院急诊室里由层级制、市场和社群构成的生态系统）则从不休息。不管是哪一种，我们周围世界中的所有超级思维基本上都能感知环境，从这种意义上说，它们都是有意识的。

接下来的问题是，这些不同类型的超级思维有自我觉知吗？在大多数情况下，答案几乎是肯定的。例如，市场经常会追踪像价格变化这样的统计数据，市场对价格上涨或下跌的反应有时会导致经济繁荣和萧条。民主制通常会公开投票结果，甚至在官方投票间隙，人们还常受到显示其他人投票意愿的民意调查结果的影响。像扶轮社社员或“占领华尔街”运动的抗议者这样的社群有一项重要的活动，就是试图明确表达他们的规范和价值观。马萨诸塞州总医院的急诊室也很清楚，它是处于几乎空闲、适度繁忙还是完全超负荷的状态。在所有这些例子中，我认为大家都会认同这些超级思维具有自我觉知。

那么，这些不同类型的超级思维是有意图地以目标为导向的吗？在这里，情况开始变得有点儿复杂。对于一些超级思维，比如我们上文中提到的企业和政府层级制，答案显然是肯定的，因为这些群体正在追求领导者明确阐述的目标。而对于其他超级思维，比如一些市场和生态系统，答案就不太清晰了，因为它们追求的“目标”可能绝不会由其中的任何个体明确表达出来。例如，外部观察者可以评估一个市场在实现社会资源优化配置这个目标的过程中的表现。但如果没有一位市场参与者曾经清楚地表达出这个目标，我们就必须对这个市场是不是有意图地以目标为导向做出主观判断。

根据第1章中对超级思维的定义，我们必须先将某个目标归因于某个超级思维，才能认为这个超级思维是智能的。同样，我们也可以决定是否要视超级思维的行为为有意还是无意。因此，根据意识的这个定义，有些超级思维是有意识的，而有些超级思维则可能是无意识的。

接下来我们要问的问题是，这些不同类型的超级思维是否涉及集成信息？我认为，在几乎所有情况下，答案都是肯定的。在层级制中，信息在组织的顶层或者通常在很多中间层级集成。在民主制中，投票整合了来自所有参与者的信息。在市场中，市场某个部分的价格变化会传播到其他许多地方，最终将整个市场的信息整合起来。社群通过非正式的共识决策和社群成员的共同规范来集成信息。在生态系统中，参与者之间的所有互动都会影响资源的总体分配。例如，被我们称为美国的复杂生态系统，会在它的参与者之间分配诸如权力、金钱、声望和婚姻伴侣等资源。

最后一个问题是，这些不同类型的超级思维会产生什么体验吗？要回答这个问题，我们能做的只是尝试去推测，并产生共鸣。例如，我们之前讨论过成为苹果公司可能会有什么感觉，而且你可以很容易地想象其他层级制组织可能也有类似的感觉。不过，成为某些其他类型的超级思维，比如民主制或市场，会有什么感觉呢？

就像在人脑中一样，许多过程也许都是在无意识层面上进行的。例如，一个民主制对在选举期间发生的事情可能只有一种模糊的感知，在计票和宣布获胜者之前并没有有意识地去感知这些事情。一个市场或许会像一名优秀的运动员那样，在进行大量的谈判、购买和销售时，感觉它的“肌肉”运行顺畅，但却只能充分意识到商品和服务的最终分配。市场和民主制也许都会感受到某种让尽可能多的人得到满足的驱动力，尽管它们实现目标的方式不同。

另一种可能性是，超级思维会有意识地同时体验到比人脑更多的东西。例如，从某种意义上说，市场可能在任何时候都会有意识地感知其内部正在进行的所有谈判和交易。而且，某个市场可能会产生类似于繁荣时期的兴奋和萧条时期的沮丧那样的“感觉”。

当然，这些纯属推测。我们可能永远无法真正知道成为一个市场会有什么感受。怀疑论者可能会说，这些推测太不直观，而且在任何可观测的事实中都找不到依据，以至于连思考它们都是在浪费时间。

但我认为，对这些猜测不予理会才是错误的做法。某件事一度看起来不太直观，并不意味着它会永远如此。事实上，人类有很多重要的智力成果，都得益于接受了那些曾经在几乎所有人眼中都是错误的观点，比如，地球是圆的而不是平的；地球绕着太阳转，而不是太阳绕着地球转；引发疾病的是细菌，而不是幽灵。

我们已经看到，许多群体都满足意识的多种合理定义。也许有一天，我们关于意识的文化观念会发生改变，让大家认识到很多人类群体实际上都是有意识的。

然而，就目前而言，在所有关于群体是否拥有意识的哲学争论中，最重要的难题之一是，我们最终只依赖于我们自己的直觉和想象力。正如哲学家布赖斯·许布纳（Bryce Huebner）写的那样："很难想象集体是有意识的；但同样难以想象的是，大量的神经元、皮肤、血液、骨骼和化学物质也是……有意识的。"[12]科学中的许多东西，比如量子力学，都难以想象，但这并不意味着它们是错误的。

在许多科学分支中，我们早就不需要依赖对重量和温度等指标的纯粹主观和直觉的评估了。事实上，我们开发了客观的系统化方法来测量这些指标。正如我们在第2章看到的那样，大约100年前，人们就找到了测量智力的系统化方法。

如果我们也能够测量意识，会怎么样呢？如果在最典型的情况下（比如一个人醒着或睡着的时候），有某些客观的方法能测量我们对意识的直观感觉的意识，并且在我们的直觉不那么清晰的时候也能让我们系统地测量其他实体（比如一群人）的意识，又会怎么样呢？

我们能测量群体意识吗？

关于如何系统地测量意识的问题，还没有达成广泛的科学共识，但已经有一些非常有趣的尝试。其中最著名和最成熟的一次尝试，是由神经科学家朱利奥·托诺尼（Giulio Tononi）和他的同事完成的。他们的意识理论被称为集成信息理论。[13]

什么是集成信息?

这种方法的基本思想是意识不仅仅是你拥有或者没有的东西。事实上，托诺尼认为，意识是一个系统在不同程度上能够拥有的一种属性。因此，这种方法就像是我们今天用来测量温度的科学方法。根据我们日常的直观体验，有些东西是热的，有些东西是冷的，有些东西则不冷也不热。但是，在科学经历了几个世纪的发展之后，科学家现在说物体拥有的热量各不相同，即使是我们遇到的最冷的东西也拥有少量的热。[14]

同样，集成信息理论认为不同的系统拥有不同程度的意识。即使一个系统有可能完全没有意识，很多我们直觉上认为没有意识的系统（比如恒温器）也仍然有可能拥有少量的意识。

集成信息理论的核心主张是，意识与所谓的集成信息（用希腊字母Φ来表示）有关。托诺尼等人已经开发出用于测量集成信息的详细数学方法，但笼统地讲，它是指整个系统生成的信息量，并且大于其各个部分生成信息量的和。计算集成信息量时，先将系统拆分为部分，再计算当把该系统视为一个整体时产生的信息量，此时就不再分别考虑每个部分了。

例如，一台有100万个点（像素）的黑白数码相机可以产生100万个“比特”的信息，或者是由所有这些点组成的$2^{1\,000\,000}$张可能的照片。但由于每个像素都是独立的，所以相机图像传感器中的总信息量就是所有不同像素中的信息量之和。这台照相机根本就没有集成信息。

但是，当你从相机的取景器中看到海滩上的美丽落日时，你已经创建了一些需要你对整个画面中的信息进行集成的新信息。在此过程中，你已经创建了一些集成信息，而且包括你和相机在内的系统会比单独一台相机拥有更多的集成信息。

事实上，托诺尼和他的同事说，你对任何事物的意识感知都会产生集成信息。例如，当你有意识地感知一个红色三角形时，你不会看到“一个没有红色的三角形，加上一个没有三角形的红色色块”。事实上，你会拥有一种包括颜色和形状在内的单一集成体验。[15]

一般而言，从集成信息的角度来说，一个拥有强烈意识的系统必须拥有许多处于不同状态的部分。例如，在包含很多神经元的大脑中，每个神经元都可能处于活跃或不活跃的状态，从而产生比只有一个神经元的大脑更多的信息。此外，某些部分的状态需要以复杂的方式取决于其他部分的状态。比如，如果一个大脑被划分成不同的区域，并且每个区域的神经元只会影响同一区域的其他神经元，这个大脑产生的集成信息就会比神经元能影响其他所有神经元的大脑更少。

关于集成信息是否真的可以测量意识，研究者之间仍然存在相当大的争议，[16]但这种解释与人脑神经科学的很多观察结果是一致的。例如，在一组实验中，科学家对健康的有意识的人的大脑和那些由于睡眠、麻醉或大脑受损而失去意识的人的大脑进行了磁刺激。当意识清醒者的大脑受到刺激时，会产生复杂的神经活动模式，广泛分布于整个大脑（集成），并且高度可变（复杂信息）。但当无意识者的大脑受到刺激时，他们的神经反应要么只局限于大脑的某一部分（非集成），要么非常简单（非复杂信息）。[17]

我们能测量一个群体的集成信息吗?

那么，如果我们要真正测量人类群体的集成信息，也就是Φ的值，会怎么样呢？Φ的值会和我们直观上认为的那种意识相对应吗？为了回答这些问题，我以前的博士后研究员戴维·恩格尔和我一起研究了以下三类群体：（1）我们在第2章中测量过集体智能的四人工作小组；（2）由150个编辑过维基百科文章的人组成的特别小组；（3）从6年间通过互联网交流的100多万人和计算机中抽取的样本。[18]

Φ的定义最初是用来分析神经元群的，每个神经元有时活跃（发送一个电信号），有时不活跃。所以，为了分析我们选择的群体，我们简单地测量了在每个时间点群体中的每个个体是否活跃，也就是有没有发送信息或者交谈。然后，我们利用这些信息计算出每个群体的Φ值。我们的发现与Φ能大致测量群体意识的想法是一致的。

在人类群体中，当人们更加清醒和警觉（也就是拥有更多意识）的时候，他们在多项任务上的表现通常比他们不清醒时要好。我们在前两类群体中都发现了这样的现象。平均而言，Φ值较高的实验群体比Φ值较低的群体的集体智能水平更高，在集体智力测试的大多数任务中的表现也更好。而且，Φ值更高的维基百科编辑群体，也会产出更高质量的文章。

在第三类实验群体，也就是人和计算机进行在线交流的群体中，我们并没有一个衡量其表现的具体量度。不过，你可能会预期随着时间的推移，互联网变得越来越大也越来越复杂，从而拥有更多的意识。这与我们的发现完全一致：2008—2014年，互联网的Φ值有了显著增长。

换句话说，这个数据符合一种观点：由通过互联网交流的人和计算机构成的群体可能正在“醒来”，而且随着时间的推移它的意识会变得越来越清醒。我们将在下一章中进一步讨论这可能意味着什么，但就目前而言有趣的是，尽管互联网正在苏醒的可能性是许多人多年来的一种猜测，[19] 这是我知道的第一个能为这种猜测提供科学支持的详细数据。

这些结果能证明互联网和其他人类群体是有意识的吗？当然不能。我们在这一章中已经看到，它最终是一个哲学问题，答案取决于你一开始对意识的定义。但是，这些结果确实使人们更加相信，意识的概念可以被合理地应用于包括人类在内的群体。

这是否意味着为了理解和利用我们在本书中讨论的集体智能，你必须认同群体是有意识的呢？不是的。但是，当新型信息技术使得我们能够创造出智能水平越来越高的人-计算机组合时，我认为将很多类型的超级思维看作有意识的实体，也会变得越来越有用。

第21章
全球思维

罗伯特·赖特（Robert Wright）在他的经典著作《非零和时代》（*Nonzero*）中，描述了所谓的“人类命运的逻辑”。[1]他指出，在人类发展的每一个阶段，都会有一种趋势（不是绝对规律，而是一种总体趋势），那就是人类会形成越来越大的群体，从而使人类福利得到净改善。从某种意义上说，赖特的人类命运的逻辑深刻地体现了正在发挥作用的进化功利主义的原则，即社会会朝着对最多人最有利的方向进化。从早期人类的狩猎采集部落到农耕王国，再到今天巨大的全球市场，我们已经不止一次地看到这种模式了。

每当这些转变发生时，新技术总能让更多的人更容易地相互交流。正如我们在本书中看到的那样，今天的通信技术实现的连接量已远远超出我们的使用量。随着这些技术的不断进步，我们很可能会有更多的机会利用我们见过的所有不同类型的超级思维，从规模越来越大的组织中受益。

这种情况并不一定会出现。一场全球灾难（比如大流行病、核战争或气候变化造成的巨大破坏）必然会推迟或阻碍这个过程。即使没有灾难，人类也不会总是直线前进。例如，尽管在过去2 000年里，建立更加民主的政府是一般趋势，但过程中却出现了许多次起伏。尽管民主制可能是由古希腊人在2 500年前发明的，但直到多个世纪后美国独立战争和法国大革命发生后才被广泛使用。民主政府有时会被独裁者推翻，而且在某些情况下，民主制选举产生的领导者后来也有可能成为独裁者，比如德国的希特勒。[2]

但从长远来看，正如罗伯特·赖特说的那样，“在人类历史上有一个方向，或者说一个箭头……”，那就是技术的出现使得“新颖、丰富的非零和交流”成为可能，非零和交流就是所有参与者都会因此受益的交流。[3]我被赖特的论点说服，而且我认为我们很可能会继续朝着你认为的这个过程的终点前进：将地球上的所有人、计算机和其他形式的智能都整合在一起。

有人给这个巨大的全球超级思维起了一个不错的名字，即全球思维。有些作者，比如彼得·罗素（Peter Russell）和霍华德·布鲁姆（Howard Bloom）称之为“全球大脑”。[4]古生物学者和哲学家德日进（Pierre Teilhard de Chardin）称之为“智慧圈”，他利用这个类似于“生物圈”的术语来表示遍布全球的思维网络，而且他认为这个“思维圈”的出现是地球上的进化终点。[5]

对许多人来说，像“全球思维”和“全球大脑”这样的短语听起来很像科幻小说，或者是模糊的神秘主义。如果我们简单地把全球思维定义为地球上所有形式智能的组合，那么根据定义，只要地球上有任何智能存在，全球思维就会存在。

因此，从某种意义上说，全球思维至少在35亿年前就存在了，当时的菌群在它们的不同细胞间进化出一种智能的分工方式。有些细胞专门负责进行光合作用，将太阳的能量储存在复杂的分子中，有些细胞则专门负责处理这一过程中可能产生的有毒废弃物。[6]后来，随着蚁群、鱼群和狼群分别创造出各自的社会组织形式，全球思维也有所发展。随着人类发明了语言、写作和先进的社会组织形式，包括我们在本书中讨论过的所有不同类型的超级思维，全球思维的影响力变得越来越显而易见。

全球思维将会如何随着新型信息技术的发展而改变?

在全球思维存在的大部分时间里，它的运行都非常缓慢，它的各个部分之间的联系也非常薄弱，所以就算我们根本没注意到全球思维的存在也情有可原。但从大约200年前开始，随着电报、收音机、电话、电视和互联网陆续被发明出来，全球思维的连接性变得比以往任何时候都强。在过去两个世纪里，全球思维中连接的数量、速度和能力都呈现爆炸式增长。

这种超级连接使得全球思维变得越来越难以忽视。当恐怖分子袭击了巴黎的一家餐馆时，全世界的人们几乎会立刻做出反应。当美国选举产生一位新总统时，全世界的股票和货币价格会立刻受到影响。如果波士顿的一位医学研究人员发现了一种治疗肺癌的新方法，它很快就会影响世界各地的医生和病人。

每10年，全球思维的规模就会发生一次急剧增长。这不仅是因为地球上的人口在增加，计算机的数量也在增加。当然，没有哪台计算机像人类一样拥有通用智能。但是，正如人脑中的个体神经元（它们本身的智能水平并不高）对大脑的整体智能水平做出了贡献一样，每台计算机对全球思维的整体智能水平也做出了贡献。我们在本书中已经看到，全球思维中的所有人机组合在解决商业、政府、科学和社会问题时，将越来越高效，而且其采用的方式哪怕放在几十年前也是无法想象的。

全球思维真的存在吗?

全球思维并不是某种存在或者不存在的东西。事实上，就像集体智能和超级思维一样，它也是一种视角，或者说一种看世界的方式。如果你选择以这种方式看世界，根据定义全球思维就是存在的。随着越来越多的智能个体被越来越紧密地联系在一起，这种视角也会变得越来越有用。

当然，你不一定要以这种方式看世界，通过独立分析全球思维的不同部分来理解这个世界也是可行的。但如果你不关注全局，你会发现自己越来越无法理解正在发生的一些最重要的事情。

为了说明原因，我们来打个比方：原则上，通过描述我大脑中与神经元有关的一连串复杂的化学和电子过程，你可以解释为什么我选择吃香草冰激凌而不是摩卡冰激凌。但在大多数情况下，直接说我喜欢香草冰激凌而非摩卡冰激凌会更简单，也更有用。

同样地，你可以通过描述关于科学发现、工程原型和商业产品的详细过程，来解释半导体技术在过去几十年里的发展速度。但是，使用更简单、更高层面的解释会更有效。例如，你可以参考摩尔定律，也就是集成电路技术的成本效率大约每过18个月就会增长一倍。尽管摩尔定律并不是一条自然法则，但它对半导体行业的遍布全球的生态系统中的所有科学团体、公司层级制和技术市场的共同作用做出了极其准确的描述。因此，摩尔定律实际上描述的是全球思维作为一个整体的行为，而不只是它包含的要素的行为。

总的来说，无论你要分析世界该如何应对气候变化，如何养活人类，还是决定看什么电影，你都需要考虑世界各地的政府、企业、市场、民主制和许多其他群体之间复杂的全球互动。换句话说，不管你怎么称呼它，你其实分析的都是全球超级思维。

全球思维想要什么？

正如我们在本书中看到的那样，有很多方法可以让全球思维变得更聪明。但是，如果变聪明意味着有效地实现目标，那么全球思维的目标是什么，或者说全球思维“想要”什么？

全球思维是一个生态系统，所以它的目标就是生态系统中最强大参与者的目标。我们已经知道，今天地球上最强大的参与者大多是由人类构成的超级思维，比如政府、企业、市场、民主制和社群。所有这些超级思维都想生存和复制。正如我们在第10章中看到的那样，为了做到这一点，它们通常需要为其成员提供他们想要的任何东西。那么，谁是这些超级思维的成员呢？当然是我们。

如果我们真正想要的是油耗更高的汽车、苹果手机和娱乐视频，全球思维就会尽其所能地满足我们。或者，如果我们真正想要的是与家人及朋友之间的更丰富且更令人满意的关系，那么全球思维也会尽力满足我们。

在某个层面上，我们可以说人类所有的欲望都是同等有效的，而且全球思维不会倾向于我们应该或不应该要的东西。但是，很多人会说要某些东西比要其他东西更好，甚至可能更明智。

明智的全球思维想要什么？

你可以说，聪明意味着你善于获得你想要的任何东西，而明智意味着你想要的是正确的东西。所以，如果我们想要全球思维变得明智，那么它想要的正确的东西是什么呢？当然，几千年来哲学家和其他领域的学者一直在对这个问题的各种版本进行讨论，所以回答这个问题的方法有很多种。但在这里，我们只说两种与我们的目的格外相关的答案。

为最多的人谋取最大的好处

这个答案是功利主义哲学家给出的。我们在前文中已经看到，根据功利主义，一个超级思维（或者任何思维）想要的正确的东西是，能为最多的人带来最大好处的东西。[7]这在现代世界仍然是一种受欢迎的观点，而且与经济学家分析资源在社会中的配置方式角度是一致的。所以，明智的全球思维会做出能为最多的人带来最大好处的选择，似乎也是合乎情理的说法。

但即便是这种看似直截了当的方法，也留下了很多尚未解决的问题。什么是“好处”？它仅指个体的幸福感还是某种“更深层次”的东西？谁来决定什么是好处呢？我们如何平衡某些对一个人来说很好而对其他人而言有害的事情呢？

一个更根本的问题也许是：当决定更大的好处是什么时，我们该如何确定谁的利益更重要呢？例如，在大多数现代社会中，尽管我们通常会说我们认为所有人都很重要，但仍有一些分歧。例如，一个未出生的胚胎从何时起能算作人类呢？

正如我们今天清楚地知道以前的社会不把奴隶算作人类是错误的，有些人认为我们目前关于谁更重要的理解仍然过于狭隘。例如，如果有人越发感觉我们对许多动物非常残忍，一个明智的全球思维可能就应该考虑动物的福利。印度、新西兰和厄瓜多尔的法院已经承认了冰川、河流和所有生态系统的法定人格权。[8]

有些人可能会说，计算机终有一天会拥有足够高的智能和意识水平，那么明智的全球思维应该考虑它们的福利。而且，我们在本书中已经看到，超级思维拥有某种智能，甚至可能拥有某种意识。所以，超级思维的福利或许也应该被纳入考虑范围。

我还没准备论证在决定明智的选择是什么时，动物、自然、计算机和超级思维的福利都应该被考虑在内的观点。但我发现这些可能性不仅合理，而且非常有趣。

在任何情况下，所有超级思维都需要做出这类选择，即使它们有些武断。但是，还有一种方法能帮我们找到可以让全球思维产生特殊共鸣的明智之选。一个明智的全球思维也许不应该只为其成员的愿望服务，而应该服务于某个更大的目标。

服务于一个比自身更大的目标

亚伯拉罕·马斯洛（Abraham Maslow）、维克多·弗兰克尔（Viktor Frankl）和其他许多作者都观察到，人们对他们生活的意义通常会有某种渴望。人们为找到这种意义而通常采用的方法是，实现某个比他们自身更大的目标。这个主题的一些变体在所有主要的宗教和精神传统中普遍存在，[9]也可以很容易地应用于世俗场合。约翰·肯尼迪（John Kennedy）说过一句著名的话："不要问你的国家能为你做什么，而要问你能为你的国家做什么。"

当然，对于值得追求的更大目标是什么，不同的人有不同的想法。对有些人来说，值得追求的目标可能包括提升我们对宇宙的科学理解，或者让身体对人类的生存条件产生更丰富的艺术反应。有些人可能会专注于遵照上帝的旨意或者促进社会正义。对另一些人来说，更大的目标可能是用药物拯救生命，保护无辜的人免受军事攻击，或者帮助有需要的朋友和邻居。

面对许多合理的更高层次的目标，明智的全球思维面临的最重要挑战之一是，搞清楚如何选择它要追求的目标。当然，从某种意义上说，全球思维做出的整体选择都将取决于它的部分（或全体）成员的个体选择。因此作为个体，我们帮助全球思维做出明智选择的最重要方式可能是，我们自己先做出明智的选择。

但是，我们如何能做到这一点呢？许多人都感觉他们已经拥有某种可以帮助自身做出明智选择的道德直觉。[10]然而，对于如何形成一种更好的道德直觉，我们在很多精神传统中也看到了形式各异、引人注目的建议。

我认为，阿道司·赫胥黎（Aldous Huxley）的著作《长青哲学》（*The Perennial Philosophy*），对世界上所有主要宗教和精神教义的惊人共性，做出了最精彩的总结。[11]赫胥黎的观点可概述为：为了能在特定情况下意识到什么是正确的或者明智的，我们需要发展自己。我们需要减少对个人欲望和自我意识的依赖。有很多方法可以做到这一点，其中有些方法涉及有组织的宗教传统，其他方法则不涉及。但是，当我们能够摆脱自己的欲望时，就能够更好地感知形势的诉求，以及什么才是正确和明智之事。

例如，英国哲学家艾伦·沃茨（Alan Watts）在为西方读者解释东方哲学时说，“将自己视为独立自我的普遍感受被禁锢在皮囊中，成为一种幻觉。”[12]换句话说，我们（尤其是西方人）通常认为自己在世界上都是独立的个体，而事实上我们都是一个更大整体的不可分割的部分。例如，有些人深受一种观念的影响，即我们都是全球生态系统（有时被称为盖亚）的一部分，关心地球环境就是我们要做的明智和重要之事。

苏菲主义学者伊德里斯·沙赫（Idries Shah）引用另一位苏菲主义学者的话说，“我们必须做的是与智力及情感分离……在这之下还有一个层次，一个单一、较小但却至关重要的层次……这种真正的智力就是存在于每个人类身上的理解器官。”[13]换句话说，我们可能永远无法通过只利用自己的智力和情感，来弄清楚做什么才是明智的。事实上，我们需要通过适当的实践和经验来培养对做正确之事的一种更深刻和更直观的感受。

正念冥想的方法在很多非宗教社群（比如，硅谷的高科技公司）中已经变得非常流行，它会让我们更系统和更客观地审视自己的思想和情感。练习过正念冥想的人报告说，他们通常能更好地摆脱妨碍他们准确了解他们所处大环境的那些情绪和思维定式。

无论如何，如果作为个体的我们通过发展自己的能力让我们所属的超级思维变得更聪明，一个明智的全球思维担负起远远超过我们个人欲望的宏伟目标，似乎就很合理了。例如，在我看来，探索太空、推动科学和艺术进步、开发智能机器和探索人类集体意识的新形式，都是值得明智的全球思维追求的目标。

全球思维中的许多个体似乎也能从追求这些有价值的目标，以及与使这些目标成为可能的超级思维的和谐相处之中，找到他们生命中至关重要的意义。事实上，甚至有可能出现新的人类宗教，为这样的努力赋予某种形式的终极价值。

我们能真正理解全球思维吗？

大脑中的单个神经元无法“理解”整个大脑是如何工作的，蚁群中的一只蚂蚁也无法真正理解蚁群是如何寻找食物的。但人类个体拥有足够的智能，所以我们通常能充分理解我们所属的超级思维是如何运转的。因为如果这不是真的，我就不会写作本书了，你也看不懂它。

随着超级思维变得越来越大和越来越复杂，个体也越来越难以真正理解超级思维面临的问题及其做出的选择。例如，即使在一家像苹果公司这样的大型层级制公司里，就算你可以询问关键决策者为什么决定让新款苹果手机采用大尺寸屏幕，你可能也很难弄清楚他们做出某个具体决定的确切理由。在大型市场、民主制或生态系统中，由于关键决策是大量个体间相互作用的结果，因此我们更难以理解为什么会做出这样的决定。

例如，为什么唐纳德·特朗普在2016年赢得了美国总统选举？当然，我们能提出一些理论。当你阅读本书时，大多数人认为能“解释”这个结果的一两种简单理论可能已经存在了。但是，这些理论必然是将更复杂的现实简化后的结果。

那么，我们如何才能真正了解全球思维今天做出的选择呢？未来当我们的后代定居其他星球或与地外生命形式互动时，他们又将如何理解可能会出现的“宇宙思维”呢？

答案是，正如一个一岁大的孩子不能真正理解量子物理学一样，人类个体可能永远也无法真正理解高度复杂的超级思维。我们也许能拥有一些可以帮助我们在某种程度上理解它们的简化理论。而且，如果我们的自然生物智能随着计算及其他能力的大幅增强而得到提升，我们也许就能了解得更多。但到那时，我们自己在本质上也将变成更复杂的超级思维。

然而，与此同时，我们必须充分利用对我们周围的所有复杂的超级思维的有限认识。如果你是一个科学唯物主义者，那么你可以说理解所有这些复杂的难题是未来科学的一个不错目标。如果你笃信宗教，那么你可以将这种复杂性视为上帝的旨意或命运，并且努力让你自己的行为与之一致。

无论如何，我认为当人类在我们自己和我们创造的计算机技术之间建立起越来越丰富的联系时，我们很难不被未来可能出现的情况打动，甚至被激励。

有朝一日，我们的全球思维会不会构想并实施吸引无数人类参与的令人难以想象的庞大项目呢？这几乎是肯定的。

有朝一日，也许是几十年后，我们的计算机后代会取代创造它们的人类吗？也许吧。

我们的全球思维会做出不仅聪明而且明智的选择吗？我非常希望如此。

构建这样一个全球思维是我们的命运吗？我想是的。

/ 致 谢

许多人为本书的撰写做出了贡献。我要特别感谢我的编辑特蕾西·比哈尔（Tracy Behar），她的经验、智慧和非常具体的意见使本书增色不少。我还要感谢我的经纪人约翰·布罗克曼（John Brockman），在我动笔之前，他就看到了本书的潜力，并给了我很大的鼓励。

我也非常感谢对书稿的早期版本发表评论的各位朋友和同事。鲍勃·吉本斯（Bob Gibbons）为第11章中各种超级思维的比较提供了大量意见，兰迪·戴维斯（Randy Davis）针对很多章节中的技术（和许多其他）问题给出了详细的意见。以下所有人都提供了其他有帮助的评论：罗伯特·劳巴赫、帕特里克·温斯顿（Patrick Winston）、埃里克·杜海姆（Erik Duhaime）、杰夫·库珀（Jeff Cooper）、伊恩·斯特劳斯（Ian Straus）、温顿·瑟夫、朱迪·奥尔森（Judy Olson）、梅尔·布莱克（Mel Blake）、马克·克莱因、安妮塔·伍利、戴维·恩格尔和劳尔·费舍尔（Laur Fisher）。

我还要感谢4个人，他们的著作对本书的影响不只体现在引文中。首先是发明了计算机鼠标的道格拉斯·恩格尔巴特（Douglas Engelbart，1925—2013），他在交互式计算环境方面完成了开创性工作，可能比任何人都更早地发现了一个观点，那就是人机群体比任何一方单打独斗时更智能。其次，罗伯特·赖特的著作《非零和时代》中描述的地球上生命的历史，以及对其未来的大胆推测给了我很大的启发。虽然我在书中表达的论点与他的观点不同，但如果没有他做榜样，我可能永远不会尝试这项工作。再次，引言中提到的是人类群体（而非个体）的智能促使人类成功的论点，主要基于尤瓦尔·赫拉利（Yuval Harari）在其著作《人类简史》（*Sapiens*）中的见解。最后，我在2011年与本杰明·凯珀斯（Benjamin Kuipers）的一次谈话中明确意识到，集体智能不仅是群体的一种特性，还是一种具有这种特性的群体。我让本杰明把这个观点写下来，这样我就可以引用他的文章了。事实上，我在第1章和第10章确实引用了他文章中的内容，而且最终我意识到，最适合这些群体的一个名称就是……超级思维。

我还要感谢计算机行业分析师和投资者埃丝特·戴森（Esther Dyson）和科幻作家弗诺·文奇（Vernor Vinge）在2005年准备的那场不同寻常的晚宴。从某种意义上说，是他们促成了本书，因为在那次晚宴结束时，我并没有想好自己的下一个主要研究课题是什么，但我最终还是想表达一些我不知不觉间产生的想法，也就是我现在所说的“超级思维”。

本书中提到的研究多年来得到了许多赞助者的支持，包括美国国家科学基金会、美国陆军研究办公室、瑞士国家科学基金会、卡恩·拉斯穆森基金会、阿格西基金会、麻省理工学院斯隆商学院、麻省理工学院Solve项目、麻省理工学院可持续发展项目、麻省理工学院能源项目、思科系统公司，以及麻省理工学院集体智能中心的其他赞助者。

我还要感谢我的两位非常能干的行政助理，他们在我写作本书的过程中为我提供了多方面的帮助，他们是利兹·麦克福尔（Liz McFall）和理查德·希尔（Richard Hill），特别感谢利兹完成了参考文献的排版工作！

最重要的是，我要感谢我的妻子琼，她在本书的写作过程中一直支持和鼓励我，她一定觉得我几乎要和这本书结婚了！

/ 注 释

前言

1. *Collins English Dictionary*, s.v. "supermind," accessed April 30, 2017, https://www.collinsdictionary.com/us/dictionary/english/supermind.

引言

1. Timothy Gowers and Michael Nielsen, "Massively Collaborative Mathematics," *Nature* 461, no. 7266 (2009): 879–81, doi:10.1038/461879a; Justin Cranshaw and Aniket Kittur, "The Polymath Project: Lessons from a Successful Online Collaboration in Mathematics," in *Proceedings of the SIGCHI Conference on Human Factors in Computing Systems* (New York: Association for Computing Machinery, 2011), 1,865–74, doi:10.1145/1978942.1979213.
2. Timothy Gowers, "Is Massively Collaborative Mathematics Possible?" *Gowers's Weblog*, January 27, 2009, http://gowers.wordpress.com/2009/01/27/is-massively-collaborative-mathematics-possible/.
3. D. H. J. Polymath, "Density Hales-Jewett and Moser Numbers," preprint, submitted February 2, 2010, https://arxiv.org/abs/1002.0374; D. H. J. Polymath, "A New Proof of the Density Hales-Jewett Theorem," preprint, submitted October 20, 2009, https://arxiv.org/abs/0910.3926.
4. Cranshaw and Kittur, "The Polymath Project."
5. Yuval Noah Harari, *Sapiens: A Brief History of Humankind* (New York: HarperCollins, 2015), 11.
6. The dimension on which humans excel is called the *encephalization quotient*. See M. D. Lieberman, *Social: Why Our Brains Are Wired to Connect* (New York: Crown, 2013), 29; Gerhard Roth and Ursula Dicke, "Evolution of the Brain and Intelligence," *Trends in Cognitive Sciences* 9, no. 5 (2005): 250–57, http://dx.doi.org/10.1016/j.tics.2005.03.005; Robin I. M. Dunbar, "Neocortex Size as a Constraint on Group Size in Primates," *Journal of Human Evolution* 22, no. 6 (1992): 469–93, doi:10.1016/0047-2484(92)90081-J; Robin I. M. Dunbar, "Coevolution of Neocortical Size, Group Size and Language in Humans," *Behavioral and Brain Sciences* 16, no. 4 (1993): 681–94, https://doi.org/10.1017/S0140525X00032325; Robin I. M. Dunbar, *Grooming, Gossip, and the Evolution of Language* (Cambridge, MA: Harvard University Press, 1998); Robin I. M.

Dunbar and Susanne Shultz, "Evolution in the Social Brain," *Science* 317, no. 5,843 (2007): 1,344–47, doi:10.1126/science.1145463.

7. Dunbar, "Neocortex Size as a Constraint."
8. Dunbar, *Grooming, Gossip, and the Evolution of Language*, 17–18.

   Dunbar gives several examples of primates acting in groups to defend against predators. But if you are a stickler for the historical plausibility of hypothetical examples, you may be wondering whether lions and mangoes ever existed together in ancient times as I posited here. The answer is: they probably did. Lions were common in Africa, and so were African mangoes. See Wikipedia, s.v. "lion," accessed February 11, 2018, https://en.wikipedia.org/wiki/Lion; "Historic vs Present Geographical Distribution of Lions," *Brilliant Maps*, April 26, 2016, http://brilliantmaps.com/distribution-of-lions/; Wikipedia, s.v. "Irvingia gabonensis," accessed February 11, 2018, https://en.wikipedia.org/wiki/Irvingia_gabonensis.

   It is less likely that lions would have been in a rainforest, since they typically inhabit grasslands and savannas. But perhaps the imaginary scenarios described here took place near the edge of a rainforest or involved unusual lions who liked rainforests. See Wikipedia, s.v. "lion"; Jeremy Hance, "King of the Jungle: Lions Discovered in Rainforests," *Mongabay*, August 13, 2012, https://news.mongabay.com/2012/08/king-of-the-jungle-lions-discovered-in-rainforests/.
9. Harari, *Sapiens*, 36.
10. Ibid., 20–21.
11. Large animals are defined as species weighing 100 pounds or more. See detailed reference in Harari, *Sapiens*, 65n2.

    Recent research suggests that humans may have been in Australia for 5,000 to 18,000 years before the megafauna went extinct, but humans are still prime suspects in their death. See Nicholas St. Fleur, "Humans First Arrived in Australia 65,000 Years Ago, Study Suggests," *New York Times*, July 19, 2017, https://www.nytimes.com/2017/07/19/science/humans-reached-australia-aboriginal-65000-years.html.
12. For population estimates used here and in the rest of this section, see Max Rosner and Esteban Ortiz-Ospina, "World Population Growth," *Our World in Data*, April 2017, https://ourworldindata.org/world-population-growth/.
13. Lingling Wei, "China's Response to Stock Rout Exposes Regulatory Disarray," *Wall Street Journal*, August 4, 2015, http://www.wsj.com/articles/chinas-response-to-stock-rout-exposes-regulatory-disarray-1438670061; Keith Bradsher and Chris Buckley, "China's Market Rout Is a Double Threat," *New York Times*, July 5, 2015, http://www.nytimes.com/2015/07/06/business/international/chinas-market-rout-is-a-double-threat.html.
14. Peter Russell, *The Global Brain: Speculations on the Evolutionary Leap to Planetary Consciousness* (Los Angeles: J. P. Tarcher, 1983); Howard Bloom, *Global Brain: The Evolution of Mass Mind from the Big Bang to the 21st Century* (New York: Wiley, 2000); Abraham Bernstein, Mark Klein, and Thomas W. Malone, "Programming the Global Brain," *Communications of the ACM* 55, no. 5 (May 2012): 41–43, doi:10.1145/2160718.2160731.

第 1 章 如果你在街上看到它，你能认出超级思维吗？

1. Kenneth J. Arrow and Gérard Debreu, "Existence of an Equilibrium for a Competitive Economy," *Econometrica* 22, no. 3 (1954): 265–90, doi:10.2307/1907353.
2. The basic concept of supermind used here is a generalization of the concept of "corporate entity" as defined by Benjamin Kuipers in "An Existing, Ecologically-Successful Genus of Collectively Intelligent Artificial Creatures," presented at the Collective Intelligence Conference, MIT, Cambridge, MA, April 2012, https://arxiv.org/pdf/1204.4116.pdf.

   The detailed definition of a supermind is based on the definition of collective intelligence in Thomas W. Malone and Michael S. Bernstein, *Handbook of Collective Intelligence* (Cambridge, MA: MIT Press, 2015), 1–13.

   Of course, this is not the only way to define collective intelligence, and many authors have defined it in other ways. A sample of other definitions and a history of how the term has been used previously is also included in Malone and Bernstein, *Handbook*, 10.

   Starr Roxanne Hiltz and Murray Turoff, for example, define collective intelligence as "a collective decision capability [that is] at least as good as or better than any single member of the group." See Hiltz and Turoff, *The Network Nation: Human Communication via Computer* (Reading, MA: Addison-Wesley, 1978).

   John B. Smith defines it as "a group of human beings [carrying] out a task as if the group, itself, were a coherent, intelligent organism working with one mind, rather than a collection of independent agents." See Smith, *Collective Intelligence in Computer-Based Collaboration* (Hillsdale, NJ: Lawrence Erlbaum, 1994).

   Pierre Levy defines it as "a form of universally distributed intelligence, constantly enhanced, coordinated in real time, and resulting in the effective mobilization of skills." See Levy, *L'intelligence collective: Pour une anthropologie du cyberspace* (Paris: Editions La Decouverte, 1994). Translated by Robert Bononno as *Collective Intelligence: Mankind's Emerging World in Cyberspace* (Cambridge, MA: Perseus Books, 1997).

   And Douglas Engelbart defines the closely related term *collective IQ* as a community's "capability for dealing with complex, urgent problems." See Engelbart, "Augmenting Society's Collective IQ," presented at the Association of Computing Machinery Conference on Hypertext and Hypermedia, Santa Cruz, CA, August 2004, doi:10.1145/1012807.1012809.

   Each of these definitions provides useful insights, but as we'll see, the broader definition used here allows us to derive insights by comparing and contrasting very different forms of collective intelligence.
3. We are taking here a *pragmatic* view in two different philosophical senses: the pragmatic view of scientific theories and the philosophical tradition of pragmatism. See Rasmus Grønfeldt Winther, "The Structure of Scientific Theories," in *Stanford Encyclopedia of Philosophy* (Winter 2016 edition), ed. Edward N. Zalta (Stanford, CA: Stanford University, 2016), https://plato.stanford.edu/archives/win2016/entries/structure-scientific-theories/;

Christopher Hookway, "Pragmatism," in *The Stanford Encyclopedia of Philosophy*, https://plato.stanford.edu/archives/sum2016/entries/pragmatism/.

In other words, we are saying that a scientific theory (such as our theory of superminds) includes how the theory is interpreted in practice and whether these interpretations are useful.

This means, from our point of view, that it doesn't really make sense to ask whether a supermind *exists*. What matters is whether a particular interpretation of the world that includes that supermind is *useful*. One could similarly say that theoretical concepts in physics (like force and energy) and in economics (like supply and demand) exist only in the context of how they are interpreted by observers in particular situations and how useful those interpretations are.

4. *Encyclopedia Britannica*, s.v. "intelligence" (cited by Shane Legg and Marcus Hutter, "A Collection of Definitions of Intelligence," technical report no. IDSIA-07-07, IDSIA, Manno, Switzerland, 2007, https://arxiv.org/pdf/0706.3639.pdf); Howard Gardner, *Frames of Mind: Theory of Multiple Intelligences* (New York: Basic Books, 1983).
5. Linda S. Gottfredson, "Mainstream Science on Intelligence: An Editorial with 52 Signatories, History, and Bibliography," *Intelligence* 24, no. 1 (1997): 13–23.

第 2 章　群体也能做智力测验吗?

1. The first person to document this was Charles Spearman, and it is arguably one of the most replicated results in all of psychology. See Spearman, " 'General Intelligence,' Objectively Determined and Measured," *American Journal of Psychology* 15 (1904): 201–93.
2. Ian J. Deary, *Looking Down on Human Intelligence: From Psychometrics to the Brain* (New York: Oxford University Press, 2000).
3. Christopher Chabris, "Cognitive and Neurobiological Mechanisms of the Law of General Intelligence," in *Integrating the Mind: Domain General Versus Domain Specific Processes in Higher Cognition*, ed. Maxwell J. Roberts (Hove, UK: Psychology Press, 2007), 449–91; Earl Hunt, *Human Intelligence* (Cambridge, UK: Cambridge University Press, 2011), 91*ff.*; Gilles E. Gignac, "The WAIS-III as a Nested Factors Model: A Useful Alternative to the More Conventional Oblique and Higher-Order Models," *Journal of Individual Differences* 27, no. 2 (2006): 73–86.
4. Robert R. McCrae and Paul T. Costa, "Validation of the Five-Factor Model of Personality Across Instruments and Observers," *Journal of Personality and Social Psychology* 52, no. 1 (1987): 81–90; John M. Digman, "Personality Structure: Emergence of the Five-Factor Model," in *Annual Review of Psychology* 41, ed. Mark R. Rosenzweig and Lyman W. Porter (Palo Alto, CA: Annual Reviews, Inc., 1990): 417–40.

Some researchers have proposed that there may be a "general factor" for personality, as there is for intelligence (e.g., Janek Musek, "A General Factor of Personality: Evidence for the Big One in the Five-Factor Model," *Journal of Research in Personality* 41, no. 6 [2007]: 1,213–33), but there is not yet a consensus in the field that this is true. If there comes to be a general consensus that there *is* a general personality factor, the point made in the main text is still valid: it's certainly not *preordained* that there would be a general factor, either for intelligence or for personality.

5. Deary, *Looking Down on Human Intelligence*, 22–23.
6. Howard Gardner, *Frames of Mind: Theory of Multiple Intelligences* (New York: Basic Books, 1983); Howard Gardner, *Multiple Intelligences: New Horizons* (New York: Basic Books, 2006).
7. John E. Hunter and Ronda F. Hunter, "Validity and Utility of Alternative Predictors of Job Performance," *Psychological Bulletin* 96 (1984): 72–98.
8. Anita Williams Woolley, Christopher F. Chabris, Alex Pentland, Nada Hashmi, and Thomas W. Malone, "Evidence for a Collective Intelligence Factor in the Performance of Human Groups," *Science* 330, no. 6,004 (October 29, 2010): 686–88, http://science.sciencemag.org/content/330/6004/686, doi:10.1126/science.1193147.
9. Joseph Edward McGrath, *Groups: Interaction and Performance* (Englewood Cliffs, NJ: Prentice Hall, 1984).
10. Simon Baron-Cohen, Sally Wheelwright, Jacqueline J. Hill, Yogini Raste, and Ian Plumb, "The 'Reading the Mind in the Eyes' Test Revised Version: A Study with Normal Adults, and Adults with Asperger Syndrome or High-Functioning Autism," *Journal of Child Psychology and Psychiatry* 42, no. 2 (2001): 241–51, doi:10.1017/S0021963001006643; Simon Baron-Cohen, Therese Jolliffe, Catherine Mortimore, and Mary Robertson, "Another Advanced Test of Theory of Mind: Evidence from Very High Functioning Adults with Autism or Asperger Syndrome," *Journal of Child Psychology and Psychiatry* 38, no. 7 (1997): 813–22. Figure reproduced with author's permission.
11. An adapted version of this figure was published in Anita Williams Woolley and Thomas W. Malone, "Defend Your Research: What Makes a Team Smarter? More Women," *Harvard Business Review* 89, no. 6 (June 2011): 32–33.

    The collective intelligence scores are normalized with 0 as the average across all scores.
12. David Engel, Anita Williams Woolley, Lisa X. Jing, Christopher F. Chabris, and Thomas W. Malone, "Reading the Mind in the Eyes or Reading Between the Lines? Theory of Mind Predicts Effective Collaboration Equally Well Online and Face-to-Face," *PLOS One* 9, no. 12 (2014), http://www.plosone.org/article/info%3Adoi%2F10.1371%2Fjournal.pone.0115212, doi:10.1371/journal.pone.0115212.
13. Ishani Aggarwal, Anita Williams Woolley, Christopher F. Chabris, and Thomas W. Malone, "Cognitive Diversity, Collective Intelligence and Learning in Teams," presented at the 2015 European Academy of Management Conference, Warsaw, Poland, June 17–20, 2015.
14. Maria Kozhevnikov, "Cognitive Styles in the Context of Modern Psychology: Toward an Integrated Framework," *Psychological Bulletin* 133 (2007): 464–81.
15. Aggarwal, "Cognitive Diversity"; John B. Van Huyck, Raymond C. Battalio, and Richard O. Beil, "Tacit Coordination Games, Strategic Uncertainty, and Coordination Failure," *The American Economic Review* 80, no. 1 (1990): 234–48; Cary Deck and Nikos Nikiforakis, "Perfect and Imperfect Real-Time

Monitoring in a Minimum-Effort Game," *Experimental Economics* 15, no. 1 (2012): 71–88.

16. Figure from Aggarwal, "Cognitive Diversity," 2015. Reprinted by permission of authors.
17. David Engel, Anita Williams Woolley, Ishani Aggarwal, Christopher F. Chabris, Masamichi Takahashi, Keiichi Nemoto, Carolin Kaiser, Young Ji Kim, and Thomas W. Malone, "Collective Intelligence in Computer-Mediated Collaboration Emerges in Different Contexts and Cultures," *Proceedings of the SIGCHI Conference on Human Factors in Computing Systems* (New York: Association for Computing Machinery, 2015), doi:10.1145/2702123.2702259 (conference held in Seoul, South Korea, April 18–23, 2015).
18. Young Ji Kim, David Engel, Anita Williams Woolley, Jeffery Yu-Ting Lin, Naomi McArthur, and Thomas W. Malone, "What Makes a Strong Team? Using Collective Intelligence to Predict Team Performance in League of Legends," *Proceedings of the ACM Conference on Computer-Supported Cooperative Work and Social Computing*, (New York: Association for Computing Machinery, 2017), http://dx.doi.org/10.1145/2998181.2998185 (conference held in Portland, OR, February 25–March 1, 2017).
19. Steve Schaefer, "The First 12 Dow Components: Where Are They Now?" *Forbes*, July 15, 2011, http://www.forbes.com/sites/steveschaefer/2011/07/15/the-first-12-dow-components-where-are-they-now.
20. Martin Baily, Charles Hulten, and David Campbell, "Productivity Dynamics in Manufacturing Plants," *Brookings Papers on Economic Activity: Microeconomics* (1992): 187–267, doi:10.2307/2534764; Eric Bartelsman and Phoebus Dhrymes, "Productivity Dynamics: U.S. Manufacturing Plants, 1972–1986," *Journal of Productivity Analysis* 9, no. 1 (1998): 5–34, doi:10.1023/A:101838362; Eric Bartelsman and Mark Doms, "Understanding Productivity: Lessons from Longitudinal Microdata," *Journal of Economic Literature* 38, no. 3 (2000): 569–94, doi:10.1257/jel.38.3.569.
21. Baily et al., "Productivity Dynamics," 187–267.

    The statistics reported here count plants *weighted by their employment numbers*. The more workers plants employed, the more heavily they were weighted.

第 3 章　人类将如何与计算机一起工作?

1. The Google statistics are from Craig Smith, "270 Amazing Google Statistics and Facts (August 2017)," *DMR*, modified August 13, 2017, http://expandedramblings.com/index.php/by-the-numbers-a-gigantic-list-of-google-stats-and-facts/.

    If there are 1.17 billion monthly unique searchers and a world population of about 7.4 billion (see United States Census Bureau, "U.S. and World Population Clock," accessed September 21, 2017, https://www.census.gov/popclock/), this means that about one in seven people in the world do a search each month. One hundred billion searches per month means about three per user per day.
2. See http://damnyouautocorrect.com.

3. H. James Wilson, Paul Daugherty, and Prashant Shukla, "How One Clothing Company Blends AI and Human Expertise," *Harvard Business Review*, November 21, 2016, https://hbr.org/2016/11/how-one-clothing-company-blends-ai-and-human-expertise.
4. "WatsonPaths," IBM, accessed August 17, 2016, https://www.research.ibm.com/cognitive-computing/watson/watsonpaths.shtml?cmp=usbrb&cm=s&csr=watson.site_20140319&cr=work&ct=usbrb301&cn=s1healthcare.
5. Shai Wininger, "The Secret Behind Lemonade's Instant Insurance," Lemonade, November 23, 2016, https://stories.lemonade.com/the-secret-behind-lemonades-instant-insurance-3129537d661.
6. Wikipedia, s.v. "Wikipedia:Bots," accessed August 18, 2016, https://en.wikipedia.org/wiki/Wikipedia:Bots.
7. Aniket Kittur, Boris Smus, Susheel Khamkar, and Robert E. Kraut, "CrowdForge: Crowdsourcing Complex Work," in *Proceedings of the ACM Symposium on User Interface Software and Technology* (New York: ACM Press, 2011), http://smus.com/crowdforge/crowdforge-uist-11.pdf.
8. Figure from Kittur A., Smus, B., Khamkar, S., Kraut, R.E., "CrowdForge: Crowdsourcing Complex Work." *UIST 2011: Proceedings of the ACM Symposium on User Interface Software and Technology*. New York: ACM Press, http:doi.acm.org/10.1145/2047196.2047202. © 2011 Association for Computing Machinery, Inc. Reprinted by permission.
9. Simple English Wikipedia, accessed October 21, 2017, https://simple.wikipedia.org/wiki/Main_Page.
10. Marshall McLuhan, *Understanding Media* (New York: McGraw-Hill, 1964).
11. James H. Hines, Thomas W. Malone, Paulo Gonçalves, George Herman, John Quimby, Mary Murphy-Hoye, James Rice, James Patten, and Hiroshi Ishii, "Construction by Replacement: A New Approach to Simulation Modeling," *System Dynamics Review* 27, no. 1 (July 28, 2010): 64–90, http://onlinelibrary.wiley.com/doi/10.1002/sdr.437/abstract, doi:10.1002/sdr.437.
12. Aubrey Colter, Patlapa Davivongsa, Donald Derek Haddad, Halla Moore, Bruan Tice, and Hiroshi Ishii, "SoundFORMS: Manipulating Sound Through Touch," in *Proceedings of the 2016 CHI Conference Extended Abstracts on Human Factors in Computing Systems* (New York: Association for Computing Machinery, 2016), 2,425–30.

    The photograph is from the above paper and is available online at https://tangible.media.mit.edu/project/soundform, where you can also see a fascinating video of the system in operation. Photograph © Tangible Media Group, MIT Media Lab. Reprinted with permission.
13. Erico Guizzo and Evan Ackerman, "How Rethink Robotics Built Its New Baxter Robot Worker," *IEEE Spectrum*, September 18, 2012, http://spectrum.ieee.org/robotics/industrial-robots/rethink-robotics-baxter-robot-factory-worker.
14. Robert Lee Hotz, "Neural Implants Let Paralyzed Man Take a Drink," *Wall Street Journal*, May 21, 2015, http://www.wsj.com/articles/neural-implants-let-paralyzed-man-take-a-drink-1432231201; Tyson Aflalo, Spencer Kellis,

Christian Klaes, Brian Lee, Ying Shi, Kelsie Shanfield, Stephanie Hayes-Jackson, et al., "Decoding Motor Imagery from the Posterior Parietal Cortex of a Tetraplegic Human," *Science* 348, no. 6,237 (May 22, 2015): 906–910, http://science.sciencemag.org/content/348/6237/906.full, doi:10.1126/science.aaa5417.

第 4 章　计算机将能达到什么样的通用智能水平?

1. Stuart Russell and Peter Norvig, *Artificial Intelligence: A Modern Approach* (New York: Prentice Hall, 1995).
2. Alan Turing, "Computing Machinery and Intelligence," *Mind* 59 (1950): 433–60.
3. Wikipedia, s.v. "artificial intelligence," accessed August 8, 2016, https://en.wikipedia.org/wiki/Artificial_intelligence.
4. Rodney Brooks, "Artificial Intelligence Is a Tool, Not a Threat," *Rethink Robotics*, November 10, 2014, http://www.rethinkrobotics.com/blog/artificial-intelligence-tool-threat.
5. David Ferrucci, e-mail message to the author, August 24, 2016. Ferrucci was the leader of the IBM team that developed the Watson technology.
6. See, for example, a review of this literature in Russell and Norvig, *Artificial Intelligence*, chapter 26.
7. Hubert L. Dreyfus, *What Computers Still Can't Do: A Critique of Artificial Reason* (Cambridge, MA: MIT Press, 1992); John R. Searle, "Minds, Brains, and Programs," *Behavioral and Brain Sciences* 3, no. 3 (1980): 417–24.
8. Edsger W. Dijkstra, "The Threats to Computing Science," presented at the ACM South Central Regional Conference, Austin, TX, November 1984.
9. Russell and Norvig, *Artificial Intelligence*, 1,021.
10. Erik Brynjolfsson and Andrew McAfee, *The Second Machine Age: Work, Progress, and Prosperity in a Time of Brilliant Technologies* (New York: W. W. Norton, 2014); Martin Ford, *Rise of the Robots: Technology and the Threat of a Jobless Future* (New York: Basic Books, 2015).
11. Brooks, "Artificial Intelligence Is a Tool"; Rodney Brooks, "The Seven Deadly Sins of AI Predictions," *MIT Technology Review*, October 6, 2017, https://www.technologyreview.com/s/609048/the-seven-deadly-sins-of-ai-predictions/.
12. Stuart Armstrong and Kaj Sotala, "How We're Predicting AI—or Failing To," in *Beyond AI: Artificial Dreams*, ed. Jan Romportl, Pavel Ircing, Eva Zackova, Michal Polak, and Radek Schuster (Pilsen, Czech Republic: University of West Bohemia, 2012): 52–75, https://intelligence.org/files/PredictingAI.pdf.
13. Nick Bostrom, *Superintelligence: Paths, Dangers, Strategies* (Oxford, UK: Oxford University Press, 2014).
14. Stuart Madnick, "Understanding the Computer (Little Man Computer)," unpublished teaching note, MIT Sloan School of Management, Cambridge, MA, June 10, 1993. Based on the 1979 version. The figure shown here was drawn by Rob Malone, and is adapted from this teaching note with permission of Stuart Madnick.
15. Rachel Potvin and Josh Levenberg, "Why Google Stores Billions of Lines of Code in a Single Repository," *Communications of the ACM* 59, no. 7 (2016): 78–87, doi:10.1145/2854146.

16. Full disclosure: in addition to having known Doug Lenat for over 30 years, I am a member of the advisory board of Lucid, a company that is commercializing his research.
17. Will Knight, "An AI with 30 Years' Worth of Knowledge Finally Goes to Work," *MIT Technology Review*, March 14, 2016, https://www.technologyreview.com/s/600984/an-ai-with-30-years-worth-of-knowledge-finally-goes-to-work.
18. Melvin Johnson, Mike Schister, Quoc V. Lee, Maxim Krikun, Yonghui Wu, Zhifeng Chen, Nikhil Thorat, et al., "Google's Multilingual Neural Machine Translation System: Enabling Zero-Shot Translation," preprint, submitted November 14, 2016, https://arxiv.org/abs/1611.04558; Justin Bariso, "The Artificial Intelligence Behind Google Translate Recently Did Something Extraordinary," *Inc.*, November 28, 2016, https://www.inc.com/justin-bariso/the-ai-behind-google-translate-recently-did-something-extraordinary.html.
19. Quoc V. Le, Marc'Aurelio Ranzato, Rajat Monga, Matthieu Devin, Kai Chen, Greg S. Corrado, Jeff Dean, and Andrew Y. Ng, "Building High-Level Features Using Large Scale Unsupervised Learning," in *Proceedings of the 29th International Conference on Machine Learning*, ed. John Langford and Joelle Pineau (Edinburgh, Scotland: Omnipress, 2012), http://static.googleusercontent.com/external_content/untrusted_dlcp/research.google.com/en/us/pubs/archive/38115.pdf; John Markoff, "How Many Computers to Identify a Cat? 16,000," *New York Times*, June 25, 2012, http://www.nytimes.com/2012/06/26/technology/in-a-big-network-of-computers-evidence-of-machine-learning.html.
20. James Randerson, "How Many Neurons Make a Human Brain? Billions Fewer Than We Thought," *Guardian*, February 28, 2012, https://www.theguardian.com/science/blog/2012/feb/28/how-many-neurons-human-brain; Federico A. C. Azevedo, Ludmila R. B. Carvalho, Lea T. Grinberg, Jose Farfel, Renata E. L. Ferretti, Renata E. P. Leite, Wilson Jacob Filho, Roberto Lent, and Suzana Herculano-Houzel, "Equal Numbers of Neuronal and Nonneuronal Cells Make the Human Brain an Isometrically Scaled-Up Primate Brain," *Journal of Comparative Neurology* 513, no. 5 (2009): 532–41, https://www.researchgate.net/profile/Lea_Grinberg/publication/24024444_Equal_numbers_of_neuronal_and_nonneuronal_cells_make_the_human_brain_an_isometrically_scaled-up_primate_brain/links/0912f50c100f1e72ba000000.pdf.
21. Don Monroe, "Neuromorphic Computing Gets Ready for the (Really) Big Time," *Communications of the ACM* 57, no. 6 (2014): 13–15, http://cacm.acm.org/magazines/2014/6/175183-neuromorphic-computing-gets-ready-for-the-really-big-time/fulltext.
22. Marvin Minsky, *Society of Mind* (New York: Simon and Schuster, 1988).
23. David A. Ferrucci, "Introduction to 'This Is Watson,'" *IBM Journal of Research and Development* 56, no. 3.4 (April 3, 2012): 1–1, doi:10.1147/JRD.2012.2184356.
24. Lukas Biewald, "Why Human-in-the-Loop Computing Is the Future of Machine Learning," *Computerworld*, November 13, 2015, https://www.computerworld.com/article/3004013/robotics/why-human-in-the-loop-computing-is-the-future-of-machine-learning.html.

第 5 章 人类与计算机群体如何更智能地思考?

1. Stuart J. Russell, "Rationality and Intelligence," *Artificial Intelligence* 94, nos. 1–2 (July 1997): 57–77, doi:10.1016/S0004-3702(97)00026-X; Stewart J. Russell, "Defining Intelligence: A Conversation with Stuart Russell," *Edge*, February 7, 2017, https://www.edge.org/conversation/stuart_russell-defining-intelligence.

第 6 章 更智能的层级制

1. Edward O. Wilson, *Sociobiology: The New Synthesis* (Cambridge, MA: Harvard University Press, 2000), 282*ff.*
2. Yuval Noah Harari, *Sapiens: A Brief History of Humankind* (New York: HarperCollins, 2015), chapter 2.
3. Robert F. Freeland and Ezra W. Zuckerman, "The Problems and Promise of Hierarchy: Voice Rights and the Firm" (unpublished manuscript, November 11, 2014), https://ssrn.com/abstract=2523245.
4. Thomas W. Malone, *The Future of Work: How the New Order of Business Will Shape Your Organization, Your Management Style, and Your Life* (Boston, MA: Harvard Business School Press, 2004).
5. Alvin Toffler, *Future Shock* (New York: Random House, 1970); Warren Bennis, *The Temporary Society* (New York: Harper & Row, 1968); Henry Mintzberg, *The Structuring of Organizations: A Synthesis of the Research* (Englewood Cliffs, NJ: Prentice Hall, 1979).
6. Valve Corporation, *Valve: Handbook for New Employees* (Bellevue, WA: Valve Corporation, 2012). Figure is adapted from page 4 and reprinted here with permission of Valve Corporation.
7. Philippa Warr, "Former Valve Employee: 'It Felt a Lot Like High School,'" *Wired*, July 9, 2013, http://www.wired.com/2013/07/wireduk-valve-jeri-ellsworth.

第 7 章 更智能的民主制

1. Nicolas de Condorcet, *Essay sur l'Application de l'Analyse à la Probabilité des Décisions Rendue à la Pluralité des Voix* (Paris, 1785); Christian List and Robert E. Goodin, "Epistemic Democracy: Generalizing the Condorcet Jury Theorem," *Journal of Political Philosophy* 9 (2001): 277–306, doi:10.1111/1467-9760.00128.
2. Thomas W. Malone, *The Future of Work: How the New Order of Business Will Shape Your Organization, Your Management Style, and Your Life* (Boston, MA: Harvard Business School Press, 2004).
3. Bryan Ford, "Delegative Democracy Revisited," *Bryan Ford's Blog*, November 16, 2014, http://bford.github.io/2014/11/16/deleg.html; Malone, *The Future of Work*, 65n21.
4. Sven Becker, "Web Platform Makes Professor Most Powerful Pirate," *Spiegel Online*, March 2, 2012, http://www.spiegel.de/international/germany/liquid-democracy-web-platform-makes-professor-most-powerful-pirate-a-818683.html; Wikipedia, s.v. "Pirate Party," accessed February 20, 2017, https://en.wikipedia.org/wiki/Pirate_Party.
5. Steve Hardt and Lia C. R. Lopes, "Google Votes: A Liquid Democracy Experiment on a Corporate Social Network," *Technical Disclosure Commons*, June 5, 2015, http://www.tdcommons.org/dpubs_series/79.

6. "The Story So Far," Galaxy Zoo, accessed October 21, 2017, https://www.galaxyzoo.org/?_ga=1.247761351.1568972630.1472315428#/story.
7. "About Eyewire, a Game to Map the Brain," Eyewire, accessed February 20, 2017, http://blog.eyewire.org/about/.
8. Barbara Mellers, Eric Stone, Pavel Atanasov, Nick Rohrbaugh, S. Emlen Metz, Lyle Ungar, Michael Metcalf Bishop, et al., "The Psychology of Intelligence Analysis: Drivers of Prediction Accuracy in World Politics," *Journal of Experimental Psychology: Applied* 21, no. 1 (2015): 1; Barbara Mellers, Lyle Ungar, Jonathan Baron, Jamie Ramos, Burcu Gurcay, Katrina Fincher, Sydney E. Scott, et al., "Psychological Strategies for Winning a Geopolitical Forecasting Tournament," *Psychological Science* 25, no. 5 (2014): 1,106–15; Barbara Mellers, Eric Stone, Terry Murray, Angela Minster, Nick Rohrbaugh, Michael Bishop, Eva Chen, et al., "Identifying and Cultivating Superforecasters as a Method of Improving Probabilistic Predictions," *Perspectives on Psychological Science* 10, no. 3 (2015): 267–81; Pavel Atanasov, Phillip Rescober, Eric Stone, Samuel A. Swift, Emile Servan-Schreiber, Philip Tetlock, Lyle Ungar, and Barbara Mellers, "Distilling the Wisdom of Crowds: Prediction Markets vs. Prediction Polls," *Management Science* 63, no. 3 (2016), http://dx.doi.org/10.1287/mnsc.2015.2374.
9. Atanasov et al., "Distilling the Wisdom"; Philip Tetlock and Dan Gardner, *Superforecasting: The Art and Science of Prediction* (New York: Random House, 2016), 91.
10. Ibid.
11. David Ignatius, "More Chatter Than Needed," *Washington Post*, November 1, 2013, https://www.washingtonpost.com/opinions/david-ignatius-more-chatter-than-needed/2013/11/01/1194a984-425a-11e3-a624-41d661b0bb78_story.html?utm_term=.e54b9bf0b8f5.

    This interpretation of the Ignatius quotation comes from Tetlock and Gardner, *Superforecasting*, 91.

第 8 章 更智能的市场

1. Cristina Gomes and Christophe Boesch, "Wild Chimpanzees Exchange Meat for Sex on a Long-Term Basis," *PLOS One* 4, no. 4 (2009), doi:10.1371/journal.pone.0005116.
2. Kenneth J. Arrow and Gérard Debreu, "Existence of an Equilibrium for a Competitive Economy," *Econometrica* 22 (1954): 265–90.
3. Daniel Kahneman, *Thinking, Fast and Slow* (New York: Macmillan, 2011), chapter 21.
4. Yiftach Nagar and Thomas W. Malone, "Making Business Predictions by Combining Human and Machine Intelligence in Prediction Markets," *Proceedings of the International Conference on Information Systems*, Shanghai, China, December 5, 2011, http://web.mit.edu/ynagar/www/papers/Nagar_Malone_MakingBusinessPredictionsbyCombiningHumanandMachineIntelligence.ICIS2011.pdf; Yiftach Nagar and Thomas W. Malone, "Combining Human and Machine Intelligence for Making Predictions" (working paper no. 2011-002, MIT Center for Collective Intelligence, Cambridge, MA, 2011), http://cci.mit.edu/publications/CCIwp2011-02.pdf.

5. Justin Wolfers and Eric Zitzewitz, "Prediction Markets," *Journal of Economic Perspectives* 18, no. 2 (2004): 107–26.
6. Justin Wolfers and Eric Zitzewitz, "Interpreting Prediction Market Prices as Probabilities" (working paper no. W12200, National Bureau of Economic Research, Cambridge, MA, 2006).

第 9 章 更智能的社群

1. Note that this definition of community is different from the technical definitions of this term in some fields. Instead of focusing on the decision-making process for a group (as we do here), other fields focus on other dimensions.

   For instance, ecologists define community as "an association of interacting species inhabiting some defined area." See Manuel Molles, *Ecology: Concepts and Applications* (New York: McGraw-Hill Higher Education, 2015), 353.

   Similarly, one definition of community in sociology is a "collectivity the members of which share a common territorial area as their base of operations for daily activities." See Talcott Parsons, *The Social System* (London: Routledge & Kegan Paul, 1951), 91.
2. Brent Simpson and Robb Willer, "Beyond Altruism: Sociological Foundations of Cooperation and Prosocial Behavior," *Annual Review of Sociology* 41 (2015): 43–63, doi:10.1146/annurev-soc-073014-112242; Matthew Feinberg, Robb Willer, and Michael Schultz, "Gossip and Ostracism Promote Cooperation in Groups," *Psychological Science* 25 (2014): 656–64, doi:10.1177/09567 97613510184; Brent Simpson, Robb Willer, and Cecilia L. Ridgeway, "Status Hierarchies and the Organization of Collective Action," *Sociological Theory* 30, no. 3 (2012): 149–66, doi:10.1177/0735275112457912.
3. The story of Wikipedia's beginnings has been recounted in numerous places. See Wikipedia, s.v. "history of Wikipedia," accessed July 6, 2016, https://en.wikipedia.org/wiki/History_of_Wikipedia; Larry Sanger, "The Early History of Nupedia and Wikipedia: A Memoir," *Slashdot*, April 18, 2005, https://features.slashdot.org/story/05/04/18/164213/the-early-history-of-nupedia-and-wikipedia-a-memoir; Marshall Poe, "The Hive: Can Thousands of Wikipedians Be Wrong? How an Attempt to Build an Online Encyclopedia Touched off History's Biggest Experiment in Collaborative Knowledge," *Atlantic Monthly*, September 2006, 86–94, http://www.theatlantic.com/magazine/archive/2006/09/the-hive/5118.
4. Jean Lave and Etienne Wenger, *Situated Learning: Legitimate Peripheral Participation* (Cambridge, UK: Cambridge University Press, 1991); Etienne Wenger, *Communities of Practice: Learning, Meaning, and Identity* (Cambridge, UK: Cambridge University Press, 1998).
5. Julian E. Orr, *Talking About Machines: An Ethnography of a Modern Job* (Ithaca, NY: Cornell University Press, 1996).
6. John Seely Brown and Paul Duguid, "Balancing Act: How to Capture Knowledge Without Killing It," *Harvard Business Review* 78, no. 3 (2000): 73–80.

7. Sherry Turkle, *Reclaiming Conversation: The Power of Talk in the Digital Age* (New York: Penguin Press, 2015).
8. John Herrman, "Inside Facebook's (Totally Insane, Unintentionally Gigantic, Hyperpartisan) Political-Media Machine: How a Strange New Class of Media Outlet Has Arisen to Take Over Our News Feeds," *New York Times Magazine*, August 24, 2016, https://www.nytimes.com/2016/08/28/magazine/inside-facebooks-totally-insane-unintentionally-gigantic-hyperpartisan-political-media-machine.html.
9. Monroe C. Beardsley, *Practical Logic* (New York: Prentice Hall, 1950); Stephen E. Toulmin, *The Uses of Argument*, rev. ed. (1958; repr., New York: Cambridge University Press, 2003); Werner Kunz and Horst W. J. Rittel, "Issues as Elements of Information Systems," (working paper no. 131, Institute of Urban and Regional Development, University of California, Berkeley, July 1970, reprinted May 1979).
10. Mark Klein, "How to Harvest Collective Wisdom for Complex Problems: An Introduction to the MIT Deliberatorium" (working paper no. 2012-004, MIT Center for Collective Intelligence, Cambridge, MA, spring 2012), http://cci.mit.edu/docs/working_papers_2012_2013/kleinwp2013.pdf. The following two figures are adapted from this paper with permission of Mark Klein.
11. Mark Klein, Paolo Spada, and Rafaele Calabretta, "Enabling Deliberations in a Political Party Using Large-Scale Argumentations: A Preliminary Report," presented at the International Conference on the Design of Cooperative Systems from Research to Practice: Results and Open Challenges, Marseilles, France, May 29, 2012, https://www.researchgate.net/publication/263307756_Enabling_Deliberations_in_a_Political_Party_Using_Large-Scale_Argumentation_A_Preliminary_Report.
12. Jeffrey Conklin, *Dialogue Mapping: Building Shared Understanding of Wicked Problems* (Chichester, UK: Wiley, 2006); Jeffrey Conklin, Albert Selvin, Simon Buckingham Shum, and Maarten Sierhuis, "Facilitated Hypertext for Collective Sensemaking: 15 Years on from gIBIS," in *Proceedings of the 12th ACM Conference on Hypertext and Hypermedia* (New York: Association for Computing Machinery, 2001), 123–24; Paul A. Kirschner, Simon J. Buckingham-Shum, and Chad S. Carr, eds., *Visualizing Argumentation: Software Tools for Collaborative and Educational Sense-making* (London: Springer Science & Business Media, 2012).
13. David Brin, "Disputation Arenas: Harnessing Conflict and Competitiveness for Society's Benefit," *Ohio State Journal on Dispute Resolution* 15 (1999): 597, http://www.davidbrin.com/disputation.html.
14. David G. Lowe, "Synview: The Design of a System for Cooperative Structuring of Information," in *Proceedings of the 1986 ACM Conference on Computer-Supported Cooperative Work* (New York: Association for Computing Machinery, 1986).
15. Karl Marx and Friedrich Engels, *The Communist Manifesto* (New York: Penguin, 2002); Friedrich Engels, *The Origin of the Family, Private Property, and the State* (1884), https://www.marxists.org/archive/marx/works/download/pdf/origin_family.pdf.

16. Richard B. Lee, "Primitive Communism and the Origin of Social Inequality," in *Evolution of Political Systems: Sociopolitics in Small-Scale Sedentary Societies*, ed. Steadman Upham (New York: Cambridge University Press, 1990), 225–46.
17. E. E. Evans-Pritchard, *Kinship and Marriage Among the Nuer* (Oxford, UK: Clarendon Press, 1951), 132.
18. W. Paul Cockshott and Allin Cottrell, *Towards a New Socialism* (Nottingham, UK: Spokesman, 1993), http://ricardo.ecn.wfu.edu/~cottrell/socialism_book/new_socialism.pdf.
19. Josh Chin and Gillian Wong, "China's New Tool for Social Control: A Credit Rating for Everything," *Wall Street Journal*, November 28, 2016, http://www.wsj.com/articles/chinas-new-tool-for-social-control-a-credit-rating-for-everything-1480351590.

第 10 章　更智能的生态系统

1. Note that in some fields, the definition of *ecosystem* is different from the definition used here. In biology, an ecosystem is defined as "all the organisms that live in an area and the physical environment with which those organisms interact." In other words, this definition explicitly includes the physical environment in which the individuals interact. See Manuel Molles, *Ecology: Concepts and Applications* (New York: McGraw-Hill Higher Education, 2015), 6.
   In the field of business strategy, it is common to talk about "business ecosystems" that include a number of companies cooperating and competing to satisfy customer needs. Unlike the ecosystems described in this book, business ecosystems, in this sense, often have a leader and substantial amounts of cooperation among the ecosystem members. For example, both Apple and Microsoft are leaders in their respective ecosystems of IT companies. See James F. Moore, "Predators and Prey: A New Ecology of Competition," *Harvard Business Review* (May–June 1993): 75–86.
2. Erin Griffith, "Why Uber CEO Travis Kalanick's Resignation Matters," *Fortune*, June 21, 2017, http://fortune.com/2017/06/21/uber-ceo-travis-kalanick-why-it-matter.
3. Charles Darwin, *On the Origin of Species by Means of Natural Selection* (London: John Murray, 1859).
4. Richard R. Nelson and Sidney G. Winter, *An Evolutionary Theory of Economic Change* (Cambridge, MA: Harvard University Press, 1982); Michael T. Hannan and John Freeman, *Organizational Ecology* (Cambridge, MA: Harvard University Press, 1993); Andrew W. Lo, *Adaptive Markets: Financial Evolution at the Speed of Thought* (Princeton, NJ: Princeton University Press, 2017).
5. Richard Dawkins, *The Selfish Gene*, 2nd ed. (New York: Oxford University Press, 1989), 192.
6. There is a very large—and controversy-filled—literature on sociobiology, behavioral ecology, group selection, and other concepts that are related to the points made here. However, almost all this other literature focuses on how group behavior evolves through the biological evolution of individual organisms in these groups. The discussion in this book is at a different level.

Here we focus on the groups themselves, not their biological members, and we focus on the evolution that occurs through transmitting ideas and behaviors socially, not via biological genes. See Edward O. Wilson, *Sociobiology: The New Synthesis* (Cambridge, MA: Harvard University Press, 1975); Edward O. Wilson, *The Social Conquest of Earth* (New York: W. W. Norton, 2012); Steven Pinker, "The False Allure of Group Selection," in *The Handbook of Evolutionary Psychology*, ed. David M. Buss (Hoboken, NJ: Wiley, 2015).

7. Zeynep Ton, *The Good Jobs Strategy: How the Smartest Companies Invest in Employees to Lower Costs and Boost Profits* (Seattle, WA: Amazon Publishing / New Harvest, 2014).
8. Robert Michels, *Political Parties: A Sociological Study of the Oligarchical Tendencies of Modern Democracy* (1911; repr., New York: Collier, 1962).
9. Benjamin Kuipers, "An Existing, Ecologically-Successful Genus of Collectively Intelligent Artificial Creatures," presented at the Collective Intelligence Conference, MIT, Cambridge, MA, April 2012, https://arxiv.org/pdf/1204.4116.pdf.
10. Marshall Sahlins, *Stone Age Economics* (New York: Taylor & Francis, 1972); Jared Diamond, *Guns, Germs, and Steel: The Fates of Human Societies* (New York: W. W. Norton, 1997), chapters 4 and 6; Yuval Noah Harari, *Sapiens: A Brief History of Humankind* (New York: HarperCollins, 2015), chapter 5.
11. Diamond, *Guns, Germs, and Steel,* 112.
12. Ibid., 105.
13. John Stuart Mill, *Utilitarianism*, ed. Roger Crisp (1861; repr., Oxford, UK: Oxford University Press, 1998); Jeremy Bentham, *An Introduction to the Principles of Morals and Legislation* (1789; repr., Oxford, UK: Clarendon Press, 1907); Julia Driver, "The History of Utilitarianism," in *Stanford Encyclopedia of Philosophy* (Winter 2014 edition), ed. Edward N. Zalta (Stanford, CA: Stanford University, 2014), https://plato.stanford.edu/archives/win2014/entries/utilitarianism-history; Yuval Noah Harari, *Homo Deus: A Brief History of Tomorrow* (New York: HarperCollins, 2017), chapter 1.
14. It is not novel to make a connection between evolution and ethics. Others, including Charles Darwin and Herbert Spencer, have done so. But the point I am making here differs from points made by earlier writers in at least two ways. First, as I explained in note 6 above, I am talking only about evolution at the level of superminds, not biological evolution. Second, I am not claiming that something is good *because* that is what evolution produces. I am merely noting the surprising coincidence between what evolution produces and what moral philosophers have argued, for various reasons, is good. For overviews of some of the philosophical issues here, see Doris Schroeder, "Evolutionary Ethics," *Internet Encyclopedia of Philosophy*, accessed August 9, 2017, http://www.iep.utm.edu/evol-eth; and David Weinstein, "Herbert Spencer," *Stanford Encyclopedia of Philosophy* (Spring 2017 edition), ed. Edward N. Zalta (Stanford, CA: Stanford University, 2017), https://plato.stanford.edu/archives/spr2017/entries/spencer.

    The principle of evolutionary utilitarianism was inspired by and, in a sense, generalizes the argument in Robert Wright's *Nonzero: The Logic of Human*

Destiny (New York: Pantheon, 2000). This evolutionary principle, however, also provides a concise summary of the basic mechanism behind Wright's logic. That means it can explain other possible results of the same mechanism, such as the evolution of smaller or simpler forms of social organization in situations where that leads to more benefits for more people.

第 11 章　每一种超级思维最适合做出哪种决策?

1. Friedrich August Hayek, "The Use of Knowledge in Society," *American Economic Review* 35, no. 4 (1945): 519–30; Ronald H. Coase, "The Nature of the Firm," *Economica* 4, no. 16 (1937): 386–405; Oliver E. Williamson, *Markets and Hierarchies* (New York: Free Press, 1975); Oliver Hart, *Firms, Contracts, and Financial Structure* (London: Oxford University Press, 1995); Oliver Hart and Bengt Holmstrom, "The Theory of Contracts," in *Advances in Economic Theory*, ed. Truman F. Bewley (Cambridge, UK: Cambridge University Press, 1987), 71–155.
2. For a comparison of two perspectives on the question of why markets can sometimes be higher cost and sometimes lower cost than hierarchies, see Robert Gibbons, Richard Holden, and Michael Powell, "Organization and Information: Firms' Governance Choices in Rational-Expectations Equilibrium," *Quarterly Journal of Economics* 127, no. 4 (2012): 1,813–41.
3. John Locke, *Two Treatises of Government and a Letter Concerning Toleration* (New Haven, CT: Yale University Press, 2003); Thomas Hobbes, *Leviathan*, ed. C. B. Macpherson (London: Penguin Books, 1985); Jean-Jacques Rousseau, *The Basic Political Writings*, translated by Donald A. Cress (Indianapolis: Hackett Publishing Company, 1987); John Rawls, *A Theory of Justice* (Cambridge, MA: Harvard University Press, 1971).
4. Garrett Hardin, "The Tragedy of the Commons," *Science* 162, no. 3,859 (1968): 1,243–48; Robert L. Trivers, "The Evolution of Reciprocal Altruism," *Quarterly Review of Biology* 46 (1971): 35–57, doi:10.1086/406755; Christopher Stephens, "Modelling Reciprocal Altruism," *British Journal for the Philosophy of Science* 47, no. 4 (1996): 533–51, doi:10.1093/bjps/47.4.533.
5. I believe it would be possible (and highly desirable) to formalize arguments like those given here in a more precise mathematical form, and I hope that I or others will do that in the future. Here, however, I describe the basic arguments in an intuitive way that I hope will be both understandable to general readers and useful for future academic work. A key message for academic readers is that it is *possible* to systematically compare this wide range of superminds that have mostly been studied in separate disciplines and that it would be *desirable* to improve on the simple forms of comparison described here.
6. Richard B. Lee and Richard Daly, eds., *Cambridge Encyclopedia of Hunters and Gatherers* (New York: Cambridge University Press, 1999), 1–19.
7. Friedrich August Hayek, "The Use of Knowledge in Society," *The American Economic Review* 35, no. 4 (1945): 526–27. Reprinted with permission of publisher.
8. Coase, "The Nature of the Firm," 386–405; Williamson, *Markets and Hierarchies*; Hart, *Firms, Contracts*; Sanford J. Grossman and Oliver D. Hart, "The Costs and Benefits of Ownership: A Theory of Vertical and Lateral

Integration," *Journal of Political Economy* 94, no. 4 (1986): 691–719, doi:10.1086/261404; Hart, "Theory of Contracts," 71–155.

For a comparison of the two perspectives on why markets can sometimes be more expensive and sometimes less expensive than hierarchies, see Gibbons, "Organization and Information," 1,813–41.

9. Hobbes, *Leviathan*, XIII.9.
10. Hardin, "The Tragedy of the Commons."
11. Trivers, "The Evolution of Reciprocal Altruism"; Stephens, "Modelling Reciprocal Altruism."
12. See a useful summary of work on this topic in Christian List, "Social Choice Theory," in *Stanford Encyclopedia of Philosophy* (Winter 2013 edition), ed. Edward N. Zalta (Stanford, CA: Stanford University, 2013), http://plato.stanford.edu/archives/win2013/entries/social-choice.
13. Lee and Daly, *Cambridge Encyclopedia of Hunters and Gatherers.*
14. Ibid.
15. For instance, democracies had more potential benefits of group decision making (high instead of medium), but they were more expensive to operate (high instead of medium), so they weren't used for most decisions. Markets had better distribution of benefits (high instead of medium), but they created fewer benefits (medium- instead of medium), and they may have been more expensive to operate (medium+/- instead of medium). So markets were used for certain kinds of trades, but most group decisions weren't made this way. Hierarchies had the potential to create more benefits (high instead of medium), but they didn't distribute these benefits as effectively (low instead of medium). So hierarchies were used for certain kinds of decisions (perhaps what to do in battle when fighting another band), but not for many others.

    In general, the theory summarized by our table wouldn't be enough to *predict* which types of superminds would have been used by primitive human groups if you didn't already know. But it does help us systematically *explain* what we know from anthropologists about what actually happened.
16. Siqi Han and Susan Chan Shifflett, "Infographic: Interlinked U.S.-China Food Trade," Wilson Center, China Environment Forum, September 22, 2014, https://www.wilsoncenter.org/article/infographic-interlinked-us-china-food-trade.
17. Josh Constine, "How Facebook News Feed Works," *TechCrunch*, September 6, 2016, https://techcrunch.com/2016/09/06/ultimate-guide-to-the-news-feed.

第 12 章 越大（通常）越智能

1. Climate CoLab, accessed October 22, 2017, https://climatecolab.org/.

    Until October 2010, the system was called the Climate Collaboratorium. The project has involved many people over the years, including the following (all from MIT except where noted): Rob Laubacher, Laur Fisher, Josh Introne, Patrick de Boer, Jenn Perron, Gary Olson (University of California at Irvine), Jeff Nickerson (Stevens Institute of Technology), Mark Klein, John Sterman, Hal Abelson, Jim Herbsleb (Carnegie Mellon University), Johannes Bachhuber,

Carlos Botelho, Nancy Taubenslag, Erik Duhaime, Yiftach Nagar, Ben Towne (Carnegie Mellon University), Yue Han (Stevens Institute of Technology), Annalyn Bachmann.

See summaries of the project in Thomas W. Malone, Jeffrey V. Nickerson, Robert Laubacher, Laur Hesse Fisher, Patrick de Boer, Yue Han, and W. Ben Towne, "Putting the Pieces Back Together Again: Contest Webs for Large-Scale Problem Solving," *Proceedings of the ACM Conference on Computer-Supported Cooperative Work and Social Computing* (New York: Association for Computing Machinery, 2017), 1,661–74 (conference held in Portland, OR, February 25–March 1, 2017), https://ssrn.com/abstract=2912951; and Thomas W. Malone, Robert Laubacher, and Laur Hesse Fisher, "How Millions of People Can Help Solve Climate Change," *NOVA Next*, January 15, 2014, http://www.pbs.org/wgbh/nova/next/earth/crowdsourcing-climate-change-solutions.

2. Rex E. Jung and Richard J. Haier, "The Parieto-Frontal Integration Theory (P-FIT) of Intelligence: Converging Neuroimaging Evidence," *Behavioral and Brain Sciences* 30, no. 2 (2007): 135–54. Suzana Herculano-Houzel, "The Human Brain in Numbers: A Linearly Scaled-Up Primate Brain," *Frontiers in Human Neuroscience* 3 (2009): 31, https://www.ncbi.nlm.nih.gov/pmc/articles/PMC2776484/.
3. Erik Duhaime, Gary M. Olson, and Thomas W. Malone, "Broad Participation in Collective Problem Solving Can Influence Participants and Lead to Better Solutions: Evidence from the MIT Climate CoLab," (working paper no. 2015-02, MIT Center for Collective Intelligence, Cambridge, MA, June 2015), http://cci.mit.edu/working_papers_2012_2013/duhaime%20colab%20wp%206-2015%20final.pdf.
4. Lyndsey Gilpin, "The Woman Who Turned Her High School Science Fair Project into a Global Solar Nonprofit," *Forbes*, October 28, 2015, http://www.forbes.com/sites/lyndseygilpin/2015/10/28/the-woman-who-turned-her-high-school-science-project-into-a-global-solar-nonprofit/#641eee956591).
5. For more detailed descriptions of these and other winning Climate CoLab ideas, see "Contest Winners and Awardees," Climate CoLab, accessed July 13, 2016, http://climatecolab.org/web/guest/resources/-/wiki/Main/Climate+CoLab+Contest+Winners.
6. John C. Tang, Manuel Cebrian, Nicklaus A. Giacobe, Hyun-Woo Kim, Taemie Kim, and Douglas "Beaker" Wickert, "Reflecting on the DARPA Red Balloon Challenge," *Communications of the ACM* 54, no. 4 (2011): 78–85, https://cacm.acm.org/magazines/2011/4/106587-reflecting-on-the-darpa-red-balloon-challenge/fulltext.
7. Galen Pickard, Wei Pan, Iyad Rahwan, Manuel Cebrian, Riley Crane, Anmol Madan, and Alex Pentland, "Time-Critical Social Mobilization," *Science* 334, no. 6,055 (2011): 509–12.
8. Alex Rutherford, Manuel Cebrian, Sohan Dsouza, Esteban Moro, Alex Pentland, and Iyad Rahwan, "Limits of Social Mobilization," *Proceedings of the National Academy of Sciences* 110, no. 16 (2013): 6,281–86.
9. James Surowiecki, *The Wisdom of Crowds* (New York: Doubleday, 2004).

10. Andrew J. King and Guy Cowlishaw, "When to Use Social Information: The Advantage of Large Group Size in Individual Decision Making," *Biology Letters* 3, no. 2 (2007): 137–39, http://rsbl.royalsocietypublishing.org/content/3/2/137?ijkey=f4eb55e0f4b8eda962eb8f930301e30d9eeda600&keytype2=tf_ipsecsha, doi:0.1098/rsbl.2007.0017; Albert Kao and Iain D. Couzin, "Decision Accuracy in Complex Environments Is Often Maximized by Small Group Sizes," *Proceedings of the Royal Society B* 281, no. 1,784 (2014): 20133305, http://rspb.royalsocietypublishing.org/content/281/1784/20133305.full#ref-list-1.
11. Jan Lorenz, Heiko Rauhut, Frank Schweitzer, and Dirk Helbing, "How Social Influence Can Undermine the Wisdom of Crowd Effect," *Proceedings of the National Academy of Sciences* 108, no. 22 (2011): 9,020–25, http://www.pnas.org/content/108/22/9020.full.pdf, doi:10.1073/pnas.1008636108; Erik B. Steiner, "Turns Out the Internet Is Bad at Guessing How Many Coins Are in a Jar," *Wired*, January 6, 2015, http://www.wired.com/2015/01/coin-jar-crowd-wisdom-experiment-results.
12. Lorenz et al., "How Social Influence."
13. Leonard E. Read, "I, Pencil: My Family Tree as Told by Leonard E. Read," (1958; repr., Irvington-on-Hudson, NY: Foundation for Economic Education, 1999), http://www.econlib.org/library/Essays/rdPncl1.html; Stephen J. Dubner, "How Can This Possibly Be True?" *Freakonomics*, February 18, 2016, http://freakonomics.com/podcast/i-pencil/.
14. "InnoCentive Solver Develops Solution to Help Clean up Remaining Oil from the 1989 Exxon Valdez Disaster," November 7, 2007, https://www.innocentive.com/innocentive-solver-develops-solution-to-help-clean-up-remaining-oil-from-the-1989-exxon-valdez-disaster; Cornelia Dean, "If You Have a Problem, Ask Everyone," *New York Times*, July 22, 2008, http://www.nytimes.com/2008/07/22/science/22inno.html.
15. Lars Bo Jeppesen and Karim R. Lakhani, "Marginality and Problem-Solving Effectiveness in Broadcast Search," *Organization Science* 21, no. 5 (2010): 1,016–33, http://pubsonline.informs.org/doi/pdf/10.1287/orsc.1090.0491, doi:10.1287/orsc.1090.0491.
16. Duhaime, Olson, and Malone, "Broad Participation."
17. Scott E. Page, *The Difference: How the Power of Diversity Creates Better Groups, Firms, Schools, and Societies* (Princeton, NJ: Princeton University Press, 2008).
18. Benjamin M. Good and Andrew I. Su, "Games with a Scientific Purpose," *Genome Biology* 12, no. 12 (2011): 1.
19. Seth Cooper, Firas Khatib, Adrien Treuille, Janos Barbero, Jeehyung Lee, Michael Beenen, Andrew Leaver-Fay, David Baker, and Zoran Popović, "Predicting Protein Structures with a Multiplayer Online Game," *Nature* 466, no. 7,307 (2010): 756–60; Firas Khatib, Frank DiMaio, Seth Cooper, Maclej Kazmierczyk, Miroslaw Gilski, Szymon Krzywda, Helena Zabranska, Iva Pichova, James Thompson, Zoran Popović, Mariusz Jaskolski, and David Baker, "Crystal Structure of a Monomeric Retroviral Protease Solved by Protein Folding Game Players," *Nature Structural and Molecular Biology* 18, no. 10 (2011): 1,175–77.

20. John Bohannon, "Gamers Unravel the Secret Life of Protein," *Wired*, April 20, 2009, http://www.wired.com/2009/04/ff-protein.
21. Khatib et al., "Crystal Structure."
22. Ivan D. Steiner, *Group Process and Productivity* (New York: Academic Press, 1972).
23. Occupy Wall Street NYC General Assembly, "GA-Consensed Documents," accessed July 17, 2016, archived at https://web.archive.org/web/20170328075306/http://www.nycga.net:80/resources/documents/.

第 13 章　我们如何以新方式分工合作?

1. Portions of the opening and "Hyperspecialization" sections of this chapter are adapted from Thomas W. Malone, Robert Laubacher, and Tammy Johns, "The Age of Hyperspecialization," *Harvard Business Review* 89 (July–August 2011): 56–65.
2. Wikipedia, s.v. "the Turk," accessed October 10, 2017, https://en.wikipedia.org/wiki/The_Turk. Image is in the public domain.
3. Mary L. Gray and Siddharth Suri, "The Humans Behind the AI Curtain," *Harvard Business Review*, January 9, 2017, https://hbr.org/2017/01/the-humans-working-behind-the-ai-curtain.
4. Jonathan Zittrain, "The Internet Creates a New Kind of Sweatshop," *Newsweek*, December 7, 2009, http://www.newsweek.com/internet-creates-new-kind-sweatshop-75751; Fiona Graham, "Crowdsourcing Work: Labour on Demand or Digital Sweatshop?" BBC News, October 22, 2010, http://www.bbc.com/news/business-11600902; Ellen Cushing, "Amazon Mechanical Turk: The Digital Sweatshop," *Utne Reader*, January/February 2013, http://www.utne.com/science-and-technology/amazon-mechanical-turk-zm0z13jfzlin.
5. Miranda Katz, "Amazon's Turker Crowd Has Had Enough," *Wired*, August 23, 2017, https://www.wired.com/story/amazons-turker-crowd-has-had-enough.
6. This comparison was suggested by David Nordfors, "The Untapped $140 Trillion Innovation for Jobs Market," *TechCrunch*, February 21, 2015, https://techcrunch.com/2015/02/21/the-untapped-140-trillion-innovation-for-jobs-market.
7. For specific algorithms, see Pinar Donmez, Jamie G. Carbonell, and Jeff Schneider, "Efficiently Learning the Accuracy of Labeling Sources for Selective Sampling," in *Proceedings of the 15th ACM SIGKDD International Conference on Knowledge Discovery and Data Mining* (New York: Association for Computing Machinery, 2009), http://www.cs.cmu.edu/~pinard/Papers/rsp767-donmez.pdf; Pinar Donmez, Jamie G. Carbonell, and Jeff Schneider, "A Probabilistic Framework to Learn from Multiple Annotators with Time-Varying Accuracy," presented at the SIAM Conference on Data Mining, Columbus, OH, April 29–May 1, 2010, http://www.cs.cmu.edu/~pinard/Papers/280_Donmez.pdf.

   For a more general overview of various approaches, see Daniel S. Weld, Mausam, Christopher H. Lin, and Jonathan Bragg, "Artificial Intelligence and Collective Intelligence," in *The Collective Intelligence Handbook*, ed. Thomas W. Malone and Michael S. Bernstein (Cambridge, MA: MIT Press, 2015).
8. Adam Cohen, *The Perfect Store: Inside eBay* (New York: Little, Brown / Back Bay, 2002), 1–5.

9. David Nordfors and Vint Cerf, *Disrupting Unemployment* (Kansas City, MO: Ewing Marion Kauffman Foundation, 2016).
10. For more details on this view of coordination, see Thomas W. Malone, Kevin Crowston, Jintae Lee, Brian Pentland, Chrysanthos Dellarocas, George Wyner, John Quimby, Charles S. Osborn, Abraham Bernstein, George Herman, Mark Klein, and Elissa O'Donnell, "Tools for Inventing Organizations: Toward a Handbook of Organizational Processes," *Management Science* 45, no. 3 (March 1999): 425–43; Thomas W. Malone, Kevin Crowston, and George A. Herman, eds., *Organizing Business Knowledge: The MIT Process Handbook* (Cambridge, MA: MIT Press, 2003); Thomas W. Malone and Kevin Crowston, "The Interdisciplinary Study of Coordination," *ACM Computing Surveys* 26, no. 1 (March 1994): 87–119.

    For other views of coordination, see James D. Thompson, *Organizations in Action* (New York: McGraw-Hill, 1967); and Andrew H. Van de Ven, Andre L. Delbecq, and Richard Koenig, Jr., "Determinants of Coordination Modes within Organizations," *American Sociological Review* 41, no. 2 (1976): 322–38.
11. Haoqi Zhang, Edith Law, Robert C. Miller, Krzysztof Z. Gajos, David C. Parkes, and Eric Horvitz, "Human Computation Tasks with Global Constraints," *Proceedings of the SIGCHI Conference on Human Factors in Computing Systems* (CHI 2012) (New York: Association of Computing Machinery, 2012), 217–26 (conference held in Austin, TX, May 5–10, 2012), http://users.eecs.northwestern.edu/~hq/papers/mobi.pdf.
12. Portions of this section are adapted from Thomas W. Malone, Jeffrey V. Nickerson, Robert Laubacher, Laur Hesse Fisher, Patrick de Boer, Yue Han, and W. Ben Towne, "Putting the Pieces Back Together Again: Contest Webs for Large-Scale Problem Solving," *Proceedings of the ACM Conference on Computer-Supported Cooperative Work and Social Computing*, (New York: Association for Computing Machinery, 2017), 1,661–74 (conference held in Portland, OR, February 25–March 1, 2017), https://ssrn.com/abstract=2912951.
13. Ellen Christiaanse and Kuldeep Kumar, "ICT-Enabled Coordination of Dynamic Supply Webs," *International Journal of Physical Distribution & Logistics Management* 30, no. 3/4 (2000): 268–85.
14. Figure is adapted from Thomas Malone et al., "Putting the Pieces Back Together," with permission of the authors. Special thanks to Yue Han who prepared both the original and adapted versions of the figure.
15. For more details, see Malone et al., "Putting the Pieces Back Together."

第 14 章 更智能地感知

1. Donald G. McNeil, Jr., Simon Romero, and Sabrina Tavernise, "How a Medical Mystery in Brazil Led Doctors to Zika," *New York Times*, February 6, 2016, http://www.nytimes.com/2016/02/07/health/zika-virus-brazil-how-it-spread-explained.html; Sarah Boseley, "On the Frontline in Brazil's War on Zika: 'I Felt Like I Was in a Horror Movie,'" *Guardian*, April 12, 2016, https://www.theguardian.com/global-development/2016/apr/12/on-front-line-brazil-war-zika-virus-i-felt-horror-movie-no-cure.

2. Boseley, "On the Frontline."
3. "Zika Virus: The Next Emerging Threat?" *Science*, accessed September 9, 2016, http://www.sciencemag.org/topic/zika-virus.
4. "WHO Director-General Summarizes the Outcome of the Emergency Committee Regarding Clusters of Microcephaly and Guillain-Barré Syndrome," World Health Organization, February 1, 2016, http://www.who.int/mediacentre/news/statements/2016/emergency-committee-zika-microcephaly/en.
5. Deborah Ancona, Thomas W. Malone, Wanda J. Orlikowski, and Peter M. Senge, "In Praise of the Incomplete Leader," *Harvard Business Review* 85, no. 2 (2007): 92–100; Karl E. Weick, *Sensemaking in Organizations*, Foundations for Organizational Science (Thousand Oaks, CA: Sage Publishing, 1995).
6. "The Last Kodak Moment?" *Economist*, January 14, 2012, http://www.economist.com/node/21542796; Ben Dobbin, "Digital Camera Turns 30—Sort Of," NBC News, September 9, 2005, http://www.nbcnews.com/id/9261340/ns/technology_and_science-tech_and_gadgets/t/digital-camera-turns-sort/#.V83t2j4rJyp.
7. Robert A. Guth, "In Secret Hideaway, Bill Gates Ponders Microsoft's Future," *Wall Street Journal*, March 28, 2005, http://www.wsj.com/articles/SB111196625830690477; W. Joseph Campbell, "'The Internet Tidal Wave,' 20 Years On," *The 1995 Blog*, May 24, 2015, https://1995blog.com/2015/05/24/the-internet-tidal-wave-20-years-on.
8. James Manyika, Michael Chui, Brad Brown, Jacques Bughin, Richard Dobbs, Charles Roxburgh, and Angela Hung Byers, *Big Data: The Next Frontier for Innovation, Competition, and Productivity* (n.p., McKinsey Global Institute, 2011), 41, http://www.mckinsey.com/business-functions/business-technology/our-insights/big-data-the-next-frontier-for-innovation.
9. Viktor Mayer-Schönberger and Kenneth Cukier, *Big Data: A Revolution That Will Transform How We Live, Work, and Think* (Boston: Houghton Mifflin Harcourt, 2013), 59.
10. Jon Gertner, "Behind GE's Vision for the Industrial Internet of Things," *Fast Company*, June 18, 2014, https://www.fastcompany.com/3031272/can-jeff-immelt-really-make-the-world-1-better.
11. David Brin, *The Transparent Society* (Cambridge, MA: Perseus Books, 1998); David Brin, *Earth* (New York: Bantam Spectra, 1990).
12. For an overview of Bayesian networks written for a general audience, see Pedro Domingos, *The Master Algorithm: How the Quest for the Ultimate Learning Machine Will Remake Our World* (New York: Basic Books, 2015), chapter 6.

    Bayesian networks are often difficult to use at large scale, but there are numerous technical approaches to doing so. One that seems particularly promising for applications like those described here is Markov Learning Networks (MLNs) because they allow people to specify many kinds of rules for the likely logical relationships among events without having to estimate detailed conditional probabilities (see Domingos, *The Master Algorithm*, chapter 9).
13. National Commission on Terrorist Attacks upon the United States, *The 9/11 Commission Report* (Washington, DC, July 22, 2004), 344–48, https://www.9-11commission.gov/report/911Report.pdf.

14. Ibid., 272.
15. Ibid., 273–76.
16. In a Bayesian network, the *human estimate* of an event could be linked to the *machine estimate* by conditional probabilities. For instance, the analysts who primed the system might say that if the event is actually going to happen, the humans would correctly predict it 80 percent of the time. This would create a strong linkage between the human and machine estimates, and changes in the human estimates could then have a large effect on many other probabilities in the system. An interesting topic for future research is how to represent the relationship between human and machine estimates when the humans have varying degrees of knowledge about—and confidence in—their estimates.

第 15 章　更智能地记忆

1. Organization theorists have studied questions about how this process works under the heading of "transactive memory." See, for example, Daniel M. Wegner, "Transactive Memory: A Contemporary Analysis of the Group Mind," in *Theories of Group Behavior*, ed. Brian Mullen and George R. Goethals (New York: Springer Verlag, 1987), 185–208; Kyle Lewis, "Knowledge and Performance in Knowledge-Worker Teams: A Longitudinal Study of Transactive Memory Systems," *Management Science* 50 (2004): 1,519–33, doi:10.1287/mnsc.1040.0257; Kyle Lewis and Benjamin Herndon, "The Relevance of Transactive Memory Systems for Complex, Dynamic Group Tasks," *Organization Science* 22, no. 5 (2011): 1,254–65, doi:10.1287/orsc.1110.0647; Linda Argote and Yuqing Ren, "Transactive Memory Systems: A Microfoundation of Dynamic Capabilities," *Journal of Management Studies* 49, no. 8 (2012): 1,375–82, doi:10.1111/j.1467-6486.2012.01077.x; Andrea B. Hollingshead, "Cognitive Interdependence and Convergent Expectations in Transactive Memory," *Journal of Personality and Social Psychology* 81, no. 6 (2001): 1,080–89, doi:10.1037//0022-3514.81.6.1080.
2. Patrick C. Kyllonen and Raymond E. Christal, "Reasoning Ability Is (Little More Than) Working Memory Capacity?!" *Intelligence* 14 (1990): 389–433, doi:10.1016/S0160-2896(05)80012-1.
3. Megan Molteni, "Want a Diagnosis Tomorrow, Not Next Year? Turn to AI," *Wired*, August 10, 2017, https://www.wired.com/story/ai-that-will-crowdsource-your-next-diagnosis.
4. Dhruv Boddupalli, Shantanu Nundy, and David W. Bates, "Collective Intelligence Outperforms Individual Physicians in Medical Diagnosis," presented at the 39th annual North American Meeting of the Society for Medical Decision Making, Pittsburgh, PA, October 23, 2017, https://smdm.confex.com/smdm/2017/webprogram/Paper11173.html.
5. "International Classification of Diseases," World Health Organization, 1994, http://www.who.int/classifications/icd/en; "Prepare Now for ICD-10-CM and ICD-10-PCS Implementation," American College of Radiology, June 2012, https://www.acr.org/Advocacy/Economics-Health-Policy/Billing-Coding/Prepare-Now-for-ICD10.

6. Scott Wong, Irving Lin, Jayanth Komarneni, and Shantanu Nundy, "Machine Classifier Trained on Low-Volume, Structured Data Predicts Diagnoses Near Physician-Level: Chest Pain Case Study," presented at the 39th annual North American Meeting of the Society for Medical Decision Making, Pittsburgh, PA, October 22, 2017, https://smdm.confex.com/smdm/2017/meetingapp.cgi/Paper/11058.

第 16 章　更智能地学习

1. Erik Eckermann, *World History of the Automobile* (Warrendale, PA: SAE Press, 2001), 14; Wikipedia, s.v. "Nicholas-Joseph Cugnot," last modified August 12, 2017, https://en.wikipedia.org/wiki/Nicolas-Joseph_Cugnot; Wikipedia, s.v. "history of the automobile," last modified September 28, 2017, https://en.wikipedia.org/wiki/History_of_the_automobile.
2. Orville C. Cromer and Charles L. Proctor, s.v. "gasoline engine," *Encyclopaedia Britannica*, published March 20, 2013, https://www.britannica.com/technology/gasoline-engine/Fuel#toc47239.
3. Alan K. Binder and John Bell Rae, s.v. "automotive industry," *Encyclopaedia Britannica*, last modified July 18, 2017, https://www.britannica.com/topic/automotive-industry.
4. *Encyclopaedia Britannica*, s.v. "Model T," published June 30, 2017, https://www.britannica.com/technology/Model-T.
5. "Gas Price History Graph (Historic Prices)," http://zfacts.com/gas-price-history-graph; Pew Environment Group, "History of Fuel Economy: One Decade of Innovation, Two Decades of Inaction," April 2011, http://www.pewtrusts.org/~/media/assets/2011/04/history-of-fuel-economy-clean-energy-factsheet.pdf.
6. *Encyclopaedia Britannica*, "Model T."
7. James G. March, "Exploration and Exploitation in Organizational Learning," *Organization Science* 2, no. 1 (1991): 71–87.
8. Hermann Ebbinghaus, *Memory: A Contribution to Experimental Psychology*, Columbia University Teachers College Educational Reprints no. 3 (New York: University Microfilms, 1913); Theodore P. Wright, "Factors Affecting the Cost of Airplanes," *Journal of the Aeronautical Sciences* 3, no. 4 (1936): 122–28; Boston Consulting Group, *Perspectives on Experience* (Boston: Boston Consulting Group, 1972).
9. Abraham Bernstein, "How Can Cooperative Work Tools Support Dynamic Group Process? Bridging the Specificity Frontier," in *Proceedings of the 2000 ACM Conference on Computer Supported Cooperative Work* (New York: Association for Computing Machinery, 2000), 279–88.
10. An early example of the idea of cyber-human learning loops is Doug Engelbart's concept of "bootstrapping" collective intelligence. See Douglas Engelbart and Jeff Rulifson, "Bootstrapping Our Collective Intelligence," *ACM Computing Surveys* 31, issue 4es (December 1999), doi:10.1145/345966.346040.

    Unlike the concept of business process reengineering, which was popular in the 1990s, cyber-human learning loops assume that change is continuous rather than the result of occasional large redesign projects. See Michael Hammer and James Champy, *Reengineering the Corporation* (New York: HarperBusiness, 1993).

In that sense, cyber-human learning loops can be seen as an example of a continuous improvement process. See Wikipedia, s.v. "continual improvement process," accessed October 20, 2017, https://en.wikipedia.org/wiki/Continual_improvement_process.

Image © 2017 Thomas W. Malone, prepared by Get Smarter and Thomas W. Malone.

11. Ricardo Hausmann, "The Problem with Evidence-Based Policies," *Project Syndicate*, February 25, 2016, https://www.project-syndicate.org/commentary/evidence-based-policy-problems-by-ricardo-hausmann-2016-02.
12. Ross D. King, Jem Rowland, Stephen G. Oliver, Meong Young, Wayne Aubrey, Emma Byrne, Maria Liakata, Magdalena Markham, Pinar Pir, Larisa Soldatova, Andrew C. Sparkes, Ken Whelan, and Amanda J. Clare, "The Automation of Science," *Science* 324, no. 5,923 (2009): 85–89, doi:10.1126/science.1165620; Lizzie Buchen, "Robot Makes Scientific Discovery All by Itself," *Wired*, April 2, 2009, https://www.wired.com/2009/04/robotscientist.
13. Kevin Williams, Elizabeth Bilsland, Andrew Sparkes, Wayne Aubrey, Meong Young, Larisa Soldatova, Kurt De Grave, Jan Ramon, Michaela de Clare, Worachart Sirawaraporn, Stephen G. Oliver, and Ross D. King, "Cheaper Faster Drug Development Validated by the Repositioning of Drugs Against Neglected Tropical Diseases," *Journal of the Royal Society Interface* 12, no. 104 (2015), doi:10.1098/rsif.20141289.

第 17 章 公司战略规划

1. A. G. Lafley and Roger L. Martin, *Playing to Win: How Strategy Really Works* (Boston, MA: Harvard Business Review Press, 2013); A. G. Lafley, Roger L. Martin, Jan W. Rivkin, and Nicolaj Siggelkow, "Bringing Science to the Art of Strategy," *Harvard Business Review*, September 2012, https://hbr.org/2012/09/bringing-science-to-the-art-of-strategy.
2. Oil of Olay and all other products named here are trademarks of Procter & Gamble.
3. Michael E. Porter, *Competitive Strategy* (New York: Free Press, 1980).
4. Abraham Bernstein, Mark Klein, and Thomas W. Malone, "The Process Recombinator: A Tool for Generating New Business Process Ideas," presented at the International Conference on Information Systems, Charlotte, NC, December 13–15, 1999; Thomas W. Malone, Kevin Crowston, and George A. Herman, eds., *Organizing Business Knowledge: The MIT Process Handbook* (Cambridge, MA: MIT Press, 2003).
5. P&G sold the Pringles business to Kellogg in 2012, so this would no longer be a P&G product. For a description of the invention of the process for printing on Pringles, see Larry Huston and Nabil Sakkab, "Connect and Develop: Inside Procter & Gamble's New Model for Innovation," *Harvard Business Review*, March 2006, reprint no. R0603C, https://hbr.org/2006/03/connect-and-develop-inside-procter-gambles-new-model-for-innovation.
6. Vincent Granville, "21 Data Science Systems Used by Amazon to Operate Its Business," *Data Science Central*, November 19, 2015, http://www.data

sciencecentral.com/profiles/blogs/20-data-science-systems-used-by-amazon-to-operate-its-business.

7. Martin Reeves and Daichi Ueda use the term *integrated strategy machine* to describe a somewhat similar idea in "Designing the Machines That Will Design Strategy," *Harvard Business Review*, April 18, 2016, https://hbr.org/2016/04/welcoming-the-chief-strategy-robot.

   The concept here, however, focuses much more on how large numbers of people throughout the organization and beyond can be involved in the process and the specific roles people and machines will play.

第 18 章　气候变化

1. Anthony Leiserowitz, director of the Yale Project on Climate Change Communication, summarizes the five key messages about climate change as: "It's real. It's us. It's bad. Scientists agree. There's hope." See, e.g., Kerry Flynn, "Climate Change in the American Mind," Harvard Kennedy School Belfer Center for Science and International Affairs, March 12, 2014, http://www.belfercenter.org/publication/climate-change-american-mind.
2. John Fialka, "China Will Start the World's Largest Carbon Trading Market," *Scientific American*, May 16, 2016, https://www.scientificamerican.com/article/china-will-start-the-world-s-largest-carbon-trading-market; Lucy Hornby and Shawn Donnan, "China Fights for Market Economy Status," *Financial Times*, May 9, 2016, https://www.ft.com/content/572f435e-0784-11e6-9b51-0fb5e65703ce?mhq5j=e7.
3. "DearTomorrow, a Promise to the Future About Climate Change" (proposal for the contest "Shifting Behavior for a Changing Climate 2016"), Climate CoLab, http://climatecolab.org/contests/2016/shifting-behavior-for-a-changing-climate/c/proposal/1330118.
4. "Climatecoin 2016" (proposal for the contest "Shifting Behavior for a Changing Climate 2016"), Climate CoLab, https://climatecolab.org/contests/2016/shifting-behavior-for-a-changing-climate/c/proposal/1331638; "Sno-Caps: The People's Cap-And-Trade" (proposal for the contest "U.S. Carbon Price 2014"), Climate CoLab, https://climatecolab.org/contests/2014/us-carbon-price/c/proposal/1305801; "GreenCoin: Start Pricing Carbon Without Governments" (proposal for 2015 Proposal Workspace), Climate CoLab, https://climatecolab.org/contests/2014/2015-proposal-workspace/c/proposal/1324607.
5. Christian Catalini and Joshua S. Gans, "Some Simple Economics of the Blockchain" (working paper no. 5191-16, MIT Sloan School of Management, Cambridge, MA, November 23, 2016), 9, 24, https://ssrn.com/abstract=2874598.
6. Monica Hesse, "Crisis Mapping Brings Online Tool to Haitian Disaster Relief Effort," *Washington Post*, January 16, 2010, http://www.washingtonpost.com/wp-dyn/content/article/2010/01/15/AR2010011502650.html.
7. John Schwartz, "Paris Climate Deal Too Weak to Meet Goals, Report Finds" *New York Times*, November 17, 2016, https://www.nytimes.com/2016/11/17/science/paris-accord-global-warming-iea.html.

第 19 章 人工智能的风险

1. Richard Conniff, "What the Luddites Really Fought Against," *Smithsonian*, March 2011, http://www.smithsonianmag.com/history/what-the-luddites-really-fought-against-264412/?no-ist.
2. David H. Autor, "Why Are There Still So Many Jobs? The History and Future of Workplace Automation," *Journal of Economic Perspectives* 29, no. 3 (Summer 2015): 3–30.
3. Erik Brynjolfsson and Andrew McAfee, *The Second Machine Age: Work, Progress, and Prosperity in a Time of Brilliant Technologies* (New York: W. W. Norton, 2014).
4. David H. Autor, "Skills, Education, and the Rise of Earnings Inequality Among the 'Other 99 Percent,'" *Science* 344, no. 6,186 (2014): 843–51.
5. For an excellent discussion of the economic reasons for these changes, see Autor, "Why Are There Still So Many Jobs?"
6. James Manyika, Michael Chui, Mehdi Miremadi, Jacques Bughin, Katy George, Paul Willmott, and Martin Dewhurst, *A Future That Works: Automation, Employment, and Productivity* (n.p.: McKinsey Global Institute, 2017), http://www.mckinsey.com/global-themes/digital-disruption/harnessing-automation-for-a-future-that-works.
7. Ibid.
8. Rosalind W. Picard, *Affective Computing* (Cambridge, MA: MIT Press, 1997); Cynthia Breazeal, "Emotion and Sociable Humanoid Robots," *International Journal of Human-Computer Studies* 59, no. 1 (2003): 119–55.
9. James Bessen, "Toil and Technology," *Finance and Development* 52, no. 1 (2015); Autor, "Why Are There Still So Many Jobs?"
10. Paul Osterman, *Who Will Care for Us?* (New York: Russell Sage Foundation, 2017); Eduardo Porter, "Home Health Care: Shouldn't It Be Work Worth Doing?" *New York Times*, August 29, 2017, https://www.nytimes.com/2017/08/29/business/economy/home-health-care-work.html.
11. Autor, "Why Are There Still So Many Jobs?"; James Surowiecki, "The Great Tech Panic: Robots Won't Take All Our Jobs," *Wired*, September 2017, https://www.wired.com/2017/08/robots-will-not-take-your-job/; James Manyika, Susan Lund, Michael Chui, Jacques Bughin, Jonathan Woetzel, Parul Batra, Ryan Ko, Saurabh Sanghvi, *Jobs Lost, Jobs Gained: Workforce Transitions in a Time of Automation* (n.p.: McKinsey Global Institute, 2017), https://www.mckinsey.com/global-themes/future-of-organizations-and-work/what-the-future-of-work-will-mean-for-jobs-skills-and-wages; Kevin Maney, "Need a Job? Why Artificial Intelligence Will Help Human Workers, Not Hurt Them," Newsweek.com, January 18, 2018, http://www.newsweek.com/2018/01/26/artificial-intelligence-create-human-jobs-783730.html; David Autor, "Why Are There Still So Many Jobs?" TEDx Cambridge, November 28, 2016, https://www.youtube.com/watch?v=LCxcnUrokJo&feature=youtu.be.
12. Thomas W. Malone and Robert J. Laubacher, "The Dawn of the E-Lance Economy," *Harvard Business Review* 76, no. 5 (September–October 1998): 144–52.
13. Brynjolfsson and McAfee, *The Second Machine Age*, chapter 11.

14. Danielle Douglas-Gabriel, "Investors Buying Shares in College Students: Is This the Wave of the Future? Purdue University Thinks So," *Washington Post*, November 27, 2015, https://www.washingtonpost.com/news/grade-point/wp/2015/11/27/investors-buying-shares-in-college-students-is-this-the-wave-of-the-future-purdue-university-thinks-so.
15. Thomas W. Malone, *The Future of Work: How the New Order of Business Will Shape Your Organization, Your Management Style, and Your Life* (Boston, MA: Harvard Business School Press, 2004); Robert J. Laubacher and Thomas W. Malone, "Flexible Work Arrangements and 21st Century Worker's Guilds" (working paper no. 004, MIT Initiative on Inventing the Organizations of the 21st Century, MIT Sloan School of Management, Cambridge, MA, October 1997), http://ccs.mit.edu/21C/21CWP004.html.
16. Catherine Rampell, "Support Is Building for a Tax Credit to Help Hiring," *New York Times*, October 6, 2009, http://www.nytimes.com/2009/10/07/business/07tax.html; Jeffrey M. Perloff and Michael L. Wachter, "The New Jobs Tax Credit: An Evaluation of the 1977–78 Wage Subsidy Program," *American Economic Review* 69, no. 2 (May 1979): 173–79, http://www.jstor.org/stable/1801638?seq=1#page_scan_tab_contents.
17. Ira Flatow and Howard Market, "Science Diction: The Origin of the Word 'Robot,'" April 22, 2011, National Public Radio, http://www.npr.org/2011/04/22/135634400/science-diction-the-origin-of-the-word-robot.
18. Future of Life Institute, http://futureoflife.org.
19. Nick Bostrom, *Superintelligence: Paths, Dangers, Strategies* (Oxford, UK: Oxford University Press, 2014); Ray Kurzweil, *The Age of Spiritual Machines: When Computers Exceed Human Intelligence* (New York: Viking, 1999).
20. Peter M. Asaro, "The Liability Problem for Autonomous Artificial Agents," in *Ethical and Moral Considerations in Non-Human Agents: Papers from the 2016 AAAI Spring Symposium* (Palo Alto, CA: AAAI Press, 2016), https://www.aaai.org/ocs/index.php/SSS/SSS16/paper/download/12699/11949.
21. Richard Kelley, Enrique Schaerer, Micaela Gomez, and Monica Nicolescu, "Liability in Robotics: An International Perspective on Robots as Animals," *Advanced Robotics* 24, no. 13 (2010): 1,861–71.
22. "US Drone Strike Killings in Pakistan and Yemen 'Unlawful,'" BBC News, October 23, 2013, http://www.bbc.com/news/world-us-canada-24618701.

第 20 章　你好，互联网，你醒了吗?

1. Robert Van Gulick, "Consciousness," in *Stanford Encyclopedia of Philosophy* (Spring 2014 edition), ed. Edward N. Zalta (Stanford, CA: Stanford University, 2014), http://plato.stanford.edu/archives/spr2014/entries/consciousness; Bernard J. Baars, *A Cognitive Theory of Consciousness* (Cambridge, UK: Cambridge University Press, 1988); Daniel C. Dennett, *Consciousness Explained* (Boston: Little, Brown, 1991); Roger Penrose, *The Emperor's New Mind: Computers, Minds and the Laws of Physics* (Oxford, UK: Oxford University Press, 1989); Roger Penrose, *Shadows of the Mind* (Oxford, UK: Oxford University Press, 1994); David J. Chalmers, "Facing up to the Problem of Consciousness,"

Journal of Consciousness Studies 2, no. 3 (1995): 200–219; David J. Chalmers, *The Conscious Mind* (Oxford, UK: Oxford University Press, 1996); Ned Block, "Consciousness, Accessibility and the Mesh Between Psychology and Neuroscience," *Behavioral and Brain Sciences* 30 (2007): 481–548.

2. The place where the information is integrated is sometimes called a global workspace. See Baars, *A Cognitive Theory of Consciousness*.
3. Thomas Nagel, "What Is It Like to Be a Bat?" *Philosophical Review* 83, no. 4 (1974): 435–56.
4. Chalmers, "Facing up to the Problem of Consciousness."
5. Eric Schwitzgebel, "If Materialism Is True, the United States Is Probably Conscious," *Philosophical Studies* 172, no. 7 (July 2015): 1,697–1,721, https://doi.org/10.1007/s11098-014-0387-8, © 2014, Springer Science + Business Media Dordrecht.
6. Adam Lashinsky, *Inside Apple: How America's Most Admired—and Secretive—Company* Really *Works* (New York: Business Plus, 2013), 157–59.
7. Jonathan Ive, speaking at the Radical Craft Conference, Art Center College of Design, Pasadena, CA, 2006. Quoted in Lashinsky, *Inside Apple*, 63.
8. Lashinsky, *Inside Apple*, 69.
9. Ibid., 72.
10. Schwitzgebel, "If Materialism Is True."
11. Ibid. Quote reprinted with permission of Springer.
12. Bryce Huebner, *Macrocognition: A Theory of Distributed Minds and Collective Intentionality* (Oxford, UK: Oxford University Press, 2014), 120.
13. Masafumi Oizumi, Larissa Albantakis, and Giulio Tononi, "From the Phenomenology to the Mechanisms of Consciousness: Integrated Information Theory 3.0," *PLOS Computational Biology* 10, no. 5 (2014), doi:10.1371/journal.pcbi.1003588; Giulio Tononi and Christof Koch, "Consciousness: Here, There and Everywhere?" *Philosophical Transactions of the Royal Society B* 370, no. 1,668 (2015), doi:10.1098/rstb.2014.0167; Giulio Tononi, "Integrated Information Theory of Consciousness: An Updated Account," *Archives Italiennes de Biologie* 150, nos. 2–3 (2012); Giulio Tononi and Christof Koch, "The Neural Correlates of Consciousness: An Update," *Annals of the New York Academy of Science* 1124 (2008): 239–61.
14. Virgil Griffith, public letter to Scott Aaronson, June 25, 2014, *Shtetl-Optimized*, http://www.scottaaronson.com/blog/?p=1893, https://www.scottaaronson.com/response-p1.pdf.
15. Oizumi et al., "From the Phenomenology to the Mechanisms of Consciousness," 3.
16. Giulio Tononi and Christof Koch, "Can a Photodiode Be Conscious?" *New York Review of Books*, March 7, 2013, http://www.nybooks.com/articles/archives/2013/mar/07/can-photodiode-be-conscious.
17. Marcello Massimini, Fabio Ferrarelli, Reto Huber, Steve K. Esser, Harpreet Singh, and Giulio Tononi, "Breakdown of Cortical Effective Connectivity During Sleep," *Science* 309 (2005): 2,228–32; Adenauer G. Casali, Olivia Gosseries, Mario Rosanova, Mélanie Boly, Simone Sarasso, Karina R. Casali, Silvia Casarotto, Marie-Aurélie Bruno, Steven Laureys, Giulio Tononi, and

Marcello Massimini, "A Theoretically Based Index of Consciousness Independent of Sensory Processing and Behavior," *Science Translational Medicine* 5, no. 198 (2013): 198ra105.
18. David Engel and Thomas W. Malone, "Integrated Information as a Metric for Group Interaction: Analyzing Human and Computer Groups Using a Technique Developed to Measure Consciousness," preprint, submitted February 8, 2017, http://arxiv.org/abs/1702.02462.
19. Philip Tetlow, *The Web's Awake: An Introduction to the Field of Web Science and the Concept of Web Life* (Piscataway, NJ: IEEE Press, 2007).

第 21 章　全球思维

1. Robert Wright, *Nonzero: The Logic of Human Destiny* (New York: Pantheon, 2000).
2. Jim Powell, "How Dictators Come to Power in a Democracy," *Forbes*, February 5, 2013, http://www.forbes.com/sites/jimpowell/2013/02/05/how-dictators-come-to-power-in-a-democracy/#4a78c04b1082.
3. Wright, *Nonzero*, 3–6.
4. Peter Russell, *The Global Brain: Speculations on the Evolutionary Leap to Planetary Consciousness* (Los Angeles: J. P. Tarcher, 1983); Howard Bloom, *Global Brain: The Evolution of Mass Mind from the Big Bang to the 21st Century* (New York: Wiley, 2000).
5. Pierre Teilhard de Chardin, *The Phenomenon of Man* (New York: Harper, 1959); Jennifer Cobb Kreisberg, "A Globe, Clothing Itself with a Brain," *Wired*, June 1, 1995, https://www.wired.com/1995/06/teilhard.
6. Bloom, *Global Brain*, 15.
7. Jeremy Bentham, *An Introduction to the Principles of Morals and Legislation* (1789; repr., Oxford, UK: Clarendon Press, 1907); Julia Driver, "The History of Utilitarianism," in *Stanford Encyclopedia of Philosophy* (Winter 2014 edition), ed. Edward N. Zalta (Stanford, CA: Stanford University, 2014), https://plato.stanford.edu/archives/win2014/entries/utilitarianism-history; Yuval Noah Harari, *Homo Deus: A Brief History of Tomorrow* (New York: HarperCollins, 2017), chapter 1.
8. Tara John, "The Legal Rights of Nature," *Time*, April 12, 2017, 14; Gwendolyn Gordon, "Environmental Personhood" (working paper, University of Pennsylvania, Wharton School, Legal Studies and Business Ethics Department, March 7, 2017), https://ssrn.com/abstract=2935007.
9. Aldous Huxley, *The Perennial Philosophy* (New York: Harper & Brothers, 1945).
10. Philip Stratton-Lake, "Intuitionism in Ethics," in *Stanford Encyclopedia of Philosophy* (Winter 2016 edition), ed. Edward N. Zalta (Stanford University, 2016), https://plato.stanford.edu/archives/win2016/entries/intuitionism-ethics; John Rawls, *A Theory of Justice* (Oxford, UK: Clarendon Press, 1972).
11. Huxley, *The Perennial Philosophy*.
12. Alan Watts, *The Book: On the Taboo Against Knowing Who You Are* (New York: Random House, 1966), 1.
13. Idries Shah, *The Sufis* (London: Octagon Press, 1964), 311–12.